적중 TOP

자동차정비 기능사

단원별 핵심정리 문제집

한 권으로 합격을 잡는다!
단원별 완벽정리, 출제예상문제

매년 새해가 시작되면 많은 수험생들의 희망과 이상은 높아지고 자신감과 패기 또한 하늘을 찌를 듯하다.

그 결심과 패기로 올해도 많은 자격증시험과 취업시험의 기회에 도전할 젊은이들과 인생을 다시 돌아보고 새로운 시작을 꿈꾸는 이에게 자동차 정비는 다양한 분야의 길을 제시하는 보고(寶庫)라 할 만하다.

마음만 먹으면 자동차 정비업체를 직접 운영하거나 취업할 수 있고, 누구나 꿈꾸는 차량직 공무원이나 군무원이 될 수도 있다.

이제 결심만 하면 누구든 그 직업의 주인이 될 수 있다.

본서는 자동차정비산업기사, 자동차정비기능사, 차량직 공무원 및 군무원 시험을 준비하는 수험생들을 위해 만들어졌다.

최근 출제 경향에 맞추어 핵심이론을 완벽하게 정리하였고 기출문제와 해설을 통해 한번 더 문제유형과 이론을 철저히 분석하였으며, 출제예상문제를 풀어봄으로써 실력을 점검할 수 있도록 하였다.

엄선된 수험서, 집중적인 학습, 다양한 문제풀이를 통한 이해와 암기만이 합격과 가까워지는 지름길이다. 이 책을 선택했다면 지금 당장 책상 앞에 앉아 모든 내용을 흡수하도록 집중하는 일만 남았다.

이 책과 함께 합격의 영광을 누리길 바란다.

편저자 씀

1. 시험개요

자동차정비는 자동차의 기계상의 결함이나 사고 등 여러 가지 이유로 정상적으로 운행되지 못할 때 원인을 찾아내어 정비하는 것을 말한다. 최근 운행자동차 수의 증가로 정비의 필요성의 증가에 따라 산업현장에서 자동차정비의 효율성 및 안정성 확보를 위한 제반 환경을 조성하기 위하여 정비 분야의 기능인력 양성이 필요하게 되었다.

2. 취득방법

① 시 행 처 : 한국산업인력공단

② 관련학과 : 실업계 고등학교의 자동차 관련학과

③ 훈련기관 : 공공직업훈련원, 사업체내직업훈련원, 인정직업훈련원, 사설학원

④ 시험과목

- 필기 : 자동차기관, 자동차새시, 자동차전기 및 안전관리
- 실기 : 자동차정비 작업(작업형)

⑤ 검정방법

- 필기 : 전과목 혼합, 객관식 60문항(60분)
- 실기 : 작업형 (4시간 정도)

⑥ 합격기준

- 필기 · 실기 : 100점을 만점으로 하여 60점 이상

3. 시험일정

구분	필기원서접수 (인터넷)	필기시험	필기합격 (예정자) 발표	실기원서접수	실기시험	최종합격자 발표일
정기 제1회	1월 초순	1월 하순	2월 초순	2월 중순	3월 중순	4월 초순
정기 제2회	3월 초순	4월 초순	4월 중순	4월 하순	5월 하순	6월 중순
정기 제3회	산업수요 및 맞춤형 고등학교 및 특성화 고등학교 필기시험 면제자 검정 ※ 일반인 필기시험 면제자 응시 불가		5월 중순	6월 중순		7월 초순
정기 제4회	6월 중순	7월 초순	7월 중순	7월 하순	8월 하순	9월 하순
정기 제5회	8월 중순	9월 하순	9월 하순	10월 하순	11월 하순	12월 중순

※ 시험일정은 변동될 수 있으므로 필히 www.q-net.or.kr 의 공고를 확인바람

4. 출제기준

필기과목명	주요항목	세부항목	세세항목
자동차기관, 자동차새시, 자동차전기 및 안전관리	기본사항 및 안전기준	1. 기본사항	1. 힘과 운동의 관계 2. 열과 일 및 에너지와의 관계 3. 자동차공학에 쓰이는 단위
		2. 엔진의 성능	1. 엔진 성능 2. 엔진 기본 사이클 및 효율 3. 연료 및 연소
		3. 자동차 안전기준	안전기준(법규 및 검사기준)
	자동차 엔진	1. 엔진본체	1. 실린더헤드, 실린더 블록, 밸브 및 캠축 구동장치 2. 피스톤 및 크랭크축
		2. 연료장치	1. 가솔린 연료장치 2. 디젤 연료장치 3. LPG 연료장치 4. CNG/LNG 연료장치
		3. 윤활 및 냉각장치	1. 윤활장치 2. 냉각장치
		4. 흡배기장치	1. 흡기 및 배기장치 2. 과급장치 3. 배출가스 저감장치
		5. 전자제어장치	1. 엔진 제어장치 2. 센서 3. 액추에이터 등 4. 친환경 제어장치
	자동차새시	1. 동력전달장치	1. 클러치 2. 수동변속기 3. 자동변속기 유압 및 제어장치 4. 무단변속기 유압 및 제어장치 5. 드라이브라인 및 동력배분장치 6. 친환경 동력전달장치
		2. 현가 및 조정장치	1. 일반 현가장치 2. 전자제어 현가장치 3. 일반 조향장치 4. 전자제어 조향장치 5. 휠 얼라인먼트
		3. 제동장치	1. 유압식 제동장치 2. 기계식 및 공압식 제동장치 3. 전자제어제동장치 4. 친환경 제동장치
		4. 주행 및 구동장치	1. 휠 및 타이어 2.구동력 및 주행성능 3. 구동력 제어장치

자동차전기 전자	1. 전기전자	1. 전기기초 2. 전자기초(반도체 포함)
	2. 시동, 점화 및 충전장치	1. 배터리 2. 시동장치 3. 점화장치 4. 충전장치 5. 하이브리드장치
	3. 계기 및 보안장치	1. 계기 및 보안장치 2. 전기회로(각종 전기장치) 3. 등화장치
	4. 안전 및 편의장치	1. 안전 및 편의장치 2. 사고 회피 기술
	5. 공기조화장치	1. 냉방장치 2. 난방장치 3. 공조장치
안전관리	1. 산업안전일반	1. 안전기준 및 재해 2. 안전조치
	2. 기계 및 기기에 대한 안전	1. 엔진취급 2. 새시취급 3. 전장품취급 4. 기계 및 기기취급
	3. 공구에 대한 안전	1. 전동 및 에어공구 2. 수공구
	4. 작업상의 안전	1. 일반 및 운반기계 2. 기타 작업상의 안전

PART 01 자동차 기관

PART 02 자동차 새시

PART 03 자동차 전기

PART 04 안전관리

자·동·차·정·비·기·능·사

01
자동차 기관

01 핵심이론정리

01 기관의 개요

1 기관 기초 사항

1. 기관의 분류

(1) 사용 연료에 따른 분류

가솔린 기관, LPG 기관, CNG 기관, 에탄올 기관, 수소 기관, 디젤 기관 등으로 분류할 수 있다.

(2) 점화 방식의 분류

① 전기 점화 기관 : 공기와 연료가 혼합된 혼합가스에 점화 플러그 등으로 전기적인 불꽃을 이용하여 점화시키는 기관이며 가솔린, LPG 기관이 대표적인 기관이다.

② 압축 착화 기관 : 실린더로 유입된 공기를 압축하여 압축 공기에 연료를 분사하면 압축열에 의해 자기 착화되는 기관을 말하며, 디젤 기관이 대표적인 기관이다.

2. 기본 용어

(1) 상사점(TDC : Top Dead Center)

피스톤 운동에서 상한점을 말한다.

(2) 하사점(BDC : Bottom Dead Center)

피스톤 운동에서 하한점을 말한다.

(3) 행정(stroke)

상사점에서 하사점까지의 거리를 말한다.

(4) 내경(bore)

실린더의 안지름을 말한다.

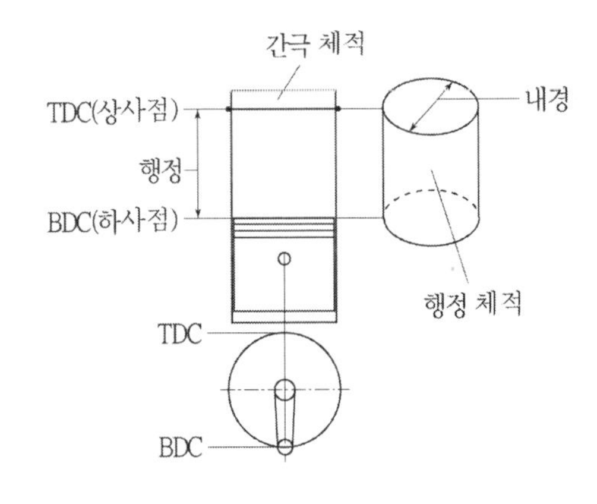

3. 열역학적 사이클의 분류

(1) 정적 사이클(오토 사이클) : 가솔린 및 가스 기관

2개의 정적 변화와 2개의 단열 변화로 구성되어 일정 체적하에서 연소하는 사이클이며, 가솔린 및 가스 엔진의 기본 사이클이다.

$$\text{오토 사이클 이론 열효율}(\eta_o) = 1 - \left(\frac{1}{\varepsilon}\right)^{k-1} = 1 - \frac{1}{\varepsilon^{k-1}}$$

여기서, ε : 압축비

k : 비열비($k = 1.4$)

(2) 정압 사이클(디젤 사이클) : 저속 디젤 기관

디젤 사이클은 정압 사이클로써 일정한 압력하에서 연소하는 사이클이며, 저속 디젤 기관의 기본 사이클이다.

$$\text{디젤 사이클 열효율}(\eta_d) = 1 - \left(\frac{1}{\varepsilon}\right)^{k-1} \times \frac{\rho^k - 1}{k(\rho - 1)}$$

여기서, ε : 압축비

k : 비열비($k = 1.4$)

ρ : 단절비

(3) 복합 사이클(사바테 사이클) : 고속 디젤 기관

일정 압력 및 체적하에서 연소하는 사이클이며, 고속 디젤 기관의 기본 사이클이다. 공급 열량과 압축비가 일정할 때 열효율은 오토 사이클 > 사바테 사이클 > 디젤 사이클 순이며, 공급 압력과 최고 압력이 일정할 때 열효율은 디젤 사이클 > 사바테 사이클 > 오토 사이클 순이다.

$$복합\ 사이클\ 열효율(\eta_s) = 1 - \left(\frac{1}{\varepsilon}\right)^{k-1} \times \frac{\phi \cdot \rho^k - 1}{(\phi - 1) + k \cdot \phi(\rho - 1)}$$

여기서, ε : 압축비

k : 비열비

ρ : 단절비

ϕ : 폭발비(압력비)

4. 기계학적 사이클에 따른 분류

(1) 4행정 사이클 기관

흡입, 압축, 폭발, 배기의 4개 작용을 피스톤이 4행정하고 크랭크축이 2회전하여 동력을 발생하는 기관이다.

(2) 2행정 사이클 기관

흡입, 압축, 폭발, 배기 등 4개 작용을 피스톤 2행정에 마치고 크랭크축이 1회전에 동력을 발생하는 기관이다.

2 연료와 기관 성능

1. 연료

(1) 가솔린 기관의 연료

① 가솔린 연료의 구비 조건

㉠ 기화성이 좋을 것

㉡ 체적 및 무게가 작고, 발열량이 클 것

㉢ 연소 후 유해 화합물을 남기지 말 것

㉣ 옥탄가가 높을 것

㉤ 온도에 관계없이 유동성이 클 것

㉥ 연소 속도가 빠를 것

㉦ 안티 노크성이 클 것

㉧ 연소 퇴적물의 발생이 작을 것

② 가솔린 기관 노킹 : 주로 연소 후기에 나타나고 비정상적인 연소에 의한 급격한 압력 상승으로 발생하는 충격 소음을 말하며, 노크 센서가 이를 감지하여 ECU로 입력하게 된다.

③ 가솔린 기관의 노킹 방지책

㉠ 화염 전파 거리를 짧게 한다.

㉡ 화염 전파 속도를 빠르게 한다.

㉢ 고옥탄가 연료를 사용한다.

㉣ 실린더 벽의 온도를 낮춘다.

㉤ 점화 시기를 지각(지연)시킨다.

㉥ 흡입 공기 온도와 압력을 낮춘다.

㉦ 연소실 압축비를 낮춘다.

㉧ 연소실 내의 퇴적 카본을 제거한다.

㉨ 동일한 압축비에서 혼합 가스의 온도를 낮추는 연소실 형상을 사용한다.

④ **옥탄가**(Octane Number ; ON) : 가솔린 연료의 내폭성(노크 방지 성능)을 나타내는 수치로, CFR 엔진을 이용하여 측정하며, 옥탄가가 높을수록 노킹이 발생되기 어렵다.

$$\text{옥탄가} = \frac{\text{이소옥탄}}{\text{이소옥탄} + \text{노말헵탄}} \times 100[\%]$$

(2) 디젤 기관의 연료

① 디젤 연료(경유)의 구비 조건

㉠ 착화성이 좋을 것

㉡ 세탄가가 높을 것

㉢ 내폭성과 내한성이 클 것

㉣ 적당한 점도가 있을 것

㉤ 연소 후 카본 생성이 적을 것

㉥ 발열량이 클 것

㉦ 불순물 함유가 없을 것

㉧ 온도 변화에 따른 점도 변화가 작을 것

㉨ 인화점이 높고, 발화점이 낮을 것

② **디젤 기관의 노크** : 연소 초기 착화 지연 기간이 길기 때문에 발생 화염 전파 기간 중 동시에 폭발 연소하여 압력이 급격히 상승하며 피스톤이 실린더 벽을 타격하여 소음이 발생하는 현상이다.

③ 디젤 기관 노크 방지책

㉠ 엔진 회전 속도를 빠르게 한다.

㉡ 분사 초기 분사량을 적게 한다.

㉢ 연료의 착화 온도를 높게 한다.

㉣ 압축비 흡입 공기 온도와 압력을 높게 한다.

㉤ 연료 분사 시 관통력이 크게 한다.

㉥ 분사 노즐 분사 시기를 알맞게 조정해 준다.

㉦ 연소실 벽의 온도를 높게 한다.

㉧ 착화 지연 시간을 짧게 한다.

㉨ 고세탄가 연료(경유)를 사용한다.

㉩ 흡입 공기에 와류를 준다.

④ **세탄가** : 디젤 기관 연료의 착화성을 나타내는 척도이며, 높을수록 노킹이 억제된다.

$$\text{세탄가} = \frac{\text{세탄}}{\text{세탄} + \alpha - \text{메틸나프탈렌}} \times 100[\%]$$

⑤ **디젤 연료 발화(착화) 촉진제** : 디젤 연료의 착화성을 향상시키며, 연소 전 반응을 촉진시켜 착화 지연을 단축시키는 물질로 초산에틸($C_2H_5NO_3$), 초산아밀($C_5H_{11}NO_3$), 아초산에틸($C_2H_5NO_2$), 아초산아밀($C_5H_{11}NO_2$), 질산에틸, 과산화테드랄린 등이 있다.

⑥ **디젤의 연소 과정**

㉠ **착화 지연 기간**(연소 준비 기간)

ⓐ 연료의 입자가 압축 공기의 열에 의해 증발하여 연소를 일으킬 때까지의 기간이다.

ⓑ 착화 지연 기간이 길면 노킹이 발생한다.

ⓒ 착화 지연 기간은 $\frac{1}{1,000} \sim \frac{4}{1,000}$[sec] 정도로 짧다.

㉡ **화염 전파 기간**(정적 연소, 폭발 연소 기간)

ⓐ 분사 노즐에서 분사된 모든 연료에 화염이 전파되어 동시에 연소되는 기간이다.

ⓑ 연소와 동시에 폭발이 일어나 실린더 내의 압력과 온도가 상승한다.

㉢ **직접 연소 기간**(정압, 제어 연소 기간)

ⓐ 실린더 내 압력이 가장 높은 기간이다.

ⓑ 연료 분사와 거의 동시에 연소되는 기간이다.

ⓒ 압력 변화는 연료 분사량을 조절하여 조정한다.

㉣ **후기 연소 기간**(후 연소 기간)

ⓐ 직접 연소 기간에 연소되지 못한 연료가 팽창 되는 기간이다.

ⓑ 후기 연소 기간이 길어지면 배압이 상승하고 열효율이 저하되며 배기가스 온도가 상승한다.

2. 기관의 성능

(1) 기관의 성능

① **행정 체적**(stroke volume) : 배기량이라고도 하며 피스톤 단면적과 행정의 곱으로 나타낸다.

$$V_s = \frac{\pi}{4} \times D^2 \times L$$

여기서, V_s : 행정 체적[cc]
D : 내경[cm]
L : 행정[cm]

② **총행정 체적**(total stroke volume) : 총배기량이라고도 하며, 행정 체적과 실린더수의 곱으로 나타낸다.

$$V = \frac{\pi}{4} \times D^2 \times L \times Z = V_s \times Z$$

여기서, V : 총배기량[cc]
V_s : 행정 체적[cc]
D : 내경[cm]
L : 행정[cm]
Z : 실린더수

③ **간극 체적**(clearance volume) : 피스톤이 상사점에 위치할 때 연소실 체적을 말한다.

④ **압축비**(compression ratio) : 실린더 체적과 연소실 체적과의 비, 간극 체적과 행정 체적을 더한 값을 간극 체적으로 나눈 값을 말한다.

$$\varepsilon = \frac{V_c + V_s}{V_c} = 1 + \frac{V_s}{V_c}$$

여기서, ε : 압축비
V_s : 행정 체적[cc]
V_c : 간극 체적[cc]

(2) 마력(PS)

① **지시(도시) 마력**[HP](IHP : Indicated Horse Power) : 실린더 내에서 일어나는 연소 압력으로부터 직접 측정한 마력으로, 압력과 피스톤 운동에 따른 체적의 변화 관계를 지압

계로 측정하여 지압 선도에서 계산한 마력으로 미국 자동차공학학회(SAE)에서 임의로 제작되고 CFR 기관에서 직접 산출한 마력[PS]을 말한다.

$$\text{IHP} = \frac{P \times A \times L \times Z \times N}{75 \times 60}$$

여기서, P : 지시 평균 유효 압력[kgf/cm^2]

A : 실린더 단면적[cm^2]

L : 행정[m]

Z : 실린더수

N : 엔진 회전수[rpm] (4사이클 : $\frac{N}{2}$, 2사이클 : N)

② **제동**(축, 정미) **마력**(BHP : Brake Horse Power) : 크랭크축으로부터 실제의 동력으로서 얻을 수 있는 마력으로 연소열 에너지 중에서 일로 변화된 에너지 중 동력 손실을 제외하고 실제 크랭크축에서 동력으로 활용될 수 있는 동력을 말한다.

$$\text{BHP} = \frac{2\pi TN}{75 \times 60} = \frac{TN}{716}$$

여기서, T : 회전력[$\text{m} \cdot \text{kg}_f$]

N : 엔진 회전수[rpm]

③ **마찰**(손실) **마력**(FHP : Friction Horse Power)

$$\text{FHP} = \frac{frZN}{75} = \frac{FV}{75}$$

$\therefore$ FHP = IHP − BHP

여기서, f : 피스톤링 1개의 마찰력[kg_f]

r : 실린더당 링의 수

Z : 실린더수

V : 피스톤 평균 속도[m/s]

F : 피스톤링 총마찰력[kg_f]

④ **공칭 마력**(SAE) : 자동차공업학회(SAE)의 기관의 제원을 이용하여 간단히 계산되는 것으로, 자동차의 등록 및 과세 기준으로 사용되는 마력[PS]이다.

$$\text{SAE} = \frac{M^2 Z}{1,613} = \frac{D^2 Z}{2.5}$$

여기서, M : 내경[mm]

D : 내경[inch]

Z : 실린더수

⑤ **연료 마력**(PHP : Petrol Horse Power)

$$PHP = \frac{60H \cdot W}{632.3t} = \frac{H \cdot W}{10.5t}$$

여기서, H : 연료의 저위 발열량[$kcal/kg_f$]

W : 연료의 중량[kg_f]

t : 측정 시간[min]

(3) 기관의 효율

① **시간 마력당 연료 소비율**(F)

$$F = \frac{\text{시간당 연료 소비량}}{PHP}[kg_f/PS \cdot h]$$

② **기계 효율**(η_m) : 연소에 의한 동력과 크랭크축이 실제로 한 동력과의 비

$$\text{기계 효율}(\eta_m) = \frac{\text{제동 마력}}{\text{지시 마력}}$$

③ **체적 효율**(η_v) : 이론상 행정 체적과 실제 흡입한 공기 체적과의 비

$$\text{체적 효율}(\eta_v) = \frac{\text{실제 흡입한 공기의 체적}}{\text{행정 체적}} \times 100[\%]$$

④ **열효율**(thermal efficiency) : 연소실에 공급된 연료에서 발생한 열량이 기계적인 일로 변화시킬 수 있는 열의 백분율을 말한다. 즉, 일로 변화한 에너지와 엔진에 공급된 열에너지의 비율을 말한다.

$$\text{열효율} = \frac{632.3 \times PS}{H \times F}$$

여기서, PS : 마력

H : 연료의 저위 발열량[$kcal/kg_f$]

F : 시간당 연료 소비율[$kg_f/PS \cdot h$]

02 | 내연 기관의 본체

1 기관 본체

1. 실린더 헤드(cylinder head)

실린더 블록 윗부분에 설치되며 점화 플러그, 캠축, 밸브 등이 설치되어 연소실을 형성한다.

① 구비 조건

㉠ 고온에서 열팽창이 작을 것

㉡ 폭발 압력에 견딜 수 있는 강성 · 강도가 있을 것

㉢ 열전도가 좋으며, 주조나 가공이 쉬울 것

㉣ 조기 점화 방지를 위해 가열되기 쉬운 돌출부가 없을 것

② **재질** : 주철 및 알루미늄 합금을 주로 사용하며, 알루미늄 합금은 가볍고, 열전도성이 좋으나 열팽창률이 크고, 내부식성 및 내구성이 작고 변형되기 쉽다.

(1) 실린더 헤드 가스켓(cylinder head gasket)

실린더 블록과 실린더 헤드 사이에 설치되는 것으로, 압축 압력의 기물 유지와 냉각수, 엔진 오일의 누출을 방지하기 위해 설치된다.

① **보통 가스켓** : 동판이나 강판에 석면을 싸서 만든 가스켓이다.

② **스틸 베스토 가스켓** : 강판에 흑연과 석면을 고온 압착하여 고열 · 고압에 강하다.

③ **스틸 가스켓** : 강판(steel)만으로 만든 가스켓이다.

(2) 실린더 헤드의 변형 원인

① 실린더 헤드 가스켓 불량

② 기관의 과열

③ 냉각수 동결

④ 실린더 헤드 볼트의 조임 상태 불량

⑤ 실린더 헤드 열처리 불량

(3) 실린더 헤드 정비

① 분해 시 힌지 핸들을 사용하여 대각선의 바깥쪽에서 중앙으로 풀고, 조립 시는 토크 렌치를 사용하여 대각선의 중앙에서 바깥쪽을 향해 2 ~ 3회 나눠서 체결한다.

② 헤드 변형도는 곧은자와 시크니스 게이지를 사용하여 6 ~ 7군데를 측정하며, 규정값 이

상이면 평면 연삭기로 연삭한다.

③ 헤드를 떼어 낼 때는 플라스틱 해머 또는 고무 해머로 가볍게 두드려 떼어 내거나 압축 압력 또는 호이스트를 이용하여 자중으로 탈거한다.

2. 실린더 블록(cylinder block)

엔진의 기초 구조물로, 피스톤이 왕복 운동을 하는 곳이며 실린더 주위에는 연소열을 냉각시키기 위한 물 재킷이 설치되어 있다.

(1) 실린더 라이너(cylinder liner)

실린더 블록과 실린더를 별도로 제작하여 블록에 삽입하는 형식이며, 실린더 벽이 마모되면 실린더만 교환할 수 있다.

① **습식** : 라이너 바깥 둘레가 냉각수와 직접 접촉하는 방식이며 변형 및 파손 시 오일 팬으로 냉각수가 누출되는 단점이 있다.

② **건식** : 라이너가 냉각수와 간접 접촉되는 방식이며 압입 압력은 2 ~ 3[ton]이다.

※ **일체식 실린더** : 실린더 블록과 실린더가 동일한 재질로 실린더 블록과 실린더를 동시에 제작하며, 실린더 벽이 마모되면 보링을 하여야 한다.

(2) 행정과 실린더 안지름비

① **장행정 기관**(under square engine)

㉠ 실린더 행정 내경 비율(행정/내경)의 값이 1.0 이상인 엔진이다.

$$\text{언더 스퀘어 엔진(장행정)} = \frac{\text{행정}}{\text{실린더 내경}} > 1$$

㉡ 피스톤의 행정이 안지름보다 크다.

㉢ 기관의 회전 속도가 느리고 회전력이 크다.

㉣ 실린더에 가해지는 측압 발생이 작다.

② **정방 행정 기관**(square engine)

㉠ 실린더 행정 내경 비율(행정/내경)의 값이 동일한 엔진이다.

$$\text{스퀘어 엔진(정방 행정)} = \frac{\text{행정}}{\text{실린더 내경}} = 1$$

㉡ 피스톤의 행정과 실린더 안지름이 동일하다.

㉢ 기관의 회전 속도 및 회전력이 다른 기관에 비해 중간 정도이다.

③ **단행정 기관**(over square engine)

㉠ 실린더 행정 내경 비율(행정/내경)의 값이 1.0 이하인 엔진이다.

$$\text{오버 스퀘어 엔진(단행정)} = \frac{\text{행정}}{\text{실린더 내경}} < 1$$

㉡ 장점

ⓐ 행정이 내경보다 작으며 피스톤 평균 속도를 높이지 않고 회전 속도를 높일 수 있어 출력을 크게 할 수 있다.

ⓑ 단위 체적당 출력을 크게 할 수 있다.

ⓒ 흡·배기 밸브의 지름을 크게 할 수 있어 흡입 효율을 증대시킨다.

ⓓ 내경에 비해 행정이 작아지므로 기관의 높이를 낮게 할 수 있다.

ⓔ 내경이 커서 피스톤이 과열되기 쉽고, 베어링 하중이 증가한다.

㉢ 단점

ⓐ 피스톤의 과열이 심하고 전압력이 커서 베어링을 크게 하여야 한다.

ⓑ 엔진의 길이가 길어지고 진동이 커진다.

(3) 실린더 마모

정상적인 실린더 마모에서 마모량은 크랭크축 방향보다 축 직각 방향의 마모가 크며, 마멸이 가장 큰 부분은 실린더 윗부분(TDC 부근)이며, 가장 작은 부분은 실린더의 아랫부분(BDC 부근)이다.

실린더가 규정값 이상으로 마모 시 실린더를 깎아내고 오버 사이즈 피스톤을 장착하는 작업을 실린더 보링 작업이라 하며, 보링 작업 후에는 바이트 자국을 없애기 위한 작업을 호닝(horning)이라 한다.

실린더 내경	수정 한계값
70[mm] 이상인 기관	0.20[mm] 이상 마멸되었을 때
70[mm] 이하인 기관	0.15[mm] 이상 마멸되었을 때

예를 들어, 신품 실린더 내경이 75.00[mm]이고, 최대 마멸량이 75.38[mm]인 경우 보링값은 75.38[mm]+0.2[mm](진원 절삭량)=75.58[mm]가 된다. 오버 사이즈 피스톤이 75.58[mm]가 없으므로 이보다 큰 75.75[mm]로 보링한다. 즉, 피스톤이 표준보다 0.75[mm] 더 큰 75.75[mm] 오버 사이즈 피스톤을 끼우는 것이다.

예 O/S 피스톤 종류 : 0.25[mm], 0.50[mm], 0.75[mm], 1.00[mm], 1.25[mm], 1.50[mm]

실린더 내경	오버 사이즈 한계값
70[mm] 이상인 기관	1.50[mm]
70[mm] 이하인 기관	1.25[mm]

3. 연소실(combustion chamber)

(1) 연소실의 종류

반구형, 지붕형, 욕조형, 쐐기형, 다구형

(2) 연소실의 구비 조건

① 연소실 내 표면적이 최소가 되도록 할 것

② 화염 전파 시간을 최소로 할 것

③ 밸브 면적을 크게 하여 흡·배기 작용이 원활할 것

④ 혼합기나 연소실 내부에서 강한 와류가 일어나게 할 것

⑤ 가열되기 쉬운 돌출부를 두지 말 것

⑥ 노킹을 일으키지 않는 형상일 것

4. 밸브 장치(valve system)

(1) 밸브 개폐 기구

① **밸브 개폐 기구의 종류**

㉠ **L 헤드형 밸브 기구** : 캠축, 밸브 리프트(태핏) 및 밸브로 구성되어 있다.

㉡ **F 헤드형 밸브 기구** : L 헤드형과 I 헤드형 밸브 기구를 조합한 형식이다.

㉢ **T 헤드형 밸브 기구** : 피스톤 양단에 T자 모양으로 밸브를 배열한 형식이다.

㉣ **I 헤드형 밸브 기구** : 캠축, 밸브 리프트, 밸브, 푸시 로드, 로커암으로 구성되어 있다.

㉤ **OHC(Over Head Camshaft) 밸브 기구** : 캠축이 실린더 헤드 위에 설치된 형식이다.

ⓐ 관성이 작아 밸브 가속도를 크게 할 수 있다.

ⓑ 밸브 기구가 간단하다.

ⓒ 흡·배기 효율이 향상된다.

ⓓ 실린더 헤드의 구조가 복잡하다.

ⓔ 고속에서 밸브의 개폐가 안정적이다.

ⓕ 캠축의 구동 방식이 복잡하다(SOHC, DOHC 방식).

② **캠축(cam shaft)** : 특수 주철, 저탄소강, 중탄소강, 크롬강이며, 표면 경화한 특수 주철을 사용한다.

㉠ **캠의 구성**

ⓐ **베이스 서클** : 캠의 기초원을 말한다.

ⓑ **플랭크** : 로커암 또는 밸브 리프터가 접초되는 옆면

ⓒ **로브** : 밸브가 열려서 완전히 닫힐 때까지의 돌출 차이

ⓓ **리프트(양정)** : 기초원과 노스원과의 거리(캠의 장경과 단경 차이의 수치)

양정 $H = \dfrac{D}{4}$

여기서, D : 실린더 지름[mm]

H : 양정[mm]

㉡ **캠의 종류** : 접선 캠, 볼록 캠, 오목 캠, 비례 캠

(2) **밸브의 구조 및 기능**

① **밸브 헤드**(valve haed)

㉠ 흡입 밸브는 450 ~ 500[℃], 배기 밸브는 700 ~ 815[℃]를 유지하여야 하며, 열적 부하를 많이 받으므로 오스테나이트계 내열강을 재료로 사용한다.

㉡ 구비 조건은 다음과 같다.

ⓐ 내구력이 크고 열전도가 잘 되어야 한다.

ⓑ 통로의 유동 저항이 작아야 한다.

ⓒ 출력 증대를 위해 밸브 헤드의 지름을 크게 하여야 한다.

ⓓ 흡입 효율 및 체적 효율 증대를 위해 배기 밸브 보다 흡입 밸브 헤드의 지름을 크게 하여야 하며, 배기 밸브 헤드의 지름은 열손실을 감소시키기 위하여 작다.

② **밸브 마진**(valve margin)

㉠ 밸브 마진의 두께로 밸브의 재사용 여부를 결정한다.

㉡ 마진의 두께가 0.8[mm] 이하일 때는 교환한다.

㉢ 기밀 유지를 위하여 고온과 충격에 대한 내구성을 가진다.

③ **밸브 페이스**(valve face)

㉠ 밸브 헤드의 열을 밸브 시트에 전달하여 냉각 작용을 한다.

㉡ 혼합 가스의 누출을 방지하는 기밀 작용을 한다.

㉢ 밸브 페이스의 각은 30°, 45°, 60°의 3종류이다.

④ **밸브 스템**

㉠ 밸브 헤드부의 열은 밸브 가이드를 통하여 냉각된다.

㉡ 밸브 가이드에 끼워져 밸브의 상하 운동을 유지한다.

⑤ **스템 엔드**(stem end)

㉠ 고열에 의한 밸브의 열팽창을 고려하여 밸브 간극을 설정한다.

㉡ 스템 엔드는 캠 또는 로커암과 접촉된다.

⑥ **밸브 스프링**(valve spring)

㉠ 밸브가 캠의 형상에 따라 작동하게 한다.

㉡ 밸브 닫힘 시 밸브 시트와 페이스를 밀착시켜 기밀을 유지한다.

㉢ 충분한 장력을 유지하여 기밀을 유지하도록 한다.

㉣ 서징을 일으키지 않아야 한다.

㉤ **밸브 스프링 서징**(surging)

ⓐ 밸브 스프링의 고유 진동수와 캠회전수가 공명에 의해 밸브 스프링이 공진하는 현상이다.

ⓑ **서징 방지법** : 2중 스프링, 부등 피치 스프링, 원뿔형 스프링을 사용하고 스프링 정수를 크게 한다.

⑦ **밸브 가이드와 스템 실**

㉠ 밸브 작동 시 밸브 스템의 움직이는 방향을 유지한다.

㉡ 밸브 가이드 간극이 크면 윤활유가 연소실에 유입되고 밸브 페이스와 밸브 시트의 접촉이 불량 해진다.

⑧ **밸브 리프터**(valve lifter) : 캠의 회전 운동을 상하 직선으로 변화시켜 밸브에 전달하며, 기계식과 유압식이 있다.

㉠ **기계식** : 원통형으로 리프터 밑면은 리프터 중심과 캠 중심을 겹치게 설치해 편마멸을 방지한다.

㉡ **유압식**

ⓐ 밸브 간극의 점검 및 조정을 하지 않아도 된다.

ⓑ 윤활 장치의 유압을 이용하여 밸브 간극을 항상 0으로 유지한다.

ⓒ 작동이 조용하고 오일로 충격을 흡수하여 밸브 기구의 내구성이 좋다.

ⓓ 밸브 개폐 시기가 정확하여 엔진의 성능이 향상된다.

ⓔ 오일 펌프나 유압 회로에 고장이 발생되면 작동이 불량하고 구조가 복잡하다.

⑨ **밸브 회전 기구** : 릴리스 형식과 포지티브 형식으로 구성되어 있다.

㉠ 밸브 시트에 카본이 퇴적되는 것을 방지한다.

㉡ 밸브 편마멸을 방지한다.

㉢ 밸브 헤드의 온도 상승을 방지하고 균일하게 유지할 수 있다.

㉣ 밸브 페이스와 밀착을 양호하게 하여 밸브의 마멸을 방지한다.

⑩ **밸브 간극** : 엔진이 작동 중 열팽창을 고려하여 여유 간극을 둔다.

㉠ 큰 밸브 간극의 현상

ⓐ 기관 작동 온도에서 밸브가 완전하게 열리지 못한다(늦게 열리고 일찍 닫힌다).

ⓑ 흡입 밸브 간극이 크면 흡입 공기량이 작아진다.

ⓒ 배기 밸브 간극이 크면 엔진 과열의 원인이 된다.

ⓓ 소음이 심하고 밸브에 충격을 주게 된다.

㉡ 작은 밸브 간극의 현상

ⓐ 밸브의 열림 기간이 길어진다.

ⓑ 블로바이 현상으로 인해 엔진 출력이 감소한다.

ⓒ 흡입 밸브 간극이 작으면 실화 및 역화가 발생한다.

ⓓ 배기 밸브 간극이 작으면 후화가 일어난다.

⑪ **밸브 오버 랩**(valve over lap) : 상사점 부근에서 흡입 밸브와 배기 밸브가 동시에 열려 있는 상태로, 가스의 흐름 관성을 유효하게 이용하기 위하여 밸브 오버랩을 두며, 고속 회전하는 기관일수록 밸브 오버랩을 크게 둔다.

참/고/박/스

밸브 개폐 기간

① 밸브 오버랩 : 흡기 밸브 열림 각도 + 배기 밸브 닫힘 각도
② 흡기 행정 기간 : 흡기 밸브 열림 각도 + 흡기 밸브 닫힘 각도 + 180°
③ 배기 행정 기간 : 배기 밸브 열림 각도 + 배기 밸브 닫힘 각도 + 180°

5. 피스톤 및 커넥팅 로드

(1) 피스톤(piston)

① 피스톤의 구비 조건

㉠ 고온 · 고압에 견딜 수 있을 것

㉡ 열 전도성이 양호할 것

㉢ 무게가 가벼울 것

㉣ 열팽창률이 작을 것

㉤ 폭발 압력을 유용하게 이용할 것

㉥ 피스톤 상호간의 무게 차이가 작을 것

② 피스톤의 구조

㉠ **피스톤 헤드**(piston head) : 피스톤의 가장 윗부분으로, 연소실의 일부가 되는 부분

으로 내면에 리브를 설치하여 피스톤을 보강하여 강성을 증대시킨다.

ⓛ **링홈** : 피스톤 링 설치를 위한 홈이다.

ⓒ **랜드** : 링홈과 링홈 사이이다.

ⓔ **보스부** : 커넥팅 로드와 연결되는 피스톤 핀이 설치되는 부분이다.

ⓜ **히트댐** : 헤드부의 열이 스커트부로 전달되는 것을 방지하는 피스톤 링의 윗부분이다.

ⓑ **리브(rib)** : 피스톤 헤드의 강성을 높여준다.

③ **피스톤의 종류** : 캠 연마 피스톤, 스플릿 피스톤, 인바 스트럿 피스톤, 슬리퍼 피스톤, 오프셋 피스톤, 솔리드 피스톤 등이 있다.

④ **피스톤 간극** : 피스톤의 열팽창을 고려하여 피스톤 간극을 둔다.

㉠ **간극이 클 때**

ⓐ 블로바이 가스 발생에 의해 압축 압력이 낮아진다.

ⓑ 연료 소비량이 증대된다.

ⓒ 피스톤 슬랩(slap) 현상이 발생되며 기관 출력이 저하된다.

ⓓ 오일 희석 및 카본에 오염된다.

ⓛ **간극이 작을 때**

ⓐ 오일 간극의 저하로 유막이 파괴되어 마찰 마멸이 증대된다.

ⓑ 마찰열에 의해 소결(stick)되기 쉽다.

⑤ **피스톤 링(piston ring)**

㉠ **구비 조건**

ⓐ 마찰 저항이 작아야 한다.

ⓑ 열전도율이 높고, 탄성률이 양호할 것

ⓒ 실린더 벽에 균일한 면압을 가할 것

ⓓ 내열성 · 내마멸성이 좋을 것

ⓛ **피스톤 링의 3대 작용**

ⓐ 기밀 작용(압축 가스 누출 방지)

ⓑ 오일 제어 작용(연소실 내의 오일 유입 방지 및 실린더 벽 윤활 작용)을 한다.

ⓒ 열전도 작용(냉각 작용)을 한다.

ⓒ **피스톤 링의 재질** : 특수 주철을 사용하여 원심 주조법으로 제작하며, 실린더 벽의 재질보다 다소 경도가 낮은 재질로 제작하여 실린더 벽의 마멸을 감소한다.

ⓔ **피스톤 링 이음 방법** : 버트 이음, 각 이음, 랩 이음, 실 이음 등이 있다.

⑥ **피스톤 핀(piston pin)**

㉠ **설치 방법**

ⓐ **고정식** : 피스톤 핀을 피스톤 보스부에 볼트로 고정하는 방법이다.

ⓑ **반부동식(요동식)** : 커넥팅 로드 소단부에 클램프 볼트로 고정하는 방식이다.

ⓒ **전부동식** : 어느 부분에도 고정되지 않고 스냅링에 의해 빠져나오지 않도록 하는 방식이다.

㉡ **재질** : 저탄소강, 크롬강이 주로 사용되며 표면은 경화시켜 내마멸성을 높이고 내부는 그대로 두어 높은 인성을 유지하도록 한다.

(2) 커넥팅 로드(connecting rod)

연소실 내에서 왕복 운동을 하는 피스톤에 피스톤 핀과 연결되어 크랭크축에 동력을 전달하며, 관성을 줄이기 위해 경량이어야 제작하고, 커넥팅 로드의 길이는 피스톤 행정의 1.5 ~ 2.3배 정도이다.

① **커넥팅 로드의 길이**

㉠ **커넥팅 로드의 길이가 길 경우**

ⓐ 피스톤 측압이 작아진다.

ⓑ 실린더 벽 마멸이 작아진다.

ⓒ 기관의 높이가 높아진다.

ⓓ 중량이 무겁고, 강성이 작다.

㉡ **커넥팅 로드의 길이가 짧을 경우**

ⓐ 기관의 높이가 낮아진다.

ⓑ 고속용 엔진에 적합하다.

ⓒ 무게를 가볍게 할 수 있다.

ⓓ 피스톤 측압이 커진다.

ⓔ 실린더 벽 마모가 증가한다.

② **재질** : 니켈(Ni) – 크롬강(Cr), 크롬 – 몰리브덴강(Mo)을 사용한다.

6. 크랭크축 및 플라이휠

(1) 크랭크축

① **구비 조건** : 큰 하중을 받으면서 고속으로 회전하기 때문에 강도나 강성이 커야 하며, 내마모성이 있는 고탄소강, 크롬 – 몰리브덴, 니켈 – 크롬강으로 제작하며 정적 및 동적 평형이 잡혀 있어 회전이 원활하여야 한다.

② 크랭크축 점화 순서

㉠ 4행정 사이클 기관에는 4개의 실린더가 각각 크랭크축 회전 180°마다 점화가 이루어지며, 1번 실린더를 점화 순서의 첫 번째로 정하며 점화 순서는 크랭크축 핀의 배열 위치와 순서에 따라서 정한다. 점화 순서 1-3-4-2, 1-2-4-3으로 4개의 실린더가 1번씩 폭발 행정을 하면 크랭크축은 2회전한다.

㉡ 6실린더 기관에는 점화 순서가 1-5-3-6-2-4(우수식 : 제1번 피스톤을 압축 상사점으로 하였을 때 제3번과 제4번 피스톤이 오른쪽에 있는 것)와 1-4-2-6-3-5(좌수식 : 제3번과 제4번 피스톤이 왼쪽에 있는 것)가 있으며, 6개의 실린더가 1번씩 폭발 행정을 하면 크랭크축은 2회전 한다.

㉢ 점화 시기 고려 사항

ⓐ 토크 변동 방지를 위해 연소가 1사이클을 하는 동안 같은 간격으로 일어나야 한다.

ⓑ 인접한 실린더에 연이어 점화되지 않도록 하여 크랭크축에 비틀림 진동이 일어나지 않게 한다.

ⓒ 혼합기가 각 실린더에 균일하게 분배되도록 한다.

ⓓ 하나의 메인 베어링에 연속해서 하중이 집중되지 않도록 한다.

㉣ 크랭크 축 비틀림 진동

ⓐ 크랭크축의 길이가 길수록 진동이 크다.

ⓑ 강성이 작을수록 진동이 크다.

ⓒ 크랭크축의 회전력이 클 때 진동이 발생한다.

③ 엔진 베어링(engine bearing)

㉠ 베어링의 구비 조건

ⓐ 눌러 붙지 않는 성질, 하중 부담 능력이 있어야 한다.

ⓑ 크랭크축 회전 중 이물질의 매몰성(매입성)이 있어야 한다.

ⓒ 내부식성과 내피로성이 있어야 한다.

ⓓ 추종 유동성이 있어야 한다.

ⓔ 강도가 크고, 마찰 저항이 작아야 한다.

ⓕ 고온에서 강도가 저하되지 않는 내마멸성이 있어야 한다.

ⓖ 고속회전에 견뎌야 한다.

㉡ 베어링의 재질

ⓐ **화이트 메탈**(white metal)(배빗 메탈) : 주석(Sn), 납(Pb), 안티몬(Sb), 아연(Zn), 구리(Cu) 등의 백색 합금이며 내부식성이 크고 무르기 때문에 길들임과 매몰성은

좋으나 고온 강도가 낮고 피로 강도, 열전도율이 좋지 않다.

ⓑ **켈밋 메탈**(kelmet metal) : 구리(Cu)와 납(Pb)의 합금이며 고속 고하중을 받는 베어링으로 적합하나 화이트 메탈보다 매몰성이 좋지 않다.

ⓒ **알루미늄 합금 메탈** : 알루미늄(Al)과 주석(Sn)의 합금이며 강판에 녹여 붙여서 사용한다. 길들임과 매몰성은 화이트 메탈과 켈밋 메탈의 중간 정도이고 내피로성은 켈밋 메탈보다 크다.

㉢ 하중의 작용 방향에 따른 베어링의 분류

ⓐ **레이디얼 베어링**(redial bearing) : 축에 직각 하중을 받는 베어링이다.

ⓑ **스러스트 베어링**(thrust bearing) : 축방향으로 하중을 받는 베어링이다.

㉣ 크랭크축 베어링의 구조

ⓐ **베어링 크러시**(bearing crush) : 베어링을 하우징 안에서 움직이지 않도록 하기 위하여 하우징 안둘레와 베어링 바깥둘레와의 차를 0.025 ~ 0.078[mm] 두어 고정하며 베어링을 설치하고 규정 토크로 죄었을 때 베어링이 하우징에 완전히 접촉되어 열전도가 잘 되도록 한다.

ⓑ **베어링 스프레드**(bearing spread) : 베어링을 끼우지 않았을 때 베어링 바깥쪽 지름과 베어링 하우징의 안지름 차이로 작은 힘으로 눌러 끼워 베어링이 제자리에 밀착되어 있게 할 수 있고, 베어링을 조립할 때 베어링이 캡에 끼워진 채로 작업하기 편리하며, 베어링 조립에서 크러시가 압축됨에 따라 안쪽으로 찌그러지는 것을 방지할 수 있다.

03 윤활 및 냉각 장치

1 윤활 장치(lubricating system)

1. 윤활 장치의 개요

각 운동부의 마찰을 감소시키고 마찰 손실을 최소화 하여 기계 효율을 향상시킨다.

(1) 윤활유의 작용과 구비 조건

① 윤활유의 작용

㉠ 감마 작용 : 유막을 형성하여 마찰 및 마멸을 방지하는 작용이다.

㉡ **세척 작용** : 먼지 또는 연소 생성물의 카본, 금속 분말 등을 흡수하는 작용이다.

㉢ **밀봉 작용** : 고온 · 고압의 가스 누출을 방지하는 작용이다.

㉣ **방청 작용** : 부식을 방지하는 작용을 한다.

㉤ **냉각 작용** : 기관의 마찰열을 흡수하여 소결을 방지하는 작용을 한다.

㉥ **응력 분산 작용** : 국부적 압력을 오일 전체에 분산하여 평균화시키는 작용을 한다.

② 윤활유의 구비 조건

㉠ 청정력이 클 것

㉡ 열과 산의 저항력이 클 것

㉢ 점도가 적당할 것

㉣ 카본 생성이 적을 것

㉤ 비중이 적당할 것

㉥ 인화점과 발화점이 높을 것

㉦ 기포 발생이 적을 것

㉧ 고점이 낮을 것

(2) 윤활 방식의 종류

비산식, 압송식, 비산 압송식 등이 있다.

(3) 윤활 장치의 구성

① **오일 팬** : 윤활유가 담아져 있는 용기이다.

② **오일 스트레이너**(1차 여과기) : 오일을 흡입 시에 1차 불순물을 여과하여 오일 펌프에 유도하여 주는 작용을 하며, 불순물에 의해 스크린이 막히면 바이패스 통로를 통하여 순환할 수 있도록 한다.

③ **오일 펌프** : 기어 펌프, 플런저 펌프, 베인 펌프, 로터리 펌프가 있다.

④ **오일 여과기**(oil-filter)

㉠ **전류식** : 전류식(full-flow filter)은 오일 펌프에서 압송한 오일 전부를 오일 여과기에서 여과한 다음 각 부분으로 공급하는 방식이다.

㉡ **분류식** : 분류식(by-pass filter)은 오일 펌프에서 압송된 오일을 각 윤활 부분에 직접 공급하고, 일부를 오일 여과기로 보내 여과한 다음 오일 팬으로 되돌아가는 방식이다.

㉢ **복합식**(샨트식) : 전류식과 분류식을 합한 방식이다.

⑤ 유압 조절 밸브

㉠ 릴리프 밸브 : 유압이 과도하게 상승되는 것을 방지한다.

㉡ 바이패스 밸브 : 유압이 규정보다 높거나 여과기가 막혔을 경우 바이패스 밸브가 열려 여과되지 않은 오일을 공급함으로써 기관 운동 정지를 방지한다.

(4) 윤활유(lubricating oil)

① 윤활유의 분류

㉠ SAE 분류 : 미국 자동차기술협회에서 오일의 점도에 의해 분류한 것으로, SAE 번호로 표시하며 번호가 클수록 점도가 높다.

㉡ API 분류 : 기관 운전 상태의 가혹조건에 의한 분류이다.

㉢ SAE 신분류 : 엔진 오일의 품질과 성능에 따른 분류이다.

API 분류

운전 조건 기관	가솔린 기관	디젤 기관
좋은 조건	ML	DG
중간 조건	MM	DM
가혹한 조건	MS	DS

API 분류와 SAE 신분류의 비교

구분	운전 조건	API 분류	SAE 신분류
가솔린 기관	좋은 조건	ML	SA
	중간 조건	MM	SB
	가혹한 조건	MS	SC · SD
디젤 기관	좋은 조건	DG	CA
	중간 조건	DM	CB · CC
	가혹한 조건	DS	CD

② 점도 : 윤활유의 가장 중요한 성질로, 유체를 이동시킬 때 나타나는 내부 저항을 말한다.

2. 유압 장치 정비

(1) 오일 계통 유압의 상승 원인

① 오일 점도가 높을 때

② 윤활 회로의 일부가 막혔을 때(오일 여과기 등)

③ 유압 조절 밸브 스프링의 장력이 클 때

④ 마찰부의 베어링 간극이 작을 때

(2) 유압 하락의 원인

① 오일 통로 파손 및 오일이 누출될 때

② 오일 팬의 오일량이 부족할 때

③ 크랭크축 베어링의 과대 마멸로 오일 간극이 클 때

④ 유압 조절 밸브 스프링 장력이 약할 때

⑤ 오일 팬 내의 오일이 부족할 때

⑥ 오일 펌프의 마멸이 있을 때

(3) 오일 색깔에 의한 정비

① **검정** : 심한 오염 또는 과부하 운전

② **붉은색** : 자동 변속기 오일 혼입

③ **노란색** : 무연 휘발유 혼입

④ **우유색(백색)** : 냉각수 혼입

2 냉각 장치(cooling system)

1. 냉각 장치의 개요

기관의 과열 및 과열에 의한 손상을 방지한다.

(1) 엔진의 냉각 방식

① **공랭식**(air cooling type)

㉠ **자연 통풍식** : 자동차가 주행할 때 받는 공기로 냉각하며, 실린더 블록과 같이 과열되기 쉬운 부분에 냉각핀을 설치하여 냉각한다.

㉡ **강제 통풍식** : 냉각팬을 사용하여 강제로 많은 양의 공기를 엔진으로 보내어 냉각하는 방식으로, 엔진 주위를 덮개로 감싸서 냉각 효율을 높인다.

② **수냉식**(water cooling type)

㉠ **자연 순환식** : 물의 대류 작용에 의해서 순환시키는 방식으로서, 고성능 기관은 부적합하다.

㉡ **강제 순환식** : 물 펌프를 이용하여 강제적으로 물 재킷 내에 냉각수를 순환시켜 기관을 냉각시키는 방식이다.

㉢ **압력 순환식**

ⓐ 강제 순환식에서 압력식 캡으로 냉각 장치의 통로를 밀폐시켜 냉각수의 비등점을

높여 비등에 의한 손실을 줄일 수 있는 방식이다.

ⓑ 라디에이터 소형화가 가능하다.

ⓒ 냉각수의 보충 횟수를 줄일 수 있다.

ⓓ 엔진의 열효율이 양호하다.

㉣ **밀봉 압력식** : 압력 순환식에서 라디에이터 캡을 밀봉하고 냉각수가 외부로 누출되지 않도록 하는 방식이며, 냉각수가 가열되어 팽창하면 냉각수를 보조 탱크로 보낸다.

ⓐ 냉각수 온도가 저하되면 보조 탱크의 냉각수가 라디에이터로 유입된다.

ⓑ 냉각수가 가열되어 팽창하면 보조 탱크로 보낸다.

(2) 냉각 장치의 구성

① **라디에이터**(radiator, 방열기)

㉠ 엔진에서 뜨거워진 냉각수를 방열판을 통과시켜 공기와 접촉하여 냉각수를 식히는 장치이다.

㉡ **구비 조건**

ⓐ 단위 면적당 방열량이 커야 한다.

ⓑ 공기의 흐름 저항이 작아야 한다.

ⓒ 가볍고 견고하여야 한다.

ⓓ 냉각수의 흐름 저항이 작아야 한다.

ⓔ 강도가 커야 한다.

㉢ **방열기 정비**

ⓐ 방열기 코어의 막힘이 20[%] 이상이면 라디에이터를 교환하여야 한다.

$$\text{라디에이터 코어 막힘률} = \frac{\text{신품 주수량} - \text{구품 주수량}}{\text{신품 주수량}} \times 100[\%]$$

ⓑ 라디에이터의 냉각핀 청소는 압축 공기를 기관 쪽에서 바깥방향으로 불어 낸다.

② **수온 조절기**(thermostat)

㉠ 실린더 헤드의 냉각수 통로에 설치되어 냉각수의 온도를 조절한다.

㉡ **수온 조절기의 종류**

ⓐ **펠릿형** : 왁스와 합성 고무가 봉입되어 냉각수 온도가 상승하면 고체 상태의 왁스가 액체로 변화되어 밸브가 열리고, 냉각수의 온도가 낮으면 액체 상태의 왁스가 고체로 변하여 밸브가 닫힌다.

ⓑ **벨로즈형** : 황동의 벨로즈 내 휘발성이 큰 에텔 또는 알코올이 봉입되어 냉각수 온도에 의해 벨로즈가 팽창 및 수축하여 냉각수 통로가 개폐된다.

ⓒ **바이메탈형** : 코일 모양의 바이메탈이 수온에 의해 늘어날 때 밸브가 열리는 형식이다.

③ **냉각 수온 센서**(WTS : Water Temperature Sensor) : 실린더 헤드부의 물 재킷 부분에 설치되어 있으며, 냉각수의 온도를 검출하여 ECU에 정보를 보내주면 연산 제어되어 인젝터 기본 분사량을 보정하는 부특성(NTC) 서미스터이다.

④ **냉각 팬** : 라디에이터의 냉각 효과를 향상시키는 장치이며, 유체 커플링식과 전동식이 있다.

⑤ **구동 벨트**(팬벨트) : 크랭크축의 동력을 받아 발전기와 물 펌프를 구동시키며, 벨트의 장력은 10[kg_f]의 힘으로 눌러 13 ~ 20[mm]의 장력을 유지하여야 한다.

㉠ **장력이 클 때** : 발전기와 물 펌프의 베어링이 손상된다.

㉡ **장력이 작을 때** : 엔진이 과열되고 축전지의 충전이 불량하게 된다.

2. 부동액(anti-freeze)

(1) 부동액의 역할

① 냉각수의 비등점을 높여 엔진 과열을 방지한다.

② 냉각수의 응고점을 낮추어 엔진의 동파를 방지한다.

③ 기관 내부의 부식을 방지한다.

(2) 부동액의 구비 조건

① 침전물의 발생이 없고, 냉각수와 혼합이 잘 되어야 한다.

② 응고점이 낮고 비점이 높아야 한다.

③ 휘발성이 없고 유동성이 있어야 한다.

(3) 냉각수

순도가 높은 증류수, 수돗물, 빗물 등의 연수를 사용한다.

(4) 부동액의 종류

① **반영구부동액** : 글리세린 및 메탄올

② **영구 부동액** : 에틸렌 글리콜

04 | 연료 장치

1 전자 제어 가솔린 연료 장치

1. 전자 제어 연료 장치

(1) 가솔린 분사 장치의 분류

① 인젝터(injector) 설치 위치에 따른 분류

㉠ 직접 분사 방식(GDI : Gasoline Direct Injection) : 인젝터가 연소실 내부에 연료를 직접 고압으로 분사하는 방식이다.

㉡ 간접 분사 방식(indirect injection) : 인젝터가 흡기 다기관 또는 흡입 밸브 상단에 저압으로 연료를 분사하는 방식이다.

② 인젝터(injector) 수에 따른 분류

㉠ SPI(Single Point Injection) : 스로틀 밸브 상단에 1개 인젝터로 연료를 저압 연속 분사하는 시스템이다.

㉡ MPI(Multi Point Injection) : 흡기 밸브 상단에 실린더마다 인젝터가 각각 1개씩 따로 설치된 방식으로, SPI 방식에 비해서 혼합기가 각 실린더에 균일하게 분배된다.

③ 공기량 계량 방식에 따른 분류

㉠ 직접 계량 방식 : 흡입 공기 체적 또는 흡입 공기량의 질량을 직접 계량하는 방식으로, K 제트로닉, L 제트로닉 등이 있다.

㉡ 간접 계량 방식 : 흡입 공기량을 직접 계량하지 않고 MAP 센서 등을 통해 흡기 다기관의 절대 압력, 또는 스로틀 밸브의 개도와 기관의 회전 속도로부터 공기량을 간접 계량하는 방식으로, D 제트로닉, TBI 등이 있다.

(2) 연료 분사 시기 제어

① 연료 분사 시기의 분류

㉠ 동기 분사(독립 분사, 순차 분사) : TDC 센서의 신호로 분사 순서를 결정하고, 크랭크각 센서의 신호로 점화 시기를 조절하며, 크랭크축이 2회전할 때마다 점화 순서에 의하여 배기 행정 시에 연료를 분사시킨다.

㉡ 그룹 분사 : 인젝터수의 $\frac{1}{2}$씩 짝을 지어 분사하며, 연료 분사를 2개 그룹으로 나누어 시스템을 단순화시킬 수 있다.

㉢ **동시 분사** : 모든 인젝터에 연료 분사 신호를 동시에 공급하여 연료를 분사시키며 냉각 수온 센서, 흡기 온도, 스로틀 위치 센서 등 각종 센서에 의해 제어되며 1사이클당 2회씩(크랭크축 1회전당 1회씩 분사) 연료를 분사시킨다.

② **피드백 제어** : 산소 센서의 신호를 받아 출력이 낮으면 혼합비가 희박하므로 연료 분사량을 증량시키고, 산소 센서의 출력이 높으면 혼합비가 농후하므로 연료 분사량을 감량시킨다.

참/고/박/스

산소 센서의 피드백 제어 정지 조건

㉠ 기관을 시동할 때
㉡ 기관 시동 후 분사량을 증량시킬 때
㉢ 기관의 출력을 증가시킬 때
㉣ 연료 공급을 차단할 때
㉤ 냉각수 온도가 낮을 때

③ **연료 압력 조절기**(pressure regulator)

㉠ **인탱크 조절 방식** : 연료 압력 조절기를 연료 탱크 내에 설치하여 일정 압력으로 연료를 공급하고, ECU가 인젝터 개변 시간으로 연료압을 보정한다.

㉡ **인라인 조절 방식** : 연료 압력 조절기에 의해 인젝터의 분사압을 조절하는 방식이다.

④ **인젝터**(injector) : 니들 밸브(needle valve), 플런저(plunger), 솔레노이드 코일(solenoid coil) 등으로 구성되며 분사량은 ECU의 신호를 받아 코일에 흐르는 전류의 통전 시간에 의해 조절된다.

⑤ 연료 탱크

2. GDI(Gasoline Direct Injection) 연료 장치

(1) 시스템 개요

실린더 내에 연료를 고압으로 직접 분사하여 연소시킴으로써 성능 향상, 유해 배출 가스 저감, 연비 개선을 동시에 실현한 엔진으로, 고부하 상태에서 흡입 행정 초기에 연료를 분사하여 연료에 의한 흡입 공기 냉각으로 충전 효율을 향상시키며 연료 소비율과 출력이 좋다.

(2) 연료 제어 장치

GDI 엔진의 연료 공급은 연료 탱크 → 저압 펌프 → 고압 펌프 → 연료 레일 → 고압 인젝터 순으로 공급된다.

① **연료 압력 조절기**(FPR : Fuel Pressure Reglator) : 연료 압력 조절기는 연료 압력을

조절하는 역할을 한다.

② **고압 센서** : 연료 레일에 장착되어 있으며 최고 압력은 250[bar]이고 사용 전압은 5[V]이다.

③ **인젝터** : 고압의 연료를 연소실에 직접 공급하는 기능을 한다.

(3) 연료 분사 시기 제어

분사 시점은 일반 주행 시 흡입 행정에서 분사하여 연료와 공기의 혼합을 좋게 한다. 시동 시는 압축 행정에 연료를 분사하여 공기와 연료의 성층화 현상에 의해 연료가 점화 플러그 주변으로 모여 점화 플러그 근처에만 농후하게 되어 시동성을 좋게 하고 연료를 절약할 수 있다.

2 LPG 연료 장치

1. LPG 시스템의 개요

LPG는 프로판과 부탄이 주성분으로, 프로필렌과 부틸렌이 포함되어 있다.

2. LPG의 특징

(1) 장점

① 베이퍼록 현상이 일어나지 않는다.

② 혼합기가 가스 상태로 실린더에 공급되기 때문에 일산화탄소(CO)의 배출량이 적다.

③ 황분의 함유량이 적기 때문에 오일의 오손이 적다.

④ 가스 상태로 실린더에 공급되기 때문에 미연소가스에 의한 오일의 희석이 작다.

⑤ 가솔린 연료보다 옥탄가가 높고 연소 속도가 느리기 때문에 노킹이 작다.

⑥ 가솔린 연료보다 가격이 저렴하기 때문에 경제적이다.

(2) 단점

① 겨울철 또는 장시간 정차 시 증발 잠열로 인해 시동이 어렵다.

② 연료의 보급이 불편하고 트렁크의 공간이 좁다.

③ LPG 연료 봄베 탱크를 고압 용기로 사용하기 때문에 차량의 중량이 무겁다.

3. 시스템 구성

(1) 봄베(bombe)

① **충전 밸브** : 봄베의 기체 상태 부분에 설치되어 있는 녹색 핸들의 밸브이며, 충전 밸브 아래쪽에 안전밸브가 설치되어 봄베 내의 압력이 규정 이상으로 상승되는 것을 방지한다.

② **용적 표시계** : 봄베에 LPG 충전 시에 충전량을 나타내는 계기이며, LPG는 봄베 용적의 85[%] 까지만 충전하여야 한다.

③ **안전밸브** : 봄베 내의 압력이 상승하여 규정값 이상이 되면 이 밸브가 열려 대기 중으로 LPG가 방출된다.

④ **과류 방지 밸브** : 배출 밸브의 안쪽에 설치되어 배관의 연결부 등이 파손되었을 때 LPG가 과도하게 흐르면 이 밸브가 닫혀 유출을 방지한다.

(2) 연료 차단 솔레노이드 밸브

시동 시 기체 LPG를 공급하고, 시동 후에는 액체 LPG를 공급해 시동성을 용이하게 한다.

(3) 베이퍼라이저

① 봄베에서 공급된 LPG의 압력을 감압하여 기화시키는 작용을 한다.

② **수온 스위치** : 수온이 15[℃] 이하일 때는 기상, 15[℃] 이상일 때는 액상 솔레노이드 밸브 코일에 전류를 흐르게 한다.

③ **1차 감압실** : LPG를 감압시켜 기화시키는 역할을 한다.

④ **2차 감압실** : 감압된 LPG를 대기압에 가깝게 감압하는 역할을 한다.

⑤ **기동 솔레노이드 밸브** : 한랭 시 1차실에서 2차실로 통하는 별도의 통로를 열어 시동에 필요한 LPG를 확보해주고, 시동 후에는 LPG 공급을 차단하는 일을 한다.

⑥ **부압실** : 시동 정지 시 2차 밸브를 시트에 밀착시켜 LPG 누출을 방지하는 일을 한다.

(4) 가스 믹서(gas mixer)

믹서는 공기와 LPG를 혼합하여 각 실린더에 공급하는 역할을 한다.

05 | 디젤 기관

1 기계식 디젤 기관

1. 디젤 기관의 개요

자동차용 디젤 기관은 실린더 안에 공기를 흡입 · 압축하여 공기의 온도가 500 ~ 600[℃]에 이를 때 연료를 안개 모양의 입자로 고압 분사하여 연료가 공기의 압축열에 의해 자기 착화, 연소하게 된다.

(1) 디젤 기관 연소실

① 구비 조건

㉠ 분사된 연료를 될 수 있는 대로 짧은 시간에 완전 연소시키는 구조이어야 한다.

㉡ 연료 소비율이 작아야 한다.

㉢ 평균 유효 압력이 높아야 한다.

㉣ 시동이 용이해야 한다.

㉤ 고속 회전 시 연소 상태가 좋아야 한다.

② 디젤 엔진의 노크

㉠ 노크는 디젤 엔진의 분사된 연료가 착화 지연 기간 중에 착화하지 못하고 화염 전파 기간에 한꺼번에 연소하여 실린더 내의 압력이 급격히 상승하는 현상을 말한다.

㉡ **세탄가** : 디젤 연료의 착화성을 나타내는 척도를 말하며, 세탄과 α−메틸나프탈렌의 혼합 연료의 비를 [%]로 나타내는 것이다.

$$세탄가 = \frac{세탄}{세탄 + \alpha - 메틸나프탈렌} \times 100[\%]$$

㉡ **디젤 착화 촉진제** : 초산아밀($C_5H_{11}NO_3$), 아초산아밀($C_5H_{11}NO_2$), 초산에틸($C_2H_5NO_3$), 아초산에틸($C_2H_5NO_2$)이 있다.

㉢ **디젤 노크 방지법** : 디젤 노크는 착화 지연 기간이 길면 발생하며, 노크 방지법은 다음과 같다.

ⓐ 압축비를 높게 한다.

ⓑ 착화성이 좋은 연료(세탄가가 높은 연료)를 사용한다.

• 분사 초기 연료 분사량을 적게 한다.

• 연소실에 강한 와류(소용돌이)를 형성하여야 한다.

㉤ 착화 지연에 영향을 미치는 요인

ⓐ 디젤 연료의 세탄가

ⓑ 연료의 분사 상태

ⓒ 실린더 내의 온도와 압력

ⓓ 공기의 와류

③ 디젤 기관 연소실의 분류

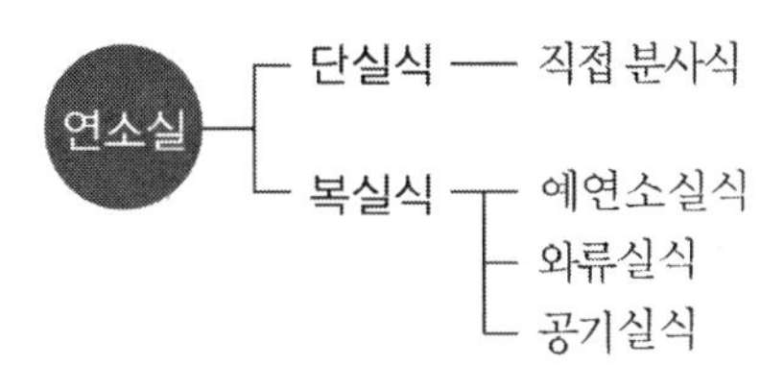

(2) 디젤 기관의 연료 장치

연료 탱크 → 연료 여과기 → 공급 펌프 → 연료 여과기 → 분사 펌프 → 분사 파이프 → 분사 노즐 → 연소실 순서로 연료가 공급된다.

① **독립식 분사 펌프**(injection pump) : 독립식 분사 펌프는 엔진의 각 실린더에 1개씩 펌프를 설치한 것으로, 구조가 복잡하나 현재 고속 디젤 기관에 주로 사용한다.

- 무기 분사식
  - 독립식(고속 디젤, 대형)
  - 공동식
  - 분배식(소형 디젤)
- 공기 분사식 — 선박

㉠ 플런저 리드의 종류

ⓐ **양리드** : 플런저 헤드와 리드가 모두 경사지게 파여, 분사 개시와 분사 말기가 모두 변화하는 리드이다.

ⓑ **정리드** : 플런저 헤드가 편평하고 리드가 경사지게 파여, 분사 개시가 일정하고 분사 말기가 변화하는 리드이다.

ⓒ **역리드** : 플런저 헤드가 경사지게 파이고 리드가 수평으로 파여, 분사 개시가 변화하고 분사 말기가 일정한 리드이다.

㉡ **딜리버리 밸브**(delivery valve) : 스프링의 장력에 의해 연료의 역류를 방지하고 노즐의 후적을 방지하는 역할을 한다.

㉢ **조속기**(governor) : 엔진의 회전 속도나 부하 변동에 따라 자동적으로 연료 분사량을 조절하는 것으로서, 최고 회전 속도를 제어하고 동시에 저속 운전을 안정시키는 일을 한다.

ⓔ **분사량 불균율** : 각 실린더별 연료 분사량 차이에 의해 폭발 압력의 차이가 발생해 진동을 일으킨다. 이와 같은 분사량 차이를 분사량 불균율이라 하고, 불균율 허용 범위는 전부하 운전에서는 ±3[%], 무부하 운전에서는 10 ~ 15[%]이다. 분사량의 불균율은 아래 공식으로 산출한다.

$$(+)\ \text{불균율} = \frac{\text{최대 분사량} - \text{평균 분사량}}{\text{평균 분사량}} \times 100[\%]$$

$$(-)\ \text{불균율} = \frac{\text{평균 분사량} - \text{최소 분사량}}{\text{평균 분사량}} \times 100[\%]$$

ⓜ **타이머(timer)** : 엔진의 회전 속도 및 부하에 따라 분사 시기를 조정하는 장치이다.

② **분배식 분사 펌프** : 기관의 실린더수에 관계없이 하나의 펌프에 분배 밸브를 조합하여 각 실린더에 고압의 연료를 분배하는 것으로서, 소형 고속 디젤 기관에 사용한다.

참/고/박/스

조속기(governor, 거버너)
조속기는 원심추를 이용한 원심력식 조속기(기계식 조속기)이며, VE형 분사 펌프의 조속기는 전속도 조속기이며 조속기 스프링 장력에 의해 제어 회전 속도가 결정된다.

③ **분사 노즐** : 연료 펌프로부터 송출되어온 연료를 연소실에 분사하는 장치이다.

ⓐ 분사 노즐의 구비조건
- ⓐ 무화가 좋을 것
- ⓑ 후적이 일어나지 않을 것
- ⓒ 분포가 좋을 것
- ⓓ 관통도가 있을 것

ⓑ 분사 노즐의 종류
- ⓐ **구멍형 노즐** : 분공의 수에 따라 단공형 노즐과 다공형 노즐로 분류되며, 단공형은 분공이 1개, 다공형은 분공이 2 ~ 10개이다. 분사 압력은 150 ~ 300[kg_f/cm^2]이다.
- ⓑ **핀틀형 노즐** : 니들 밸브의 끝이 니들 밸브 보디보다 약간 노출되어 있고 밸브가 연료 압력에 의해 밀려 올라가서 열리면 그 틈새에서 연료가 분출되는 형식이다. 따라서 분사 개시 압력이 낮아도 분무의 입자가 작아지는 효과가 있다. 주로 디젤 기관의 예연소실식과 와류실식에서 사용하며, 분사 개시 압력은 100 ~ 120[kg_f/cm^2]이다.

ⓒ **스로틀형 노즐 :** 노크 방지를 고려해 핀틀형 노즐을 개량하여 만든 것으로, 노크 발생을 저감시키기 위하여 분사 초기는 소량의 연료만을 분사 하고 착화 후에 다량의 연료가 분사되는 형식이다. 분사 개시 압력은 100 ~ 140[kg_f/cm^2]이다.

2. 과급기

(1) 터보 차저

터보 차저는 임펠러(impeller), 배기가스의 열에너지를 회전력으로 변환시키는 터빈(turbine), 터빈축(turbine shaft)을 지지하는 플로팅 베어링(floating bearing), 과급 압력이 규정 이상으로 상승되는 것을 방지하는 과급 압력 조절기, 과급된 공기를 냉각시키는 인터쿨러(inter cooler) 등으로 구성되어 있다.

① **임펠러(impeller) :** 공기에 압력을 가하여 실린더로 보내는 역할을 하며, 흡입쪽에 설치된 날개이다.

② **터빈(turbine) :** 터빈은 배기가스의 압력에 의하여 배기가스의 열에너지를 회전력으로 변환시키는 역할을 하며, 배기쪽에 설치된 날개이다.

③ **과급 압력 조절기(waste gate valve) :** 과급 압력 조절기는 과급 압력이 규정값 이상으로 상승되는 것을 방지하는 역할을 한다.

2 배출 가스 저감 장치

1. 삼원 촉매 장치(catalytic converter)

무연 휘발유 차량에 사용되는 삼원 촉매 장치는 배기가스 중 유해 가스인 일산화탄소(CO), 탄화수소(HC), 질소산화물(NO_x)이 생성된다. 이러한 유해 성분을 무해 성분으로 전환시키는 장치이며, 사용되는 반응 물질은 백금(Pt), 팔라듐(Pd), 로듐(Rh)이 도금되어 있으며 재질은 알루미나이다.

2. EGR(배기가스 재순환) 장치

EGR 장치는 NO_x 저감을 위해 배기가스의 일부를 다시 흡입 계통으로 재순환시켜 최고 온도를 낮추어 주는 장치이다.

$$\text{EGR율} = \frac{\text{EGR 가스량}}{\text{흡입 공기량} + \text{EGR 가스량}} \times 100[\%]$$

3. PCV(Positive Crankcase Ventilation) 밸브

실린더 블록과 실린더 헤드의 미연소 가스를 흡입 계통으로 재순환하는 장치로서, HC를 저감시키는 장치이다.

4. 차콜 캐니스터(charcoal canister)

연료 탱크에서 발생한 연료 증발 가스를 대기 중으로 방출시키지 않고 활성탄을 이용하여 증발 가스를 포집해 두었다가 가속 시나 등판 시와 같은 고부하 영역에서 흡입 매니폴드에 공급해 주는 장치이다.

02 기출예상문제

01 CRDI 디젤 엔진에서 기계식 저압 펌프의 연료 공급 경로가 맞는 것은?

① 연료 탱크 – 저압 펌프 – 연료 필터 – 고압 펌프 – 커먼레일 – 인젝터
② 연료 탱크 – 연료 필터 – 저압 펌프 – 고압 펌프 – 커먼레일 – 인젝터
③ 연료 탱크 – 저압 펌프 – 연료 필터 – 커먼레일 – 고압 펌프 – 인젝터
④ 연료 탱크 – 연료 필터 – 저압 펌프 – 커먼레일 – 고압 펌프 – 인젝터

해설 CRDI 디젤엔진의 연료 공급 경로 : 연료 탱크 – 연료 필터 – 저압펌프 – 고압 펌프 – 커먼레일 – 인젝터

02 실린더 헤드를 떼어낼 때 볼트를 바르게 푸는 방법은?

① 풀기 쉬운 곳부터 푼다.
② 중앙에서 바깥을 향하여 대각선으로 푼다.
③ 바깥에서 안쪽으로 향하여 대각선으로 푼다.
④ 실린더 보어를 먼저 제거하고 실린더 헤드를 떼어낸다.

해설 실린더 헤드 볼트의 분해 · 조립
㉠ 실린더 헤드의 분해 : 바깥에서 안쪽으로 대각선 방향으로 분해
㉡ 실린더 헤드의 조립 : 안쪽에서 바깥으로 대각선 방향으로 조립

03 기관 회전력 71.6 [kg_f · m]에서 200 [PS]의 축 출력을 냈다면 이 기관의 회전 속도 [rpm]는?

① 1,000 ② 1,500
③ 2,000 ④ 2,500

ANSWER 01 ② 02 ③ 03 ③

해설

$$제동 마력 = \frac{2\pi TN}{75 \times 60} = \frac{TN}{716}$$

$$\therefore N = \frac{716 \times PS}{T}$$

$$= \frac{716 \times 200}{71.6} = 2{,}000\,[\mathrm{rpm}]$$

여기서, T : 회전력 [$\mathrm{kg_f \cdot m}$]

N : 기관 회전 속도 [rpm]

04 EGR(배기가스 재순환 장치)과 관계있는 배기가스는?

① CO ② HC

③ NOx ④ H_2O

해설 배기가스 재순환 장치(EGR)는 EGR 밸브를 이용하여 연소실의 최고 온도를 낮추어 질소산화물(NOx) 저감과 광화학 스모그 현상 발생을 방지한다.

05 디젤 기관의 연료 여과 장치 설치 개소로 적절하지 않은 것은?

① 연료 공급 펌프 입구 ② 연료 탱크와 연료 공급 펌프 사이

③ 연료 분사 펌프 입구 ④ 흡입 다기관 입구

해설 연료 여과 장치

㉠ 연료의 수분과 불순물 제거의 역할을 하며, 주로 연료 라인에 설치된다.

㉡ 디젤 기관의 연료 여과 장치 설치 개소

- 연료 탱크와 연료 공급 펌프 사이
- 연료 공급 펌프 입구
- 연료 분사 펌프 입구

06 엔진 조립 시 피스톤링 절개구 방향은?

① 피스톤 사이드 스러스트 방향을 피하는 것이 좋다.

② 피스톤 사이드 스러스트 방향으로 두는 것이 좋다.

③ 크랭크 축 방향으로 두는 것이 좋다.

④ 절개구의 방향은 관계없다.

해설 엔진 조립 시 피스톤링 절개구 방향은 측압에 의해 피스톤링 절개부로 압축 및 가스의 누출 우려가 있으므로 측압을 받는 부분은 피하는 것이 좋고, 사이드 스러스트 방향(보스와 직각 : 크랭크축과 직각)을 피해 120 ~ 180°로 한다.

07 LPG 기관 피드백 믹서 장치에서 ECU의 출력 신호에 해당하는 것은?

① 산소 센서　　② 파워스티어링 스위치
③ 맵 센서　　④ 메인 듀티 솔레노이드

해설 산소센서, 파워스티어링 스위치, 맵 센서 등은 ECU 입력 신호이며, LPG 피드백 믹서 장치에서 메인 듀티 솔레노이드는 ECU가 듀티 제어하는 출력 신호이다.

08 크랭크케이스 내의 배출 가스 제어 장치는 어떤 유해가스를 저감시키는가?

① HC　　② CO
③ NO*x*　　④ CO_2

해설 실린더의 압축 행정 시 실린더와 피스톤 사이로 누출되는 미연소 가스인 탄화수소(HC)를 블로바이 가스라 하며, 이러한 미연소 가스가 지속적으로 축적되는 것을 저감시키는 장치를 블로바이 가스 제어 장치라 한다.

09 실린더 블록이나 헤드의 평면도 측정에 알맞은 게이지는?

① 마이크로미터　　② 다이얼 게이지
③ 버니어 캘리퍼스　　④ 직각자와 필러 게이지

해설 실린더 헤드 평면도 점검은 곧은 자 또는 직각자와 필러(틈새, 간극) 게이지로 6 ~ 7개소를 측정하여 가장 큰 마모값을 알아내는 것이다.

10 각종 센서의 내부 구조 및 원리에 대한 설명으로 거리가 먼 것은?

① 냉각수 온도 센서 : NTC를 이용한 서미스터 전압값의 변화
② 맵 센서 : 진공으로 저항(피에조)값을 변화
③ 지르코니아 산소 센서 : 온도에 의한 전류값을 변화
④ 스로틀(밸브) 위치 센서 : 가변 저항을 이용한 전압값 변화

ANSWER / 04 ③ 05 ④ 06 ① 07 ④ 08 ① 09 ④ 10 ③

해설 지르코니아 산소 센서는 배기 연소 가스 중 산소 농도를 기전력 변화로 검출한다.

11 **다음 중 윤활유의 역할이 아닌 것은?**

① 밀봉 작용
② 냉각 작용
③ 팽창 작용
④ 방청 작용

해설 윤활유의 작용
㉠ 감마 작용
㉡ 냉각 작용
㉢ 밀봉 작용
㉣ 세척 작용
㉤ 방청 작용
㉥ 응력 분산 작용

12 **다음 중 디젤 연료의 발화 촉진제로 적당하지 않은 것은?**

① 아황산에틸
② 아질산아밀
③ 질산에틸
④ 질산아밀

해설 디젤 연료 발화촉진제 : 초산 에틸, 아초산아밀, 아초산에틸, 질산에틸, 질산아밀, 아질산아밀 등이 있다.

13 **냉각수 온도 센서 고장 시 엔진에 미치는 영향으로 틀린 것은?**

① 공회전 상태가 불안정하게 된다.
② 워밍업 시기에 검은 연기가 배출될 수 있다.
③ 배기가스 중에 CO 및 HC가 증가된다.
④ 냉간 시동성이 양호하다.

해설 냉각 수온 센서 결함 시 발생 현상
㉠ 공회전 불안정
㉡ 기관 워밍업 시 흑색 연기 배출
㉢ 배기가스 중 CO 및 HC 증가
㉣ 냉간 시동성 불량

14 연료 탱크의 주입구 및 가스 배출구는 노출된 전기 단자로부터 (㉠) [mm] 이상, 배기관의 끝으로부터 (㉡) [mm] 이상 떨어져 있어야 한다. ( ) 안에 알맞은 것은?

① ㉠ : 300, ㉡ : 200
② ㉠ : 200, ㉡ : 300
③ ㉠ : 250, ㉡ : 200
④ ㉠ : 200, ㉡ : 250

해설 연료 탱크의 주입구 및 가스 배출구는 배기관 끝으로부터 300 [mm], 노출된 전기 단자 및 전기 개폐기로부터 200 [mm] 이격되어 있어야 한다.

15 연료의 저위 발열량이 10,250 [kcal/kg$_f$]일 경우 제동 연료 소비율 [g$_f$/PSh]은? (단, 제동 연료 소비율 = 26.2 [%])

① 약 220
② 약 235
③ 약 250
④ 약 275

해설

$$\text{제동 열효율}(\eta) = \frac{632.3 \times PS}{CW}$$

$$\text{시간당 연료소비량}(W) = \frac{632.3 \times 1}{0.262 \times 10{,}250} = 0.235\,[\text{kg}_f]$$

$$\text{제동 연료 소비율} = \frac{\text{연료소비량}}{PS} = 235\,[\text{kg}_f/\text{PS}-\text{h}]$$

여기서, C : 연료의 저위 발열량 [kcal/kg$_f$]
W : 연료 소비량 [kg$_f$]
PS : 마력(1[PS] = 632.3 [kcal/h]

16 디젤 기관에서 실린더 내의 연소 압력이 최대가 되는 기간은?

① 직접 연소 기간
② 화염 전파 기간
③ 착화 늦음 기간
④ 후기 연소 기간

해설 디젤 기관에서 연소 압력이 최대가 되는 구간은 직접 연소(제어 연소) 기간으로, 분사된 연료가 화염 전파 시간에서 발생한 화염으로 분사와 거의 동시 연소하는 기간이고, 연소 압력이 가장 높다.

ANSWER / 11 ③ 12 ① 13 ④ 14 ② 15 ② 16 ①

17 전자 제어 점화 장치에서 전자 제어 모듈(ECM)에 입력되는 정보로 거리가 먼 것은?

① 엔진 회전수 신호
② 흡기 매니폴드 압력 센서
③ 엔진 오일 압력 센서
④ 수온 센서

해설 엔진 오일 압력 센서는 엔진 오일 경고등 작동에 사용되며 점화 장치와 관련없다.

18 내연 기관의 일반적인 내용으로 맞는 것은?

① 2행정 사이클 엔진의 인젝션 펌프 회전 속도는 크랭크 축 회전 속도의 2배이다.
② 엔진 오일은 일반적으로 계절마다 교환한다.
③ 크롬 도금한 라이너에는 크롬 도금된 피스톤링을 사용하지 않는다.
④ 가입식 라디에이터 부압 밸브가 밀착 불량이면 라디에이터를 손상하는 원인이 된다.

해설 ① 2행정 사이클 엔진의 인젝션 펌프 회전 속도는 크랭크축 회전 속도와 같다.
② 엔진오일은 일정 주행거리마다 교환한다.
③ 가압식 라디에이터 부압 밸브가 열리지 않으면 라디에이터가 손상되는 원인이 된다.

19 밸브 스프링의 점검 항목 및 점검 기준으로 틀린 것은?

① 장력 : 스프링 장력의 감소는 표준값의 10 [%] 이내일 것
② 자유고 : 자유고의 낮아짐 변화량은 3 [%] 이내일 것
③ 직각도 : 직각도는 자유 높이 100 [mm]당 3 [mm] 이내일 것
④ 접촉면의 상태는 2/3 이상 수평일 것

해설 밸브 스프링의 점검
㉠ 스프링 장력 : 규정의 15 [%] 이내
㉡ 직각도, 자유고 : 3 [%] 이내

20 라디에이터의 코어 튜브가 파열되었다면 그 원인은?

① 물 펌프에서 냉각수 누수일 때
② 팬 벨트가 헐거울 때
③ 수온 조절기가 제 기능을 발휘하지 못할 때
④ 오버플로어 파이프가 막혔을 때

해설 방열기 코어 튜브는 오버플로어 파이프가 막혔을 때 팽창 압력에 의해 파열된다.

21 실린더 1개당 총마찰력이 6 [kg_f], 피스톤의 평균 속도가 15 [m/s]일 때 마찰로 인한 기관의 손실 마력 [PS]은?

① 0.4 ② 1.2
③ 2.5 ④ 9.0

해설

$$F_{PS} = \frac{P \times S}{75}$$

$$= \frac{6 \times 15}{75} = 1.2\,[PS]$$

여기서, F_{PS} : 손실 마력
P : 피스톤링의 마찰력 [kg_f]
S : 피스톤 평균 속도 [m/s]

22 전자 제어 가솔린기관 인젝터에서 연료가 분사되지 않는 이유 중 틀린 것은?

① 크랭크각 센서 불량 ② ECU 불량
③ 인젝터 불량 ④ 파워 TR 불량

해설 파워 TR은 점화 계통 부품으로, 파워 TR 불량 시 연료분사 시기 불량 등의 문제로 인해 인젝터에서 연료는 분사되나 엔진 시동이 안 된다.

23 자동차 전조등 주광축의 진폭 측정 시 10 [m] 위치에서 우측 우향 진폭 기준은 몇 [cm] 이내이어야 하는가?

① 10 ② 20
③ 30 ④ 39

해설 전조등 진폭 측정 시 기준

㉠ 좌측 전조등
- 좌진폭 : 15 [cm]
- 우진폭 : 30 [cm]

㉡ 우측 전조등
- 좌진폭 : 30 [cm]
- 우진폭 : 30 [cm]

㉢ 상향 진폭 : 10 [cm]
㉣ 하향 진폭 : 30 [cm]

ANSWER / 17 ③ 18 ③ 19 ① 20 ④ 21 ② 22 ④ 23 ③

24 어떤 기관의 열효율을 측정하는 데 열정산에서 냉각에 의한 손실이 29 [%], 배기와 복사에 의한 손실이 31 [%] 이고, 기계 효율이 80 [%] 라면 정미 열효율 [%]은?

① 40
② 36
③ 34
④ 32

해설 지시 열효율 = 100 − (냉각 손실 + 배기 및 복사에 의한 손실)
= 100 − (29 + 31) = 40 [%]
정미 열효율 = 지시열효율 × 기계 효율
= (0.4 × 0.8) × 100 = 32 [%]

25 다음 중 크랭크 축 메인 저널 베어링 마모를 점검하는 방법은?

① 파일러 게이지 방법
② 심(seam) 방법
③ 직각자 방법
④ 플라스틱 게이지 방법

해설 오일 간극 점검 방법 : 마이크로미터 측정, 플라스틱 게이지, 심스톡 방법 등이 있으며, 플라스틱 게이지가 가장 적합하다.

26 차량용 엔진의 엔진 성능에 영향을 미치는 여러 인자에 대한 설명으로 옳은 것은?

① 흡입 효율, 체적 효율, 충전 효율이 있다.
② 압축비는 기관 성능에 영향을 미치지 못한다.
③ 점화 시기는 기관 특성에 영향을 미치지 못한다.
④ 냉각수 온도, 마찰은 제외한다.

해설 엔진 성능 향상 인자는 체적 · 흡입 · 충전 효율이며, 압축비와 점화 시기 및 냉각수 온도도 엔진의 성능에 영향을 미친다.

27 디젤 기관에서 전자 제어식 고압 펌프의 특징이 아닌 것은?

① 동력 성능의 향상
② 쾌적성 향상
③ 부가 장치 필요
④ 가속 시 스모크 저감

해설 디젤 기관 전자 제어식 고압 펌프의 특징
㉠ 가속시 스모크의 저감
㉡ 쾌적성 향상
㉢ 동력 성능의 향상

28 실린더가 정상적인 마모를 할 때 마모량이 가장 큰 부분은?

① 실린더 윗부분 ② 실린더 중간 부분
③ 실린더 밑부분 ④ 실린더 헤드

해설 실린더가 동력 행정에서 폭발 압력에 의해 피스톤 헤드가 받는 압력이 가장 크므로 실린더 윗부분 상사점 축의 직각 방향이 가장 큰 마멸이 일어나고, 실린더 밑부분이 가장 작은 마멸이 일어난다.

29 다음 중 전자 제어 가솔린 연료 분사 방식의 특징이 아닌 것은?

① 기관의 응답 및 주행성 향상 ② 기관 출력의 향상
③ CO, HC 등의 배출 가스 감소 ④ 간단한 구조

해설 전자 제어 가솔린 분사 기관의 특징
㉠ 공기 흐름에 따른 관성 질량이 작아 응답 및 주행성이 향상된다.
㉡ 기관 출력 증대 및 연료 소비율이 감소한다.
㉢ CO, HC 등의 유해 배출 가스 감소 효과가 있다.
㉣ 각 실린더에 동일한 양의 연료 공급이 가능하다.
㉤ 구조가 복잡하고 가격이 비싸다(DOHC).
㉥ 저온 시동성이 향상된다.

30 디젤 엔진에서 플런저의 유효 행정을 크게 하였을 때 일어나는 것은?

① 송출 압력이 커진다. ② 송출 압력이 작아진다.
③ 연료 송출량이 많아진다. ④ 연료 송출량이 적어진다.

해설 분사 노즐의 플런저 유효 행정 크기와 분사량은 비례한다. 또한, 플런저의 예행정을 크게 하면 분사 시기가 변화한다.

31 고속 디젤 기관의 열역학적 사이클은 어느 것에 해당하는가?

① 오토 사이클 ② 디젤 사이클
③ 정적 사이클 ④ 복합 사이클

ANSWER / 24 ④ 25 ④ 26 ① 27 ③ 28 ① 29 ④ 30 ③ 31 ④

해설 ① 정적(오토) 사이클 : 가솔린 기관
② 정압(디젤) 사이클 : 저속 · 중속 디젤 기관
④ 복합(사바테) 사이클 : 고속 디젤 기관

32 **연료 1 [kg]을 연소시키는 데 드는 이론적 공기량과 실제로 드는 공기량과의 비를 무엇이라고 하는가?**

① 중량비
② 공기율
③ 중량도
④ 공기 과잉률

해설 공기 과잉률이란 연료 1 [kg]을 연소시키는 데 필요한 이론적 공기량과 실제 필요한 공기량과의 비율, 즉 $\frac{\text{실제 혼합비}}{\text{이론 혼합비}}$ 이다.

33 **LPG 기관에서 믹서의 스로틀 밸브 개도량을 감지하여 ECU에 신호를 보내는 것은?**

① 아이들 업 솔레노이드
② 대시포트
③ 공전 속도 조절 밸브
④ 스로틀 위치 센서

해설 LPG 기관의 스로틀 위치 센서(TPS)는 믹서의 액셀레이터 슬랩 개도량을 검출하는 가변 저항형 센서이다.

34 **배기 장치에 관한 설명으로 맞는 것은?**

① 배기 소음기는 온도는 낮추고 압력을 높여 배기 소음을 감쇠한다.
② 배기 다기관에서 배출되는 가스는 저온 · 저압으로 급격한 팽창으로 폭발음이 발생한다.
③ 단실린더에도 배기 다기관을 설치하여 배기가스를 모아 방출해야 한다.
④ 소음 효과를 높이기 위해 소음기의 저항을 크게 하면 배압이 커 기관 출력이 줄어든다.

해설 소음기 저항을 크게 하면 배압에 의해 엔진 출력이 저하된다.
배기 다기관에서 배출되는 고온 · 고압 가스의 팽창에 의한 폭발음은 소음기를 이용하여 배기가스의 온도와 압력을 낮추어 배기 소음을 감쇠시킨다.

35 가솔린 기관의 유해 가스 저감 장치 중 질소산화물(NOx) 발생을 감소시키는 장치는?

① EGR 시스템(배기가스 재순환 장치)
② 퍼지컨트롤 시스템
③ 블로우 바이 가스 환원 장치
④ 감속 시 연료 차단 장치

해설 배기가스 재순환 장치(EGR)는 배기가스의 일부를 배기 계통에서 흡기 계통으로 재순환시켜 연소실의 최고 온도를 낮추어 질소산화물(NOx) 생성을 억제시킨다.

36 냉각 장치에서 냉각수의 비등점을 올리기 위한 방식으로 맞는 것은?

① 압력 캡식 ② 진공 캡식
③ 밀봉 캡식 ④ 순환 캡식

해설 방열기의 압력식 캡은 냉각 범위를 넓게 냉각 효과를 크게 하기 위하여 사용하며, 보통 0.2 ~ 0.9 [kg_f/cm^2]의 압력을 걸어 냉각수의 비점을 112 ~ 119 [℃]로 올린다. 또한, 압력 밸브는 방열기 내 압력이 규정값 이상되면 열려 과잉 압력의 수증기를 배출한다.

37 기관 회전수를 계산하는 데 사용하는 센서는?

① 스로틀 포지션 센서 ② 맵 센서
③ 크랭크 포지션 센서 ④ 노크 센서

해설 센서의 역할

㉠ 크랭크 포지션 센서 : 기관의 회전 속도와 크랭크 축의 위치를 검출하며, 연료 분사 순서와 분사 시기 및 기본 점화 시기에 영향을 주며, 고장이 나면 기관이 정지된다.
㉡ 스로틀 포지션 센서 : 스로틀 밸브의 개도를 검출하여 엔진 운전 모드를 판정하여 가속과 감속 상태에 따른 연료 분사량을 보정한다.
㉢ 맵 센서 : 흡입 공기량을 매니홀드의 유입된 공기 압력을 통해 간접적으로 측정하여 ECU에서 계산한다.
㉣ 노크 센서 : 엔진의 노킹을 감지하여 이를 전압으로 변환해 ECU로 보내 이 신호를 근거로 점화 시기를 변화시킨다.

ANSWER / 32 ④ 33 ④ 34 ④ 35 ① 36 ① 37 ③

38 전자 제어 기솔린 기관에서 워밍업 후 공회전 부조가 발생했다. 그 원인이 아닌 것은?

① 스로틀 밸브의 걸림 현상
② ISC(아이들 스피드 컨트롤) 장치 고장
③ 수온 센서 배선 단선
④ 액셀케이블 유격의 과다

해설 액셀케이블 유격이 과다하면 가속이 늦게 작용한다.

39 스로틀 포지션 센서(TPS)의 설명 중 틀린 것은?

① 공기 유량 센서(AFS) 고장 시 TPS 신호에 의해 분사량을 결정한다.
② 자동 속기에서는 변속 시기를 결정해주는 역할도 한다.
③ 검출 전압의 범위는 약 0 ~ 12 [V]까지 이다.
④ 가변 저항기이고 스로틀 밸브의 개도량을 검출한다.

해설 스로틀 포지션 센서(TPS)의 기준값 범위는 약 0.4 ~ 0.6 [V] 정도이다.

40 배출 가스 중 유해 가스에 해당하지 않는 것은?

① 질소　　② 일산화탄소
③ 탄화수소　　④ 질소산화물

해설 자동차에서 배출되는 대표 유해가스는 탄화수소(HC), 일산화탄소(CO), 질소산화물(NO*x*)이다.

41 다음 중 윤활 장치에서 유압이 높아지는 이유로 맞는 것은?

① 릴리프 밸브 스프링의 장력이 클 때
② 엔진 오일과 가솔린의 희석
③ 베어링의 마멸
④ 오일 펌프의 마멸

해설 유압 상승의 원인
㉠ 유압 조정 밸브(릴리프 밸브－최대 압력 이상으로 압력이 올라가는 것을 방지) 스프링의 장력이 강할 때
㉡ 윤활 계통의 일부가 막혔을 때
㉢ 윤활유의 점도가 높을 때
㉣ 오일 간극이 작을 때

42 자동차 연료로 사용하는 휘발유는 주로 어떤 원소들로 구성되는가?

① 탄소와 황
② 산소와 수소
③ 탄소와 수소
④ 탄소와 4－에틸납

해설 자동차 연료 중 휘발유는 탄소와 수소로 이루어진 화합물이다.

43 피스톤 핀의 고정 방법에 해당하지 않는 것은?

① 전부동식
② 반부동식
③ 4분의 3 부동식
④ 고정식

해설 피스톤 핀의 설치 방법(고정 방식)
㉠ 고정식
㉡ 반부동식(요동식)
㉢ 전부동식
③ 3/4 부동식은 뒤 차축 지지 방식이다.

44 디젤 연소실의 구비 조건 중 틀린 것은?

① 연소 시간이 짧을 것
② 열효율이 높을 것
③ 평균 유효 압력이 낮을 것
④ 디젤 노크가 작을 것

해설 디젤 연소실의 구비 조건
㉠ 열효율이 높을 것
㉡ 디젤 노크가 작을 것
㉢ 연소 시간이 짧을 것

ANSWER / 38 ④ 39 ③ 40 ① 41 ① 42 ③ 43 ③ 44 ③

45 다음 보기의 조건에서 밸브 오버랩 각도는 몇 도인가?

- 흡입 밸브 : 열림 BTDC 18°, 닫힘 ABDC 46°
- 배기 밸브 : 열림 BBDC 54°, 닫힘 ATDC 10°

① 8°
② 28°
③ 44°
④ 64°

해설 밸브 오버랩
= 흡입 밸브 열림 각도 + 배기 밸브 닫힘 각도
= 흡기밸브 열림 전 18°+배기 닫힘 후 10°
= 28°

46 자동차 기관에서 과급을 하는 주된 목적은?

① 기관의 윤활유 소비를 줄인다.
② 기관의 회전수를 빠르게 한다.
③ 기관의 회전수를 일정하게 한다.
④ 기관의 출력을 증대시킨다.

해설 과급기는 흡기쪽으로 유입되는 공기량을 조절하여 엔진 밀도가 증대되어 출력과 회전력을 증대시키며 연료 소비율을 향상시킨다.

47 커넥팅 로드의 비틀림이 엔진에 미치는 영향에 대한 설명으로 옳지 않은 것은?

① 압축압력의 저하
② 타이밍 기어의 백래시 촉진
③ 회전에 무리를 초래
④ 저널 베어링의 마멸

해설 커넥팅 로드가 비틀어지면 기관 회전에 무리를 초래하고, 저널 베어링이 마멸되며 압축 압력이 저하된다.

48 최적의 공연비를 바르게 나타낸 것은?

① 공전 시 연소 가능 범위의 연비
② 이론적으로 완전 연소 가능한 공연비
③ 희박한 공연비
④ 농후한 공연비

해설 최적의 공연비란 이론적으로 완전히 연소되는 데 필요한 공연비(공기와 연료 혼합비)를 말하며 14.7 : 1을 의미한다.

49 피스톤의 평균 속도를 올리지 않고 회전수를 높일 수 있으며 단위 체적당 출력을 크게 할 수 있는 기관은?

① 장행정 기관 ② 정방형 기관
③ 단행정 기관 ④ 고속형 기관

해설 단행정 기관

㉠ 단행정 기관(over square engine)의 장점
- 행정이 내경보다 작으며 피스톤 평균 속도를 높이지 않고 회전 속도를 높일 수 있어 출력을 크게 할 수 있다.
- 단위 체적당 출력을 크게 할 수 있다.
- 흡 · 배기 밸브의 지름을 크게 할 수 있어 흡입 효율을 증대시킨다.
- 내경에 비해 행정이 작아지므로 기관의 높이를 낮게 할 수 있다.
- 내경이 커서 피스톤이 과열되기 쉽고, 베어링 하중이 증가한다.

㉡ 단행정 기관(over square engine)의 단점
- 피스톤의 과열이 심하고 전압력이 커서 베어링을 크게 하여야 한다.
- 엔진의 길이가 길어지고 진동이 커진다.

50 어떤 기관의 크랭크 축 회전수가 2,400 [rpm], 회전반경이 40 [mm]일 때 피스톤의 평균 속도 [m/s]는?

① 1.6 ② 3.3
③ 6.4 ④ 9.6

해설

$$\text{피스톤 평균 속도} = \frac{2NL}{60} = \frac{NL}{30} = \frac{2{,}400 \times 0.08}{30} = 6.4\,[\text{m/s}]$$

여기서, L : 행정 [m], N : 엔진 회전수 [rpm]
크랭크 축의 회전 반경이 40 [mm]이므로 행정 거리는 80 [mm]이다.

ANSWER / 45 ② 46 ④ 47 ② 48 ② 49 ③ 50 ③

51

4행정 사이클 6실린더 기관의 지름이 100 [mm], 행정이 100 [mm], 기관 회전수 2,500 [rpm], 지시 평균 유효 압력이 8 [kg_f/cm^2]이라면 지시 마력은 약 몇 [PS]인가?

① 80 ② 93
③ 105 ④ 150

해설

$$\text{지시(도시) 마력} = \frac{PALRN}{75 \times 60} = \frac{PVZN}{75 \times 60 \times 100} = \frac{8 \times 0.785 \times 10^2 \times 0.1 \times 2{,}500 \times 6}{75 \times 60 \times 2} = 104.75\,[\text{PS}]$$

여기서, P : 지시 평균 유효 압력 [kg_f/cm^2]
A : 실린더 단면적 [cm^2], L : 행정 [m]
V : 배기량 [cm^3], Z : 실린더수
N : 엔진 회전수 [rpm]
(2행정 기관 : N, 4행정 기관 : $\frac{N}{2}$)

52

배기량이 785 [cc], 연소실 체적이 157 [cc]인 자동차 기관의 압축비는?

① 3 : 1 ② 4 : 1
③ 5 : 1 ④ 6 : 1

해설

$$\text{압축비 } \varepsilon = \frac{\text{실린더 체적}}{\text{연소실 체적}} = 1 + \frac{\text{행정 체적(배기량)}}{\text{연소실 체적}} = 1 + \frac{785}{157} = 6$$

53

기관이 1,500 [rpm] 에서 20 [$m \cdot kg_f$]의 회전력을 낼 때 기관 출력은 41.87 [PS]이다. 기관 출력을 일정하게 하고 회전수를 2,500 [rpm]으로 하였을 때 얼마의 회전력 [$m \cdot kg_f$]을 내는가?

① 약 12 ② 약 25
③ 약 35 ④ 약 45

해설 제동 마력 $= \dfrac{2\pi TN}{75 \times 60} = \dfrac{TN}{716}$

$$T = \frac{716 \times B_{PS}}{R}$$

$$= \frac{716 \times 41.87}{2{,}500} = 11.99\,[\mathrm{kg_f \cdot m}]$$

여기서, T : 회전력 [kgf · m]

N : 기관 회전 속도 [rpm]

54 고속 디젤 기관의 기본 사이클에 해당되는 것은?

① 복합 사이클
② 디젤 사이클
③ 정적 사이클
④ 정압 사이클

해설 ① 복합 사이클(사바테 사이클) : 고속 디젤 엔진에 사용
③ 정적 사이클(오토 사이클) : 가솔린 및 가스 엔진에 사용
④ 정압 사이클(디젤 사이클) : 저속 디젤 엔진에 사용

55 디젤 기관에서 냉각 장치로 흡수되는 열은 연료 전체 발열량의 약 몇 [%] 정도인가?

① 30 ~ 35
② 45 ~ 55
③ 55 ~ 65
④ 70 ~ 80

해설 열평형(heat balance)

㉠ 가솔린 기관
- 냉각 손실 : 25 ~ 30 [%]
- 배기 손실 : 30 ~ 35% [%]
- 기계 손실 : 5 ~ 10 [%]
- 유효일 : 25 ~ 28 [%]

㉡ 디젤 기관
- 냉각 손실 : 30 ~ 31 [%]
- 배기 손실 : 25 ~ 32 [%]
- 기계 손실 : 5 ~ 7 [%]
- 유효일 : 30 ~ 34 [%]

따라서, 냉각 장치에 흡수되는 열량은 30~35 [%] 정도이다.

ANSWER / 51 ③ 52 ④ 53 ① 54 ① 55 ①

56 **디젤 기관의 예열 장치에서 연소실 내의 압축 공기를 직접 예열하는 형식은?**

① 히터 레인지식 ② 예열 플러그식
③ 흡기 가열식 ④ 흡기 히터식

해설 디젤 기관의 예열 장치에는 일반적으로 직접 분사식에 사용하는 흡기 가열식과 복실식(예연소실식, 와류실식, 공기실식)은 흡기 다기관에서 가열하는 방식이고, 연소실에 직접 직렬 연결하여 사용하는 예열 플러그식은 연소실 내의 압축 공기를 예열하는 방식이다.

57 **가솔린 엔진의 배기가스 중 인체에 유해 성분이 가장 적은 것은?**

① 탄화수소 ② 일산화탄소
③ 질소산화물 ④ 이산화탄소

해설 자동차에서 배출되는 대표적 유해가스는 일산화탄소(CO), 탄화수소(HC), 질소산화물(NO_x)이다. 이산화탄소(CO_2)는 온실 효과의 주원인이 된다.

58 **가솔린의 안티 노크성을 표시하는 것은?**

① 세탄가 ② 헵탄가
③ 옥탄가 ④ 프로판가

해설 가솔린의 성질은 옥탄가로 표시하며 폭발에 견딜 수 있는 내폭성 정도를 나타내는 것이다.

59 **LPG 기관 중 피드백 믹서 방식의 특징이 아닌 것은?**

① 경제성이 좋다. ② 연료 분사 펌프가 있다.
③ 대기 오염이 적다. ④ 엔진 오일의 수명이 길다.

해설 피드백 믹서는 액체 LPG 연료를 기체 상태로 기화시키는 베이퍼 라이저에서 대기압보다 약간 낮은 상태로 기화된 연료를 공기 흡입구를 통해 흡기계로 흡입된 공기와 혼합하여 연소에 적합한 혼합기를 연소실로 공급하는 역할을 한다.

※ LPG 기관의 특징

㉠ 오일의 오염이 작아 엔진 수명이 길다.
㉡ 연소실에 카본 부착이 없어 점화 플러그 수명이 길어진다.
㉢ 연소 효율이 좋고, 엔진이 정숙하다.
㉣ 대기오염이 적고, 위생적이며 경제적이다.
㉤ 옥탄가가 높고 노킹이 작아 점화 시기를 앞당길 수 있다.

60 ISC(Idle Speed Control) 서보 기구에서 컴퓨터 신호에 따른 기능으로 가장 타당한 것은?

① 공전 속도 제어 ② 공전 연료량 증가
③ 가속 속도 증가 ④ 가속 공기량 조절

해설 ISC-Servo는 각종 센서들의 신호를 근거로 하여 기관 상태를 적당한 공전 속도로 제어해 안정적인 공전 속도로 유지시키는 장치이다.

61 전자 제어 가솔린 기관의 진공식 연료 압력 조절기에 대한 설명으로 옳은 것은?

① 급가속 순간 흡기 다기관의 진공은 대기압에 가까워 연료 압력은 낮아진다.
② 흡기관의 절대 압력과 연료 분배관의 압력차를 항상 일정하게 유지시킨다.
③ 대기압이 변화하면 흡기관의 절대 압력과 연료 분배관의 압력차도 같이 변화한다.
④ 공전 시 진공 호스를 빼면 연료 압력은 낮아지고 다시 호스를 꼽으면 높아진다.

해설 연료 압력 조절기는 흡기 다기관 내의 진공과 연료압력의 차를 항상 일정하게 유지시키는 역할을 하며, 연료 분사량을 일정하게 유지하기 위해 흡기 다기관 내의 절대 압력과 연료 분배관의 압력차를 항상 2.2 ~ 2.6 [kg_f/cm^2]로 일정하게 유지시키는 역할을 한다.

62 전자 제어 엔진에서 냉간 시 점화 시기 제어 및 연료 분사량 제어를 하는 센서는?

① 대기압 센서 ② 흡기온 센서
③ 수온 센서 ④ 공기량 센서

해설 ① 대기압 센서 : 외부의 대기압을 측정하여 연료 분사량 및 점화 시기를 보정한다.
② 흡기온 센서 : 흡입 공기 온도를 검출하는 일종의 저항기[부특성(NTC) 서미스터]로, 연료 분사량을 보정한다.
③ 수온 센서 : 냉각수 온도를 측정, 냉간 시 점화 시기 및 연료 분사량 제어를 한다.
④ 공기량 센서 : 흡입 관로에 설치되며 공기량을 계측하여 기본 연료 분사 시간과 점화 시기를 결정한다.

63 컴퓨터 제어 계통 중 입력 계통과 가장 거리가 먼 것은?

① 산소 센서 ② 차속 센서
③ 공전 속도 제어 ④ 대기압 센서

ANSWER / 56 ② 57 ④ 58 ③ 59 ② 60 ① 61 ② 62 ③ 63 ③

해설 컴퓨터 제어 계통

㉠ 입력 계통 : 공기 유량 센서, 흡기 온도 센서, 대기압 센서, 1번 실린더 TDC 센서, 스로틀 위치 센서, 크랭크 각 센서, 수온 센서, 맵 센서 등

㉡ 출력 계통 : 인젝터, 연료 펌프 제어, 공전 속도 제어, 컨트롤릴레이 제어 신호 등

64 밸브 스프링 자유 높이의 감소는 표준 치수에 대하여 몇 [%] 이내이어야 하는가?

① 3 ② 8

③ 10 ④ 12

해설 스프링의 높이 감소

㉠ 직각도 : 스프링 자유고의 3 [%] 이하일 것

㉡ 자유고 : 스프링 규정 자유고의 3 [%] 이하일 것

㉢ 스프링 장력 : 스프링 규정 장력의 15 [%] 이하일 것

65 윤활유의 주요기능으로 틀린 것은?

① 마찰 작용, 방수 작용 ② 기밀 유지 작용, 부식 방지 작용

③ 윤활 작용, 냉각 작용 ④ 소음 감소 작용, 세척 작용

해설 윤활유의 작용

㉠ 감마 작용 : 마찰을 감소시켜 동력의 손실을 최소화

㉡ 냉각 작용 : 마찰로 인한 열을 흡수하여 냉각

㉢ 밀봉 작용 : 유막(오일막)을 형성하여 기밀을 유지

㉣ 세척 작용 : 먼지 및 카본 등의 불순물을 흡수하여 오일을 세척

㉤ 방청 작용 : 부식과 침식을 예방

㉥ 응력 분산 작용 : 충격을 분산시켜 응력을 최소화

66 디젤 기관의 연소실 형식 중 연소실 표면적이 작아 냉각 손실이 작은 특징이 있고, 시동성이 양호한 형식은?

① 와류실식 ② 공기실식

③ 직접 분사실식 ④ 예연소실식

해설 디젤 기관 연소실의 특징

㉠ 예연소실식 : 예연소실의 체적은 전압축 체적의 30 ~ 40 [%]이다.

㉡ 와류실식 : 와류실의 체적은 전압축 체적의 50~70 [%] 이다.
㉢ 공기실식 : 공기실 체적은 전압축 체적의 6.5 ~ 20 [%] 이다.
㉣ 직접 분사실식 : 연소실 구조가 간단하고 표면적이 작기 때문에 열손실이 작고 연료 소비가 적다.

67 압력식 라디에이터 캡을 사용하므로 얻어지는 장점과 거리가 먼 것은?

① 라디에이터를 소형화할 수 있다.
② 비등점을 올려 냉각 효율을 높일 수 있다.
③ 냉각 장치 내의 압력을 0.3 ~ 0.7 [kg_f/cm^2] 정도 올릴 수 있다.
④ 라디에이터의 무게를 크게 할 수 있다.

해설 압력식 라디에이터 캡의 장점
㉠ 라디에이터 압력식 캡은 라디에이터 내의 압력 변화에 따른 냉각수의 양을 조정하는 기능을 한다.
㉡ 냉각 장치 내 비등점을 높이고, 냉각 범위를 넓히기 위해 사용한다.
㉢ 라디에이터를 소형화할 수 있어 무게를 줄일 수 있다.

68 다음 중 EGR(Exhaust Gas Recirculation) 밸브의 구성 및 기능에 대한 설명으로 틀린 것은?

① 배기가스 재순환 장치
② 연료 증발 가스(HC) 발생 억제장치
③ 질소화합물(NO*x*) 발생 감소장치
④ EGR 파이프, EGR 밸브 및 서모 밸브로 구성

해설 배기가스 재순환 장치(EGR)
㉠ 배기가스 재순환 장치(EGR)는 배기가스의 일부를 배기 계통에서 흡기 계통으로 재순환시켜 연소실의 최고 온도를 낮추어 질소산화물(NO*x*) 생성을 억제시키는 역할을 한다.
㉡ EGR 파이프, EGR 밸브, 서모 밸브로 구성된다.
㉢ 연소된 가스가 흡입되므로 엔진의 출력이 저하된다.
㉣ 엔진의 냉각수 온도가 낮을 때는 작동하지 않는다.
② 연료 증발 가스(HC) 발생 억제는 차콜 캐니스터와 PCSV 장치를 이용하여 재연소시킨다.

ANSWER / 64 ① 65 ① 66 ③ 67 ④ 68 ②

69 전자 제어 차량의 인젝터가 갖추어야 될 기본 요건이 아닌 것은?

① 정확한 분사량
② 내부식성
③ 기밀 유지
④ 저항값은 무한대(∞)일 것

해설 인젝터의 기본요건

㉠ 최근 사용하는 인젝터의 저항값은 12 ~ 17[Ω], 20[℃]이다.
㉡ 모든 작동 조건(냉간 시동, 고온 시동 등)에서 정확한 작동
㉢ 정확한 분사량과 분사 각도 및 분사 모양
㉣ 내부식성 및 기밀 유지

70 과급기가 설치된 엔진에 장착된 센서로서, 급속 및 증속에서 ECU로 신호를 보내주는 센서는?

① 부스터 센서
② 노크 센서
③ 산소 센서
④ 수온 센서

해설 ② 노크 센서 : 실린더 블록에 장착되어 엔진에서 발생되는 노킹을 감지하여 ECU로 신호를 보낸다.

③ 산소 센서 : 배기가스 내의 산소 농도를 감지하여 이론 혼합비로 제어하기 위한 피드백 센서이다.

④ 수온 센서 : 전자 제어 엔진에서 냉간 시 점화 시기 제어 및 연료 분사량 제어를 하는 센서이다.

71 탄소 1[kg]을 완전 연소시키기 위한 순수 산소의 양[kg]은?

① 약 1.67
② 약 2.67
③ 약 2.89
④ 약 5.56

해설 12[kg]의 탄소가 완전 연소하기 위해서는 산소 32[kg]이 필요하다.

$$\frac{32}{12} \times 1 = 2.666\,[\text{kg}]$$

즉, 탄소 1[kg]을 완전 연소시키기 위한 순수 산소의 양은 약 2.67[kg]이다.

72 제동 마력(BHP)을 지시 마력(IHP)으로 나눈 값은?

① 기계 효율
② 열 효율
③ 체적 효율
④ 전달 효율

해설 기계 효율 $= \frac{\text{제동 마력}}{\text{지시 마력}} \times 100[\%]$

② **열효율** : 연료의 연소에 의해서 얻은 전열량과 실제의 동력으로 바뀐 유효한 일을 한 열량의 비

③ **체적 효율** : 실제로 실린더로 흡입된 공기의 양을 그 때의 대기 상태 체적으로 환산하여 행정 체적으로 나눈 값

④ **전달 효율** : 최종 출력을 동력 발생원의 출력으로 나눈 값

73 규정값이 내경 78 [mm]인 실린더를 실린더 보어 게이지로 측정한 결과 0.35 [mm]가 마모되었다. 실린더 내경을 얼마로 수정해야 하는가?

① 실린더 내경을 78.35 [mm]로 수정한다.

② 실린더 내경을 78.50 [mm]로 수정한다.

③ 실린더 내경을 78.75 [mm]로 수정한다.

④ 실린더 내경을 79.00 [mm]로 수정한다.

해설 최대 측정값은 78 [mm]+0.35=78.35 [mm]이다. 따라서 수정값은 최대 측정값+0.2 [mm](수정 절삭량)이므로 78.35+0.2=78.55 [mm]이다. 그러나 피스톤 오버 사이즈에 맞지 않으므로 오버 사이즈에 맞는 값인 78.75 [mm]로 보링한다.

74 PCV(positive Crankcase Ventilation)에 대한 설명으로 옳은 것은?

① 블로바이(blow by) 가스를 대기 중으로 방출하는 시스템이다.

② 고부하 때에는 블로바이 가스가 공기 청정기에서 헤드 커버 내로 공기가 도입된다.

③ 흡기 다기관이 부압일 때는 크랭크 케이스에서 헤드 커버를 통해 공기 청정기로 유입된다.

④ 헤드 커버 안의 블로바이 가스는 부하와 관계없이 서지 탱크로 흡입되어 연소된다.

해설 헤드 커버 안의 블로바이 가스는 PCV(Positive Crank case Ventilation) 밸브를 이용해 블로바이 가스를 대기로 방출하지 않고 재연소시키기 위해 크랭크 케이스에서 흡기 다기관으로 흐르게 하여 재연소하여 HC를 감소시킨다.

ANSWER / 69 ④ 70 ① 71 ② 72 ① 73 ③ 74 ④

75 분사 펌프에서 딜리버리 밸브의 작용 중 틀린 것은?

① 연료의 역류 방지
② 노즐에서의 후적 방지
③ 분사 시기 조정
④ 연료 라인의 잔압 유지

해설 딜리버리 밸브는 플런저의 유효 행정이 완료되어 배럴 내의 압력이 급격히 낮아지면 스프링 장력에 의해 신속히 닫혀 연료의 역류(본사 노즐에서 펌프로의 흐름)를 방지하고, 분사 파이프 내의 연료 압력을 낮춰 분사 노즐의 후적을 방지하며 분사 파이프 내 잔압을 유지시킨다.

76 흡기관 내 압력의 변화를 측정하여 흡입 공기량을 간접으로 검출하는 방식은?

① K jetronic
② D jetronic
③ L jetronic
④ LH jetronic

해설 공기량 계측 방식

㉠ K jetronic : 공기량 계량과 연료 분배기를 이용하여 기계적으로 체적을 검출하는 방식(기계식 계측 방식)

㉡ D jetronic : 흡기 다기관의 절대 압력(MAP 센서)을 측정하여 흡입공기량을 간접 계측하는 방식(간접 계측 방식)

㉢ L jetronic : 질량 검출 방식의 흡입 공기량 직접 검출 방식

㉣ LH jetronic : 흡입 공기량을 열선(hot wire), 열막(hot film)을 이용하여 질량 · 유량으로 직접 검출하는 방식

77 디젤 노크와 관련이 없는 것은?

① 연료 분사량
② 연료 분사 시기
③ 흡기 온도
④ 엔진 오일량

해설 디젤 노크의 원인

㉠ 연료의 세탄가가 낮다.

㉡ 엔진의 온도가 낮고 회전 속도가 느리다.

㉢ 연료 분사 상태가 나쁘다.

㉣ 착화 지연 시간이 길다.

㉤ 분사 시기가 늦다.

㉥ 실린더 연소실 압축비, 압축 압력, 흡기 온도가 낮다.

78 디젤 기관에서 연료 분사 펌프의 거버너는 어떤 작용을 하는가?

① 분사량을 조정한다.
② 분사 시기를 조정한다.
③ 분사 압력을 조정한다.
④ 착화 시기를 조정한다.

해설 거버너(조속기)는 분사 펌프에 장착되어 기간의 부하변동에 따라 연료 분사량의 증감을 자동적으로 조정하여 최고 회전 속도를 제어하여 과속(over run)을 방지한다.

79 피스톤 평균 속도를 높이지 않고 엔진 회전 속도를 높이려면?

① 행정을 작게 한다.
② 실린더 지름을 작게 한다.
③ 행정을 크게 한다.
④ 실린더 지름을 크게 한다.

해설 피스톤의 평균속도를 높이지 않고 엔진 회전 속도를 높이려면 피스톤 행정이 실린더 지름보다 작은 단 행정 기관으로 하여야 한다.

80 윤활유의 성질에서 요구되는 사항이 아닌 것은?

① 비중이 적당할 것
② 인화점 및 발화점이 낮을 것
③ 점성과 온도와의 관계가 양호할 것
④ 카본 생성이 적으며, 강인한 유막을 형성할 것

해설 윤활유의 구비 조건
㉠ 점도가 적당할 것
㉡ 열과 산에 대한 안정성이 있을 것
㉢ 응고점이 낮을 것
㉣ 인화점과 발화점이 높을 것
㉤ 온도에 따른 점도 변화가 작을 것
㉥ 카본 생성이 적으며 강한 유막을 형성할 것

81 캠 축과 크랭크 축의 타이밍 전동 방식이 아닌 것은?

① 유압 전동 방식
② 기어 전동 방식
③ 벨트 전동 방식
④ 체인 전동 방식

ANSWER 75 ③ 76 ② 77 ④ 78 ① 79 ① 80 ② 81 ①

해설 캠 축과 크랭크 축의 타이밍 전동 방식에는 벨트 전동 방식, 체인 전동 방식, 기어 전동 방식 등이 있다.

82 기동 전동기가 정상 회전하지만 엔진이 시동되지 않는 원인과 관련있는 사항은?

① 밸브 타이밍이 맞지 않을 때
② 조향 핸들 유격이 맞지 않을 때
③ 현가 장치에 문제가 있을 때
④ 산소 센서의 작동이 불량할 때

해설 크랭크 축의 회전에 맞추어 밸브의 개폐를 정확히 유지하는 것을 밸브 개폐 시기(valve timing)라고 하며 밸브 타이밍이 맞지 않게 되면 엔진의 부조 및 출력부족의 원인이 될 수 있고, 엔진 시동이 되지 않는 경우도 있다.

83 실린더 벽이 마멸되었을 때 나타나는 현상 중 틀린 것은?

① 연료 소모 저하 및 엔진 출력 저하
② 피스톤 슬랩 현상 발생
③ 압축 압력 저하 및 블로바이 가스 발생
④ 엔진 오일의 희석 및 소모

해설 실린더 벽 마멸 현상
㉠ 엔진 오일이 연료로 희석된다.
㉡ 피스톤 슬랩 현상이 발생한다.
㉢ 압축 압력 저하 및 블로바이가 과다하게 발생한다.
㉣ 기관의 출력 저하 및 연료 소모가 증가한다.
㉤ 열효율이 저하된다.

84 다음 중 기관 과열의 원인이 아닌 것은?

① 수온 조절기 불량
② 냉각수 량 과다
③ 냉각팬 모터 고장
④ 라디에이터 캡 불량

해설 기관 과열의 원인
㉠ 냉각수 부족
㉡ 냉각팬 불량

㉢ 수온 조절기 작동 불량
㉣ 라디에이터 코어 20[%] 이상 막힘
㉤ 라디에이터 파손
㉥ 라디에이터 캡 불량
㉦ 워터 펌프의 작동 불량
㉧ 팬벨트 마모 또는 이완
㉨ 냉각수의 통로 막힘

85 인젝터 회로의 정상적인 파형이 그림과 같을 때 본선의 접속 불량 시 나올 수 있는 파형 중 맞는 것은?

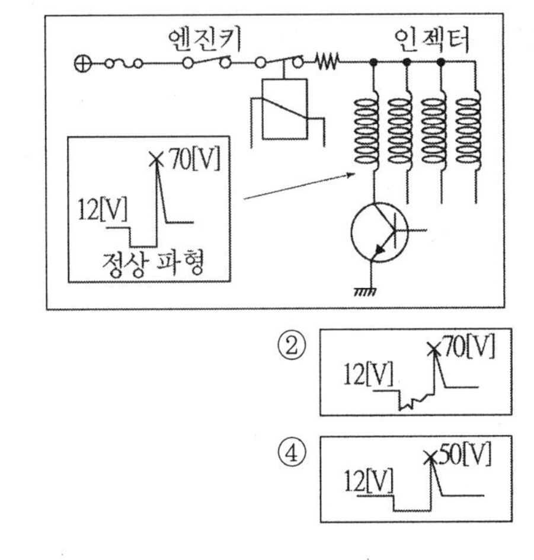

① 12[V] 90[V]
② 12[V] 70[V]
③ 12[V] 50[V]
④ 12[V] 50[V]

해설 본선 접촉 불량 시 코일에 흐르는 전류가 감소하여 서지 전압이 낮아진다.

86 실린더와 피스톤 사이의 틈새로 가스가 누출되어 크랭크실로 유입된 가스를 연소실로 유도하여 재연소시키는 배출 가스 정화 장치는?

① 촉매 변환기
② 연료 증발 가스 배출 억제 장치
③ 배기가스 재순환 장치
④ 블로바이 가스 환원 장치

해설 블로바이 가스 환원 장치는 실린더와 피스톤 사이의 틈새로 가스가 누출되어 크랭크실로 유입된 가스를 연소실로 유도하여 다시 연소시켜 탄화수소(HC)의 배출을 줄이기 위한 배출 가스 정화 장치이다.

ANSWER / 82 ① 83 ① 84 ② 85 ④ 86 ④

87 LPG의 특징 중 틀린 것은?

① 공기보다 가볍다.
② 기체 상태의 비중은 1.5 ~ 2.0이다.
③ 무색 · 무취이다.
④ 액체 상태의 비중은 0.5이다.

해설 LPG는 공기보다 무거우며, 공기의 무게를 1로 했을 때 LPG의 무게는 프로판이 약 1.55, 부탄이 약 2.08배이다.

88 점화 플러그에 불꽃이 튀지 않는 이유 중 틀린 것은?

① 파워 TR 불량
② 점화코일 불량
③ TPS 불량
④ ECU 불량

해설 점화 플러그 불꽃이 발생하지 않는 원인
㉠ 점화 코일 불량
㉡ 파워 TR 불량
㉢ 고압 케이블 불량
㉣ ECU 불량

89 다음 중 연소의 3요소에 해당되지 않는 것은?

① 물
② 공기(산소)
③ 점화원
④ 가연물

해설 연소 3요소 : 공기, 점화원, 가연물

90 기관의 압축 압력 측정 시험 방법에 대한 설명으로 틀린 것은?

① 기관을 정상 작동 온도로 한다.
② 점화 플러그를 전부 뺀다.
③ 엔진 오일을 넣고도 측정한다.
④ 기관의 회전을 1,000[rpm]으로 한다.

해설 압축 압력의 측정 방법
㉠ 기관을 정상 작동 온도로 한다.
㉡ 축전지는 완전 충전된 것을 사용한다.
㉢ 점화 회로를 차단하고 점화 플러그를 모두 탈거한다.
㉣ 연료 공급을 차단한다.
㉤ 기관을 크랭킹시키며 측정한다.
㉥ 기관에 오일을 넣고도 측정한다(습식 시험의 경우).

91 전자 제어 가솔린 기관에서 흡기 다기관의 압력과 인젝터에 공급되는 연료 압력 편차를 일정하게 유지시키는 것은?

① 릴리프 밸브
② MAP 센서
③ 압력 조절기
④ 체크 밸브

해설 연료 압력 조절기는 흡기 다기관 내의 압력 변화에 대응하여 연료 분사량을 일정하게 유지하기 위해 인젝터에 걸리는 연료 압력(2.55[kg_f])을 일정하게 조절한다.

92 자동차 배출 가스 구분에 속하지 않는 것은?

① 블로바이 가스
② 연료 증발 가스
③ 배기가스
④ 탄산 가스

해설 배출 가스 제어 장치의 종류
㉠ 블로바이 가스 제어장치 : PCV 밸브, 브리더 호스
㉡ 연료 증발 가스 제어장치 : 차콜 캐니스터, PCSV
㉢ 배기 가스 제어 장치 : 산소(O_2) 센서, EGR 장치, 삼원촉매

93 4행정 기관의 행정과 관계없는 것은?

① 흡기 행정
② 소기 행정
③ 배기 행정
④ 압축 행정

해설 소기 행정이란 잔류 배기가스를 내보내고 새로운 공기를 실린더 내에 공급하는 것을 말하며, 2행정 사이클 기관에만 해당되는 과정(행정)이다.

ANSWER / 87 ① 88 ③ 89 ① 90 ④ 91 ③ 92 ④ 93 ②

94 흡기 다기관의 진공 시험 결과 진공계의 바늘이 20 ~ 40 [cm · Hg] 사이에서 정지되었다면 가장 올바른 분석은?

① 엔진이 정상일 때
② 피스톤링이 마멸되었을 때
③ 밸브가 소손되었을 때
④ 밸브 타이밍이 맞지 않을 때

해설 흡기 다기관의 진공도 시험

㉠ 정상 : 45 ~ 50 [cm · Hg] 사이에서 조용히 흔들린다.
㉡ 밸브 밀착 불량, 점화 시기 틀림 : 정상보다 5 ~ 8 [cm · Hg] 낮다.
㉢ 밸브 타이밍이 맞지 않을 때 : 20 ~ 40 [cm · Hg] 사이에서 조용히 흔들린다.
㉣ 실린더 벽, 피스톤 링 마멸 : 30 ~ 40 [cm · Hg] 사이에서 조용히 흔들린다.
㉤ 배기 장치 막힘 : 기관이 급가속 후 닫히면 0으로 하강 후 38 ~ 45 [cm · Hg]에서 흔들린다.

95 커넥팅 로드의 길이가 150 [mm] 피스톤 행정이 100 [mm]라면 커넥팅 로드의 길이는 크랭크 회전 반지름의 몇 배가 되는가?

① 1.5배
② 3.0배
③ 3.5배
④ 6배

해설

$$\text{크랭크 회전 반경의 비율}(C_r) = \frac{C_l \times 2}{L} = \frac{150 \times 2}{100} = 3$$

여기서, C_r : 크랭크 회전반경의 비율
C_l : 커넥팅 로드의 길이
L : 피스톤 행정

96 부특성 서미스터에 해당되는 것으로 나열된 것은?

① 냉각수온 센서, 흡기온 센서
② 냉각수온 센서, 산소 센서
③ 산소 센서, 스로틀 포지션 센서
④ 스로틀 포지션 센서, 크랭크 앵글 센서

해설 부특성 서미스터(NTC)를 사용하는 센서는 냉각수온 센서, 흡기온 센서, 유온 센서 등이 있다.

97 다음 중 기관 연소실 설계 시 고려할 사항으로 틀린 것은?

① 화염 전파에 요하는 시간을 가능한 한 짧게 한다.
② 가열되기 쉬운 돌출부를 두지 않는다.
③ 연소실의 표면적이 최대가 되게 한다.
④ 압축 행정에서 혼합기에 와류를 일으키게 한다.

해설 연소실 설계 시 고려 사항
㉠ 화염 전파 시간이 짧을 것
㉡ 연소실 내 표면적을 최소화시킬 것
㉢ 돌출 부분이 없을 것
㉣ 흡·배기 작용이 원활하게 될 것
㉤ 압축 행정에서 와류가 일어나지 않을 것
㉥ 배기가스 유해 성분이 적을 것
㉦ 출력 및 열효율이 높을 것
㉧ 노크를 일으키지 않을 것

98 LPG 기관에서 액체 상태의 연료를 기체 상태의 연료로 전환시키는 장치는?

① 베이퍼라이저 ② 솔레이노드밸브 유닛
③ 봄베 ④ 믹서

해설 베이퍼라이저는 감압·기화·압력 조절의 기능을 하며 봄베로부터 압송된 높은 압력의 액체 LPG를 베이퍼라이저에서 압력을 낮춘 후 기체 LPG로 기화시켜 엔진 출력 및 연료 소비량에 만족할 수 있도록 압력을 조절한다.

99 4행정 기관의 밸브 개폐 시기가 다음과 같다. 흡기 행정 기간과 밸브 오버랩은 각각 몇 도인가? (단, 흡기 밸브 열림 : 상사점 전 18°, 흡기 밸브 닫힘 : 하사점 후 48°, 배기밸브 열림 : 하사점 전 48°, 배기밸브 닫힘 : 상사점 후 13°)

① 흡기 행정 기간 : 246°, 밸브 오버랩 18°
② 흡기 행정 기간 : 241°, 밸브 오버랩 18°
③ 흡기 행정 기간 : 180°, 밸브 오버랩 31°
④ 흡기 행정 기간 : 246°, 밸브 오버랩 31°

ANSWER 94 ④ 95 ② 96 ① 97 ③ 98 ① 99 ④

해설 밸브 개폐 시기 기간

㉠ 밸브 오버랩 : 흡기 밸브 열림 각도 + 배기 밸브 닫힘 각도

㉡ 흡기 행정 기간 : 흡기 밸브 열림 각도 + 흡기 밸브 닫힘 각도 + 180

㉢ 배기 행정 기간 : 배기 밸브 열림 각도 + 배기 밸브 닫힘 각도 + 180

- 흡기 행정 기간 = $18° + 180° + 48° = 246°$
- 밸브 오버랩 = $18° + 13° = 31°$

100 **전자 제어 가솔린 차량에서 급감속 시 CO의 배출량을 감소시키고 시동 꺼짐을 방지하는 기능은?**

① 퓨얼 커트(fuel cut)
② 대시 포트(dash pot)
③ 킥 다운(kick down)
④ 패스트 아이들(fast idle) 제어

해설 대시 포트는 급감속을 할 때 스로틀 밸브가 급격히 닫히는 것을 방지하여 운전 성능을 향상시키고 CO의 배출량을 감소시키며 시동 꺼짐을 방지한다.

101 **크랭크 핀 축받이 오일 간극이 커졌을 때 나타나는 현상으로 옳은 것은?**

① 유압이 높아진다.
② 유압이 낮아진다.
③ 실린더 벽에 뿜어지는 오일이 부족해진다.
④ 연소실에 올라가는 오일의 양이 적어진다.

해설 큰 간극 시 현상

㉠ 운전 중 심한 타격 소음이 발생할 수 있다.

㉡ 윤활유가 연소되어 백색 연기가 배출된다.

㉢ 윤활유 소비량이 많다.

㉣ 유압이 낮아진다.

102 **다음 중 흡입 공기량을 계량하는 센서는?**

① 에어플로 센서
② 흡기 온도 센서
③ 대기압 센서
④ 기관 회전 속도 센서

해설 센서의 역할

㉠ 크랭크 포지션 센서 : 기관의 회전 속도와 크랭크 축의 위치를 검출하며, 연료 분사 순서와 분사 시기 및 기본 점화 시기에 영향을 주며, 고장이 나면 기관이 정지된다.

㉡ 스로틀 포지션 센서 : 스로틀 밸브의 개도를 검출하여 엔진 운전 모드를 판정하여 가속과 감속 상태에 따른 연료 분사량을 보정한다.

㉢ 맵 센서 : 흡입 공기량을 매니홀드의 유입된 공기 압력을 통해 간접적으로 측정하여 ECU에서 계산한다.

㉣ 노크 센서 : 엔진의 노킹을 감지하여 이를 전압으로 변환해서 ECU로 보내 이 신호를 근거로 점화시기를 변화시킨다.

㉤ 흡기온 센서 : 흡입 공기 온도를 검출하는 일종의 저항기(부특성(NTC) 서미스터)로 연료 분사량을 보정한다.

㉥ 대기압 센서 : 외부의 대기압을 측정하여 연료 분사량 및 점화 시기 보정한다.

㉦ 공기량 센서 : 흡입 관로에 설치되며 공기량을 계측하여 기본 연료 분사 시간과 점화 시기를 결정한다.

㉧ 수온 센서 : 냉각수 온도를 측정, 냉간 시 점화 시기 및 연료 분사량 제어를 한다.

103 전자 제어 분사 장치의 제어 계통에서 엔진 ECU로 입력하는 센서가 아닌 것은?

① 공기 유량 센서 ② 대기압 센서
③ 휠스피드 센서 ④ 흡기온 센서

해설 전자 제어 분사 장치 ECU 입·출력 요소

㉠ 입력 계통 : 공기 유량 센서, 흡기 온도 센서, 대기압 센서, 1번 실린더 TDC 센서, 스로틀 위치 센서, 크랭크 각 센서, 수온 센서, 맵 센서 등

㉡ 출력 계통 : 인젝터, 연료 펌프 제어, 공전 속도 제어, 컨트롤 릴레이 제어 신호, 노킹 제어, 냉각팬 제어 등

③ 휠 스피드 센서는 ABS ECU 입력 요소이다.

104 기관의 실린더(cylinder) 마멸량이란?

① 실린더 안지름의 최대 마멸량
② 실린더 안지름의 최대 마멸량과 최소 마멸량의 차이값
③ 실린더 안지름의 최소 마멸량
④ 실린더 안지름의 최대 마멸량과 최소 마멸량의 평균값

해설 실린더의 마멸량은 실린더 안지름의 최대 마멸량과 최소 마멸량의 차이값이다.

ANSWER / 100 ② 101 ② 102 ① 103 ③ 104 ②

105 디젤 분사 펌프 시험기로 시험할 수 없는 것은?

① 연료 분사량 시험 ② 조속기 작동 시험
③ 분사 시기 조정 시험 ④ 디젤 기관의 출력 시험

해설 디젤 분사 펌프 시험기 측정 항목
㉠ 연료 분사량 시험
㉡ 조속기 작동 시험
㉢ 분사 시기 조정 시험
㉣ 연료 공급 펌프 시험
㉤ 자동 타이머 조정

106 가솔린 옥탄가를 측정하기 위한 가변 압축비 기관은?

① 카르노 기관 ② CFR 기관
③ 린번 기관 ④ 오토사이클 기관

해설 가솔린 옥탄가 측정을 위한 가변 압축비 기관을 CFR 기관이라 한다.

107 윤활 장치 내의 압력이 지나치게 올라가는 것을 방지하여 회로 내의 유압을 일정하게 유지하는 기능을 하는 것은?

① 오일 펌프 ② 유압 조절기
③ 오일 여과기 ④ 오일 냉각기

해설 유압 조절기(릴리프 밸브)는 윤활 회로 내의 유압이 과도하게 상승하는 것을 방지하고 일정하게 유지한다.

108 배기가스 중의 일부를 흡기 다기관으로 재순환시킴으로서 연소 온도를 낮춰 NOx의 배출량을 감소시키는 것은?

① EGR 장치 ② 캐니스터
③ 촉매 컨버터 ④ 과급기

해설 배기가스 재순환 장치(EGR)
㉠ 연소 가스를 재순환시켜 연소실 내의 연소 온도를 낮춰 유해 가스 배출을 억제한다.
㉡ 질소산화물(NOx)을 저감시키기 위한 장치이다.

㉢ 연소된 가스가 흡입되므로 엔진의 출력이 저하된다.
㉣ 엔진의 냉각수 온도가 낮을 때는 작동하지 않는다.

109 **다음 중 디젤 기관의 분사 노즐에 관한 설명으로 옳은 것은?**

① 분사 개시 압력이 낮으면 연소실 내에 카본 퇴적이 생기기 쉽다.
② 직접 분사실식의 분사 개시 압력은 일반적으로 100~120 [kg_f/cm^2]이다.
③ 연료 공급 펌프의 송유 압력이 저하하면 연료 분사 압력이 저하한다.
④ 분사 개시 압력이 높으면 노즐의 후적이 생기기 쉽다.

해설 디젤 기관의 분사 노출 특징
㉠ 직접 분사실식의 분사 개시 압력은 일반적으로 200 ~ 300 [kg_f/cm^2]이며, 분사 개시 압력이 낮으면 연소실 내에 카본 퇴적이 생기기 쉽다.
㉡ 연료 분사 압력은 노즐 스프링의 장력으로 조정한다.
㉢ 분사 펌프의 딜리버리 밸브의 밀착이 불량하면 후적이 생기기 쉽다.

110 **디젤 기관에 사용되는 경유의 구비 조건은?**

① 점도가 낮을 것
② 세탄가가 낮을 것
③ 유황분이 많을 것
④ 착화성이 좋을 것

해설 디젤 기관 연료의 구비 조건
㉠ 착화 온도(자연 발화점)가 낮을 것
㉡ 기화성이 작고, 점도가 적당할 것
㉢ 세탄가가 높고, 발열량이 클 것
㉣ 유황분이 적고, 내부식성이 클 것

111 **전자 제어 가솔린 기관의 실린더 헤드 볼트를 규정대로 조이지 않았을 때 발생하는 현상으로 틀린 것은?**

① 냉각수의 누출
② 스로틀 밸브의 고착
③ 실린더 헤드의 변형
④ 압축 가스의 누설

ANSWER / 105 ④ 106 ② 107 ② 108 ① 109 ① 110 ④ 111 ②

해설 헤드 볼트를 규정 토크로 조이지 않을 때 현상

㉠ 압축 압력 및 폭발 압력이 낮아진다.
㉡ 냉각수가 실린더로 유입된다.
㉢ 엔진 오일이 냉각수와 섞인다.
㉣ 기관 출력이 저하된다.
㉤ 실린더 헤드가 변형되기 쉽다.
㉥ 냉각수 및 엔진 오일이 누출된다.
㉦ 헤드 가스켓이 파손된다.

112 공회전 속도 조절 장치라 할 수 없는 것은?

① 전자 스로틀 시스템
② 아이들 스피드 액추에이터
③ 스텝 모터
④ 가변 흡기 제어 장치

해설 공회전 속도 조절 장치의 종류에는 로터리 밸브 액추에이터, ISC(Idle Speed Control) ISA (Idle Speed Adjust), 전자 스로틀 시스템 등이 있다.

④ 가변 흡기 제어 장치(variable intake system)란 엔진 회전수와 부하에 따라 흡기 다기관의 길이를 변화시켜 전 운전 영역에서 엔진 성능을 향상시키는 시스템이다.

113 석유를 사용하는 자동차의 대체 에너지에 해당되지 않는 것은?

① 알코올
② 전기
③ 중유
④ 수소

해설 자동차에 사용될 대체 에너지로는 태양열, 풍력, 수소, 연료 전지, 바이오 에너지 등이 있다.

114 직접 고압 분사 방식(CRDI) 디젤 엔진에서 예비 분사를 실시하지 않는 경우로 틀린 것은?

① 엔진 회전수가 고속인 경우
② 분사량의 보정 제어 중인 경우
③ 연료 압력이 너무 낮은 경우
④ 예비 분사가 주분사를 너무 앞지르는 경우

해설 예비 분사

㉠ 주 분사가 이루어지기 전에 연료를 분사하여 연소가 원활히 되도록 하기 위한 것이며, 예비 분사 분사 실시 여부에 따라 기관의 소음과 진동을 줄일 수 있다.

㉡ 예비 분사 금지 조건
- 예비 분사가 주분사를 너무 앞지르는 경우
- 기관 회전 속도가 3,200 [rpm] 이상인 경우
- 연료 분사량이 너무 많은 경우
- 주분사를 할 때 연료 분사량이 불충분한 경우
- 기관 가동 중단에 오류가 발생한 경우
- 연료 압력이 최솟값(약 100 [bar]) 이하인 경우

115 실린더 내경 50 [mm], 행정 100 [mm]인 4실린더 기관의 압축비가 11일 때 연소실 체적 [cc]은?

① 약 40.1　② 약 30.1
③ 약 15.6　④ 약 19.6

해설
행정 체적(배기량) $V = \frac{\pi}{4} \times D^2 \times L$

$= \frac{3.14}{4} \times 5^2 \times 10 = 196.25$ [cc]

여기서, L : 행정 [cm]
D : 내경 [cm]

$\text{압축비} = 1 + \frac{\text{행정 체적(배기량)}}{\text{연소실 체적}}$

$\text{연소실 체적} = \frac{\text{행정 체적(배기량)}}{\text{압축비} - 1}$

$= \frac{196.25}{11 - 1} = 19.6$ [cc]

116 4행정 6기통 기관에서 폭발 순서가 1-5-3-6- 2-4인 엔진의 2번 실린더가 흡기 행정 중간이라면 5번 실린더는?

① 폭발 행정 중　② 배기 행정 초
③ 흡기 행정 중　④ 압축 행정 말

해설 각 기통 기관 폭발 순서에 따른 행정
㉠ 4기통 기관 폭발순서에 따른 행정 : 그림과 같이 행정 순서는 시계방향, 폭발 순서는 반시계 방향으로 적어서 폭발 순서에 따른 행정을 찾을 수 있다.

ANSWER / 112 ④ 113 ③ 114 ② 115 ④ 116 ①

예 폭발 순서가 1-3-4-2인 엔진에서 1번 실린더가 폭발 행정이면 3번은 압축, 4번은 흡입, 2번은 배기 행정이다.

㉡ 6기통 기관 폭발 순서에 따른 행정 : 그림과 같이 행정 순서는 시계 방향, 폭발 순서는 반시계 방향으로 적어서 폭발 순서에 따른 행정을 찾을 수 있다.

예 폭발 순서가 1-5-3-6-2-4인 엔진에서 1번 실린더가 배기 중 행정이면 5번은 폭발 말, 3번은 폭발 초, 6번은 압축 중 2번은 흡입 말, 4번은 흡입 초 행정이다.

117 다음 중 디젤 기관에서 과급기의 사용 목적으로 틀린 것은?

① 엔진의 출력이 증대된다.
② 체적 효율이 작아진다.
③ 평균 유효 압력이 향상된다.
④ 회전력이 증가한다.

해설 과급기 : 흡기쪽으로 유입되는 공기량을 조절하여 엔진 밀도가 증대되어 출력과 회전력을 증대시키며 연료 소비율을 향상시킨다.

118 가솔린 기관에서 완전 연소 시 배출되는 연소 가스 중 체적 비율로 가장 많은 가스는?

① 산소
② 이산화탄소
③ 탄화수소
④ 질소

해설 공기 중에는 질소가 70[%]이므로, 배출되는 연소 가스 중 체적비가 가장 많은 가스는 질소이다.

119 자동차 기관의 크랭크 축 베어링에 대한 구비 조건으로 틀린 것은?

① 하중 부담 능력이 있을 것
② 매입성이 있을 것
③ 내식성이 있을 것
④ 내피로성이 작을 것

해설 크랭크 축 베어링의 구비 조건

㉠ 하중 부담 능력이 있을 것
㉡ 내식성이 있을 것
㉢ 내피로성이 클 것
㉣ 매입성이 있을 것
㉤ 길들임성이 좋을 것
㉥ 강도가 클 것
㉦ 마찰 저항이 작을 것

120 배기가스 재순환 장치는 주로 어떤 물질의 생성을 억제하기 위한 것인가?

① 탄소 ② 이산화탄소
③ 일산화탄소 ④ 질소 산화물

해설 배기가스 재순환 장치(EGR)

㉠ 배기가스를 재순환시켜 연소실의 연소 온도를 낮춰 질소 산화물(Nox)을 저감시키기 위한 장치이다.
㉡ EGR 파이프, EGR 밸브, 서모 밸브로 구성된다.
㉢ 연소된 가스가 흡입되므로 엔진출력이 저하된다.
㉣ 엔진의 냉각수 온도가 낮을 때는 작동하지 않는다.

121 LPG 기관에서 액체를 기체로 변화시키는 것을 주목적으로 설치된 것은?

① 솔레노이드 스위치 ② 베이퍼라이저
③ 봄베 ④ 기상 솔레노이드 밸브

해설 베이퍼라이저는 감압, 기화, 압력 조절 등의 기능을 하며, 봄베로부터 압송된 높은 압력의 액체 LPG를 베이퍼라이저에서 압력을 낮춘 후 기체 LPG로 기화시켜 엔진 출력 및 연료 소비량에 만족할 수 있도록 압력을 조절한다.

122 열선식 흡입 공기량 센서에서 흡입 공기량이 많아질 경우 변화하는 물리량은?

① 열량 ② 시간
③ 전류 ④ 주파수

ANSWER 117 ② 118 ④ 119 ④ 120 ④ 121 ② 122 ③

해설 열선식 흡입 공기량 센서는 흡기 관로에 설치되어 공기 통로에 설치된 발열체인 열선이 공기에 의해 냉각되면 전류량을 증가시켜 규정 온도가 되도록 상승시켜 흡입 공기량을 직접 측정한다.

123 승용차에서 전자 제어식 가솔린 분사 기관을 채택하는 이유로 거리가 먼 것은?

① 고속 회전수 향상
② 유해 배출 가스 저감
③ 연료 소비율 개선
④ 신속한 응답성

해설 전자 제어 연료 분사 기관의 장점
㉠ 출력의 향상
㉡ 연료 소비율의 향상
㉢ 유해 배기가스의 저감
㉣ 응답성의 향상
㉤ 작은 공기 흐름 저항
㉥ 저온 시동성 향상

124 기관의 총배기량을 구하는 식은?

① 총배기량 = 피스톤 단면적×행정
② 총배기량 = 피스톤 단면적×행정×실린더수
③ 총배기량 = 피스톤의 길이×행정
④ 총배기량 = 피스톤의 길이×행정×실린더수

해설 총배기량 $V = \frac{\pi}{4} \times D^2 \times L \times Z$

여기서, L : 행정 [cm], Z : 실린더수, D : 내경 [cm]

125 기관의 윤활유 점도 지수(viscosity index) 또는 점도에 대한 설명으로 틀린 것은?

① 온도 변화에 의한 점도가 작을 경우 점도 지수가 높다.
② 추운 지방에서는 점도가 큰 것일수록 좋다.
③ 점도 지수는 온도 변화에 대한 점도의 변화 정도를 표시한 것이다.
④ 점도란 윤활유의 끈적끈적한 정도를 나타내는 척도이다.

해설 추운 지방에서는 점도가 낮은 것일수록 좋다.

126 그림과 같은 커먼레일 인젝터 파형에서 주분사 구간을 가장 알맞게 표시한 것은?

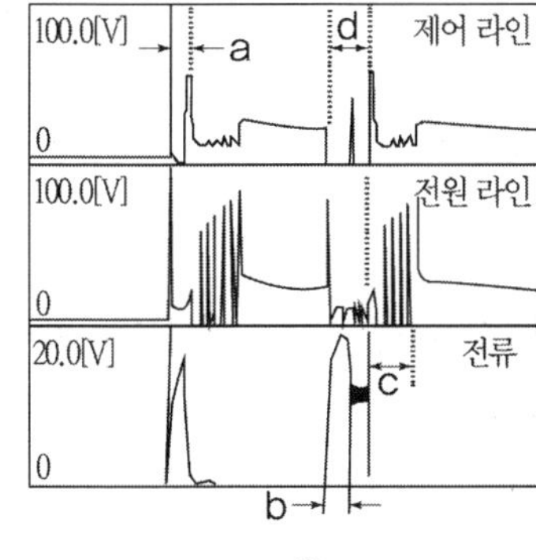

① a　　② b

③ c　　④ d

해설 인젝터 파형

- a : 예비 분사 구간
- b : 주분사 풀인 전류 구간
- c : 진동 감쇠 구간
- d : 주분사 구간(전압)

127 실린더 내경 75 [mm], 행정 75 [mm], 압축비가 8 : 1인 4실린더 기관의 총연소실 체적 [cc]은?

① 약 239.3　　② 약 159.3

③ 약 189.3　　④ 약 318.3

해설

$$압축비 = 1 + \frac{행정\ 체적(배기량)}{연소실\ 체적}$$

$$연소실\ 체적 = \frac{행정\ 체적(배기량)}{압축비 - 1}$$

$$= \frac{0.785 \times 7.5^2 \times 7.5 \times 4}{(8-1)} = 189.24\,[cc]$$

128 자동차 기관의 기본 사이클이 아닌 것은?

① 역 브레이튼 사이클　　② 정적 사이클

③ 정압 사이클　　④ 복합 사이클

ANSWER / 123 ① 124 ② 125 ② 126 ④ 127 ③ 128 ①

해설 자동차 기관의 기본 사이클
㉠ 정적 사이클(오토 사이클) : 가솔린 및 가스 엔진에 사용
㉡ 정압 사이클(디젤 사이클) : 저속 디젤 엔진에 사용
㉢ 복합 사이클(사바테 사이클) : 고속 디젤 엔진에 사용

129 밸브 스프링의 서징현상에 대한 설명으로 옳은 것은?

① 밸브가 열릴 때 천천히 열리는 현상
② 흡 · 배기 밸브가 동시에 열리는 현상
③ 밸브가 고속 회전에서 저속으로 변화할 때 스프링 장력의 차가 생기는 현상
④ 밸브 스프링의 고유 진동수와 캠 회전수가 공명에 의해 밸브 스프링이 공진하는 현상

해설 밸브 스프링 서징(surging) 현상
㉠ 밸브 스프링의 고유 진동수와 캠 회전수가 공명에 의해 밸브 스프링이 공진하는 현상이다.
㉡ 서징 방지법
- 스프링 정수를 크게 한다.
- 2중 스프링을 사용한다.
- 부등 피치 스프링을 사용한다.
- 원뿔형 스프링을 사용한다.

130 기관이 과열하는 원인으로 틀린 것은?

① 냉각팬의 파손 ② 냉각수 흐름 저항 감소
③ 냉각수 이물질 혼입 ④ 라디에이터의 코어 파손

해설 기관의 과열 원인
㉠ 냉각수 부족
㉡ 냉각팬 불량
㉢ 수온 조절기 작동 불량
㉣ 라디에이터 코어가 20 [%] 이상 막힘
㉤ 라디에이터 파손
㉥ 라디에이터 캡 불량
㉦ 워터 펌프의 작동 불량
㉧ 팬벨트 마모 또는 이완
㉨ 냉각수 통로의 막힘
② 냉각수 흐름 저항 감소 는 냉각수가 저항(방해)없이 잘 순환한다는 의미로 좋은 현상을 말한다.

131 산소 센서에 대한 설명으로 옳은 것은?

① 농후한 혼합기가 연소된 경우 센서 내부에서 외부쪽으로 산소 이온이 이동한다.
② 산소 센서의 내부에는 배기가스와 같은 성분의 가스가 봉입되어 있다.
③ 촉매 전·후의 산소 센서는 서로 같은 기전력을 발생하는 것이 정상이다.
④ 광역 산소 센서에서 히팅 코일 접지와 신호 접지 라인은 항상 0 [V]이다.

해설 산소 센서 내부는 가스가 봉입되지 않으며 촉매 전·후의 기전력이 같다면 촉매 고장일 가능성이 있으며, 히팅 코일은 ECU가 듀티 제어를 하므로 항상 0 [V]가 아니다.

132 4행정 디젤 기관에서 실린더 내경 100 [mm], 행정 127 [mm], 회전수 1,200 [rpm], 도시 평균 유효 압력 7 [kg/mm^2], 실린더수가 6이라면 도시마력 [PS]은?

① 약 49
② 약 56
③ 약 80
④ 약 112

해설

$$\text{지시(도시) 마력} = \frac{PALRN}{75 \times 60} = \frac{PVZN}{75 \times 60 \times 100}$$

$$= \frac{7 \times 0.785 \times 10^2 \times 12.7 \times 1{,}200 \times 6}{75 \times 60 \times 2 \times 100}$$

$$= 56[\text{PS}]$$

여기서, P : 지시 평균 유효압력 [kg_f/cm^2]
A : 실린더 단면적 [cm^2]
L : 행정 [m]
V : 배기량 [cm^3]
Z : 실린더 수
N : 엔진회전수 [rpm] (2행정 기관 : N, 4행정 기관 : $\frac{N}{2}$)

133 기관에서 블로바이 가스의 주성분은?

① N_2
② HC
③ CO
④ NO_x

해설 피스톤과 실린더 사이에서 누출된 미연소 가스를 블로바이 가스라 하며 블로바이 가스의 주성분은 탄화수소(HC)이다.

ANSWER / 129 ④ 130 ② 131 ① 132 ② 133 ②

134 다음 중 예혼합(믹서) 방식 LPG 기관의 장점으로 틀린 것은?

① 점화 플러그의 수명이 연장된다.
② 연료 펌프가 불필요하다.
③ 베이퍼 록 현상이 없다.
④ 가솔린에 비해 냉시동성이 좋다.

해설 LPG 기관의 특징
㉠ LPG의 옥탄가는 100 ~ 120으로 가솔린보다 높다.
㉡ 노킹을 잘 일으키지 않는다.
㉢ 연소실에 카본 퇴적이 적다.
㉣ 연료 펌프가 필요없다.
㉤ 점화 시기를 가솔린 기관보다 빠르게 할 수 있다.
㉥ 점화 플러그 수명이 가솔린 기관보다 길다.
㉦ LPG는 증기 폐쇄가 잘 일어나지 않는다.
㉧ 겨울철에는 시동 성능이 떨어진다.
㉨ 오일의 오염이 작아 엔진 수명이 길다.
㉩ 대기 오염이 없고 위생적이며 경제적이다.
㉪ 가스 상태로 퍼컬레이션이나 베이퍼 록 현상이 없다.

135 스텝 모터 방식의 공전 속도 제어 장치에서 스탭 수가 규정에 맞지 않은 원인으로 틀린 것은?

① 공전 속도 조정 불량
② 메인 듀티 S/V 고착
③ 스로틀 밸브 오염
④ 흡기 다기관의 진공 누설

해설 공전 속도 조절 장치는 공기량을 제어하여 조절하는 장치이며, 메인 듀티 S/V(Solenoid Valve)는 LPG 엔진의 연료량을 조절하는 밸브이다.

136 배기 장치(머플러) 교환 시 안전 및 유의 사항으로 틀린 것은?

① 분해 전 촉매가 정상 작동 온도가 되도록 한다.
② 배기가스 누출이 되지 않도록 조립한다.
③ 조립 할 때 가스켓은 신품으로 교환한다.
④ 조립 후 다른 부분과의 접촉 여부를 점검한다.

해설 정상 작동 온도에서 작업 시 열에 의한 화상 우려가 있으므로 배기 장치(머플러)가 완전히 식은 후 작업한다.

137 디젤 노크를 일으키는 원인과 직접적인 관계가 없는 것은?

① 압축비 ② 회전 속도
③ 옥탄가 ④ 엔진의 부하

해설 디젤 노크의 관계성
㉠ 흡기 온도
㉡ 압축비
㉢ 기관의 회전 속도
㉣ 기관의 온도
㉤ 기관의 부하
㉥ 연료 분사량
㉦ 연료 분사 시기
㉧ 착화 지연 기간

138 다음 중 4행정 기관과 비교한 2행정 기관(2stroke engine)의 장점은?

① 각 행정의 작용이 확실하여 효율이 좋다.
② 배기량이 같을 때 발생 동력이 크다.
③ 연료 소비율이 작다.
④ 윤활유 소비량이 적다.

해설 2행정 사이클 기관은 4행정 기관에 비해 회전마다 동력이 발생하므로 배기량이 같을 때 발생 동력이 큰 장점이 있다.

139 스로틀 밸브의 열림 정도를 감지하는 센서는?

① APS ② CKPS
③ CMPS ④ TPS

해설 센서의 역할
㉠ 크랭크 포지션 센서(CKPS) : 기관의 회전 속도와 크랭크 축의 위치를 검출하며, 연료 분사 순서와 분사 시기 및 기본 점화 시기에 영향을 주며, 고장이 나면 기관이 정지된다.
㉡ 스로틀 포지션 센서(TPS) : 스로틀 밸브의 개도를 검출하여 엔진 운전 모드를 판정하여 가속과 감속 상태에 따른 연료 분사량을 보정한다.

ANSWER / 134 ④ 135 ② 136 ① 137 ③ 138 ② 139 ④

ⓒ 맵 센서 : 흡입 공기량을 매니홀드의 유입된 공기 압력을 통해 간접적으로 측정하여 ECU에서 계산한다.

ⓓ 노크 센서 : 엔진의 노킹을 감지하여 이를 전압으로 변환해서 ECU로 보내 이 신호를 근거로 점화 시기를 변화시킨다.

ⓔ 흡기온 센서(ATS) : 흡입 공기 온도를 검출하는 일종의 저항기[부특성(NTC) 서미스터]로, 연료 분사량을 보정한다.

ⓕ 대기압 센서(BPS) : 외부의 대기압을 측정하여 연료 분사량 및 점화 시기를 보정한다.

ⓖ 공기량 센서(AFS) : 흡입 관로에 설치되며 공기량을 계측하여 기본 연료 분사 시간과 점화 시기를 결정한다.

ⓗ 수온 센서(WTS) : 냉각수 온도를 측정하고, 냉간 시 점화 시기 및 연료 분사량 제어를 한다.

※ 참고

ⓐ 악셀레이터 포지션 센서(APS) : 가속페달의 개도를 검출하여 엔진 운전모드를 판정하여 가속과 감속 상태에 따른 연료 분사량을 보정한다.

ⓑ 캠 포지션 센서(CMPS) : 타이밍 벨트에 의해 구동되는 캠의 위치를 검출하는 센서이다.

140 120 [PS]의 디젤 기관이 24시간 동안 360 [L] 연료를 소비하였다면, 이 기관의 연료 소비율 [g/PS · h]은? (단, 연료의 비중 = 0.9)

① 약 125
② 약 450
③ 약 113
④ 약 513

해설

$$\text{연료 소비율 [g/PS} \cdot \text{h]} = \frac{\text{연료 소비량}}{\text{시간} \times \text{마력}} = \frac{360 \times 1{,}000 \times 0.9}{24 \times 120} = 112.5\,[\text{g/PS} \cdot \text{h}]$$

141 기회기식과 비교한 전자 제어 가솔린 연료 분사 장치의 장점으로 틀린 것은?

① 고출력 및 혼합비 제어에 유리하다.
② 연료 소비율이 낮다.
③ 부하 변동에 따라 신속하게 응답한다.
④ 적절한 혼합비 공급으로 유해 배출 가스가 증가된다.

해설 전자 제어 가솔린 분사 기관의 특성

ⓐ 공기 흐름에 따른 관성 질량이 작아 응답 성능이 향상된다.

ⓑ 기관의 출력 증대 및 연료 소비율이 감소한다.

ⓒ 유해 배출 가스 감소 효과가 크다.

ⓓ 각 실린더에 동일한 양의 연료 공급이 가능하다.

ⓔ 벤투리가 없기 때문에 공기의 흐름 저항이 감소한다.

ⓑ 가속 및 감속할 때 응답성이 빠르다.
ⓢ 구조가 복잡하고 가격이 비싸다.
ⓞ 흡입 계통의 공기 누출이 기관에 큰 영향을 준다.

142 배기 밸브가 하사점 전 55°에서 열리고 상사점 후 15°에서 닫혀진다면 배기 밸브의 열림각은?

① 70°　② 195°
③ 235°　④ 250°

해설 배기 밸브 열림각 = 배기 밸브 열림각도 + 배기 밸브 닫힘각도+180[°]
= 55° + 15° + 180° = 250°

※ 밸브 개폐 기간
㉠ 밸브 오버랩 : 흡기 밸브 열림 각도+배기 밸브 닫힘 각도
㉡ 흡기 행정 기간 : 흡기 밸브 열림 각도+흡기 밸브 닫힘 각도+180°
㉢ 배기 행정 기간 : 배기 밸브 열림 각도+배기 밸브 닫힘 각도+180°

143 소형 승용차 기관의 실린더 헤드를 알루미늄 합금으로 제작하는 이유는?

① 가볍고 열전달이 좋기 때문에
② 부식성이 좋기 때문에
③ 주철에 비해 열팽창 계수가 작기 때문에
④ 연소실 온도를 높여 체적 효율을 낮출 수 있기 때문에

해설 실린더 헤드의 알루미늄 합금으로의 제작 이유
㉠ 무게가 가볍다.
㉡ 열전도율이 높다.
㉢ 내구성 · 내식성이 작다.
㉣ 연소실 온도를 낮추어 열점을 방지한다.

144 다음 중 엔진 오일의 유압이 낮아지는 원인으로 틀린 것은?

① 베어링의 오일 간극이 크다.
② 유압 조절 밸브의 스프링 장력이 크다.
③ 오일 팬 내의 윤활유양이 적다.
④ 윤활유 공급 라인에 공기가 유입되었다.

ANSWER / 140 ③ 141 ④ 142 ④ 143 ① 144 ②

해설 낮은 유압의 원인
㉠ 오일 펌프가 마멸되었다.
㉡ 오일 점도가 낮아졌다.
㉢ 유압 조절 밸브 스프링이 약화되었다.
㉣ 오일이 누출되어 오일량이 부족하다.
㉤ 베어링의 오일 간극이 크다.
㉥ 윤활유 공급 라인에 공기가 유입되었다.
㉦ 오일 펌프가 불량하다.
㉧ 유압 회로의 누설이 발생한다.
㉨ 오일의 점도가 저하되었다.

145 **자동차의 구조 · 장치의 변경 승인을 얻은 자는 자동차 정비업자로부터 구조 · 장치의 변경과 그에 따른 정비를 받고 얼마 이내에 구조 변경 검사를 받아야 하는가?**

① 완료일로부터 45일 이내
② 완료일로부터 15일 이내
③ 승인받은 날부터 45일 이내
④ 승인받은 날부터 15일 이내

해설 구조 변경, 장치 변경과 그에 따른 정비를 받고 승인 날로 부터 45일 이내에 구조 변경 검사를 받아야 한다.

146 **기관이 지나치게 냉각되었을 때 기관에 미치는 영향으로 옳은 것은?**

① 출력 저하로 연료 소비율 증대
② 연료 및 공기 흡입 과잉
③ 점화 불량과 압축 과대
④ 엔진 오일의 열화

해설 기관이 과냉하면 연소실 온도가 정상 작동 온도로 올라가지 않아 출력이 저하하고 연료 소비율이 증대된다.

147 **디젤 기관에서 연료 분사 시기가 과도하게 빠를 경우 발생할 수 있는 현상으로 틀린 것은?**

① 노크를 일으킨다.
② 배기가스가 흑색이 된다.
③ 기관의 출력이 저하된다.
④ 분사 압력이 증가한다.

해설 빠른 디젤 연료 분사 시기의 발생 현상
㉠ 노크가 일어나고 노크 소음이 강하다.
㉡ 배기가스 색이 흑색이며 그 양도 많아 진다.
㉢ 기관의 출력이 저하된다.
㉣ 저속 회전이 불량하다.

148 다음 중 단위 환산으로 틀린 것은?

① 1[J] = 1[N · m]
② − 40[℃] =− 40[°F]
③ − 273[℃] = 0[K]
④ $1[kg_f/cm^2] = 1.42[PSi]$

해설 $1[PSi] = \frac{1[bf]}{1N^2} = \frac{0.4536[kg_f]}{(2.54[cm])^2} = 0.07\frac{[kg_f]}{[cm^2]}$

$1[kg_f/cm]^2 = 14.2[PSi]$

149 피스톤 재료의 요구 특성으로 틀린 것은?

① 무게가 가벼워야 한다.
② 고온 강도가 높아야 한다.
③ 내마모성이 좋아야 한다.
④ 열팽창 계수가 커야 한다.

해설 피스톤의 구비 조건
㉠ 열팽창이 작아야 한다.
㉡ 고온 · 고압에서 견딜 수 있어야 한다.
㉢ 내식성이 있어야 한다.
㉣ 견고하며 값이 싸야 한다.
㉤ 열전도율이 커야 한다.

150 4행정 V6 기관에서 6실린더가 모두 1회 폭발을 하였다면 크랭크 축은 몇 회전하였는가?

① 2회전
② 3회전
③ 6회전
④ 9회전

해설 4행정 사이클 6실린더 기관에서 6실린더가 한 번씩 폭발하면 크랭크축은 2회전한다.

ANSWER / 145 ③ 146 ① 147 ④ 148 ④ 149 ④ 150 ①

151 가솔린 기관의 이론 공연비는?

① 12.7 : 1
② 13.7 : 1
③ 14.7 : 1
④ 15.7 : 1

해설 가솔린 기관의 가장 이상적인 공연비는 14.7 : 1이다.

152 배기가스가 삼원 촉매 컨버터를 통과할 때 산화 · 환원되는 물질로 옳은 것은?

① N_2, CO
② N_2, H_2
③ N_2, O_2
④ N_2, CO_2, H_2O

해설 삼원 촉매 산화 및 환원
㉠ 일산화탄소 CO = CO_2
㉡ 탄화수소 HC = H_2O
㉢ 질소산화물 NOx = N_2

153 바이널리 출력 방식의 산소 센서 점검 및 사용 시 주의 사항으로 틀린 것은?

① O_2 센서의 내부 저항을 측정하지 말 것
② 전압 측정 시 디지털 미터를 사용할 것
③ 출력 전압을 쇼트시키지 말 것
④ 유연 가솔린을 사용할 것

해설 산소 센서 사용 시 주의 사항
㉠ 전압 측정 시 오실로스코프나 디지털미터를 사용할 것
㉡ 무연 가솔린을 사용할 것
㉢ 출력전압을 쇼트(단락)시키지 말 것
㉣ 산소 센서의 내부 저항은 측정하지 말 것
㉤ 출력 전압이 규정을 벗어나면 공연비 조정 계통을 점검할 것

154 연소실 압축 압력이 규정 압축 압력보다 높을 때 원인으로 옳은 것은?

① 연소실 내 카본 다량 부착
② 연소실 내 돌출부 없어짐
③ 압축비가 작아짐
④ 옥탄가가 지나치게 높음

해설 압축 압력이 규정값보다 높은 원인은 연소실 내 카본이 다량 부착되어 연소실의 체적이 작아져 압축비와 압축 압력이 높아지는 경우이다.

155 흡기 매니폴드 내의 압력에 대한 설명으로 옳은 것은?

① 외부 펌프로부터 만들어진다.
② 압력은 항상 일정하다.
③ 압력 변화는 항상 대기압에 의해 변화한다.
④ 스로틀 밸브의 개도에 따라 달라진다.

해설 흡기 매니폴드 내의 압력은 피스톤이 흡입 행정을 할 때 발생하는 것으로, 스로틀 밸브의 개도에 따라 달라진다. 스로틀이 닫히면 압력은 낮아지고, 열리면 압력은 높아진다.

156 산소 센서 신호가 희박으로 나타날 때 연료 계통의 점검 사항으로 틀린 것은?

① 연료 필터의 막힘 여부
② 연료 펌프의 작동 전류 점검
③ 연료 펌프 전원의 전원 강하 여부
④ 릴리프 밸브의 막힘 여부

해설 산소 센서의 신호가 희박으로 나타나면 연료량이 부족한 것을 나타내는 의미(반대로 농후하면 연료량이 과다한 것)이므로 연료 필터의 막힘 여부, 연료 펌프의 작동 전류 점검, 연료 펌프 전원의 전압 강하 여부와 같이 연료량이 부족해질 수 있는 원인을 먼저 점검한다. 릴리프 밸브는 연료 압력이 규정 압력보다 높아지면 작동하는 안전밸브로, 산소 센서 신호가 희박한 것과 관계없다.

157 다음 중 가솔린 기관의 점화 코일에 대한 설명으로 틀린 것은?

① 1차 코일의 저항보다 2차 코일의 저항이 크다.
② 1차 코일의 굵기보다 2차 코일의 굵기가 가늘다.
③ 1차 코일의 유도 전압보다 2차 코일의 유도 전압이 낮다.
④ 1차 코일의 권수보다 2차 코일의 권수가 많다.

해설 점화 코일

㉠ 1차 코일의 굴기보다 2차 코일의 굵기가 가늘다.
㉡ 1차 코일의 권수보다 2차 코일의 권수가 많다.
㉢ 1차 코일의 저항보다 2차 코일의 저항이 크다.
㉣ 1차 코일의 유도전압보다 2차 코일의 유도 전압이 높다.
③ 상호 유도 작용에 의해 1차 코일의 유도 전압보다 2차 코일의 유도 전압이 높다.

ANSWER / 151 ③ 152 ④ 153 ④ 154 ① 155 ④ 156 ④ 157 ③

158 **실린더의 마멸량 및 내경 측정에 사용되는 기구와 관계없는 것은?**

① 버니어 캘리퍼스
② 실린더 게이지
③ 외측 마이크로미터와 텔레스코핑 게이지
④ 내측 마이크로미터

해설 실린더 벽 마모량 점검 시 보어 게이지, 내측 마이크로미터, 텔레스코핑 게이지와 외측 마이크로미터를 사용하여 정밀하게 측정하여야 하며, 버니어 캘리퍼스로 실린더 마멸량 및 내경 측정을 할 수는 있으나 정밀한 측정을 하기는 어렵다.

159 **하이브리드 자동차의 정비 시 주의 사항에 대한 내용으로 틀린 것은?**

① 하이브리드 모터 작업 시 휴대폰, 신용카드 등은 휴대하지 않는다.
② 고전압 케이블(U, V, W상)의 극성은 올바르게 연결한다.
③ 도장 후 고압 배터리는 헝겊으로 덮어두고 열처리한다.
④ 엔진 룸의 고압 세차는 하지 않는다.

해설 고압 배터리는 열에 의한 폭발 우려가 있으므로 탈거한 후 열처리한다.

160 **베어링이 하우징 내에서 움직이지 않게 하기 위하여 베어링의 바깥 둘레를 하우징의 둘레보다 조금 크게 하여 차이를 두는 것은?**

① 베어링 크러시
② 베어링 스프레드
③ 베어링 돌기
④ 베어링 어셈블리

해설 베어링 크러시는 베어링이 하우징 내에서 움직이지 않게 하기 위하여 베어링의 바깥 둘레를 하우징의 둘레보다 조금 크게 하여 차이를 두는 것이며, 조립 시 압착시켜 베어링 면의 열전도율을 향상시킨다.

161 **디젤 연료 분사 펌프의 플런저가 하사점에서 플런저 배럴의 흡·배기 구멍을 닫기까지, 즉 송출 직전까지의 행정은?**

① 예비 행정
② 유효 행정
③ 변행정
④ 정행정

해설 예비 행정은 연료 분사 펌프의 플런저가 하사점에서 플런저 배럴의 흡·배기 구멍을 닫기까지, 즉 송출 직전까지의 행정을 말한다.

162 단위에 대한 설명으로 옳은 것은?

① 1 [PS]는 75 [kg_f · m/h]의 일률이다.
② 1 [J]은 0.24 [cal]이다.
③ 1 [kW]는 1,000 [kg_f · m/s]의 일률이다.
④ 초속 1 [m/s]는 시속 36 [km/h]와 같다.

해설 ① 1 [PS] = 75 [kg_f · m/s] 의 일률이다.
③ 1 [kW] = 102 [kg_f · m/s] 의 일률이다.
④ 시속 3.6 [km/h] =초속 1 [m/s]와 같다.
※ 단위
㉠ kg_f : 힘(구동력)의 단위
㉡ kg_f · m : 일의 단위
㉢ PS, kg_f · m/s : 일률(마력)의 단위

163 센서 및 액추에이터 점검 · 정비 시 적절한 점검 조건이 잘못 짝지어진 것은?

① AFS – 시동 상태
② 컨트롤 릴레이 – 점화 스위치 ON 상태
③ 점화 코일 – 주행 중 감속 상태
④ 크랭크 각 센서 – 크랭킹 상태

해설 점화 코일은 크랭킹 상태에서 고전압이 발생할 때 점검하는 것이 적절하다.

164 압축 압력 시험에서 압축 압력이 떨어지는 요인으로 가장 거리가 먼 것은?

① 헤드 가스켓 소손
② 피스톤링 마모
③ 밸브시트 마모
④ 밸브 가이드 고무 마모

해설 밸브 가이드의 고무 실링이 마모되면 연소실에 엔진오일이 유입되지만, 압축 압력에는 영향을 미치지 않는다.

ANSWER 158 ① 159 ③ 160 ① 161 ① 162 ② 163 ③ 164 ④

165 기관의 윤활 장치를 점검해야 하는 이유로 거리가 먼 것은?

① 윤활유 소비가 많다.
② 유압이 높다.
③ 유압이 낮다.
④ 오일 교환을 자주한다.

해설 윤활 장치는 윤활유 소비가 많을 때, 유압이 규정보다 낮거나 높을 때 점검한다.

166 기관에서 공기 과잉률이란 무엇인가?

① 이론 공연비
② 실제 공연비
③ 공기 흡입량 ÷ 연료 소비량
④ 실제 공연비 ÷ 이론 공연비

해설 $\text{공기 과잉률} = \frac{\text{실제 혼합비}}{\text{이론 혼합비}}$

공기 과잉률은 이론적으로 필요한 혼합비와 실제 혼합비와의 비를 말한다.

167 밸브 오버랩에 대한 설명으로 옳은 것은?

① 밸브 스프링을 이중으로 사용하는 것
② 밸브 시트와 면의 접촉 면적
③ 흡·배기 밸브가 동시에 열려 있는 상태
④ 로커 암에 의해 밸브가 열리기 시작할 때

해설 밸브 오버랩이란 피스톤의 상사점 부근에서 배기 밸브와 흡기 밸브가 동시에 열려있는 기간이다.

※ 밸브 개폐 시기 기간

㉠ 밸브 오버랩 : 흡기 밸브 열림 각도 + 배기 밸브 닫힘 각도
㉡ 흡기 행정 기간 : 흡기 밸브 열림 각도 + 흡기밸브 닫힘 각도 + 180
㉢ 배기 행정 기간 : 배기 밸브 열림 각도 + 배기 밸브 닫힘 각도 + 180

168 가솔린의 조성 비율(체적)이 이소옥탄 80, 노멀헵탄 20인 경우 옥탄가는?

① 20
② 40
③ 60
④ 80

해설 $\text{옥탄가} = \frac{\text{이소옥탄}}{\text{이소옥탄} + \text{노멀헵탄}} \times 100\,[\%]$

$= \frac{80}{80+20} \times 100 = 80\,[\%]$

169 다음 괄호 안에 들어갈 말로 옳은 것은?

NOx는 (㉠)의 화합물이며, 일반적으로 (㉡)에서 쉽게 반응한다.

① ㉠ 일산화질소와 산소 ㉡ 저온
② ㉠ 일산화질소와 산소 ㉡ 고온
③ ㉠ 질소와 산소 ㉡ 저온
④ ㉠ 질소와 산소 ㉡ 고온

해설 NOx는 질소(N)와 산소(O)의 화합물이며, 일반적으로 고온에서 쉽게 반응한다.

※ **삼원 촉매 산화 및 환원**

㉠ 일산화탄소 $CO = CO_2$
㉡ 탄화수소 $HC = H_2O$
㉢ 질소산화물 $NOx = N_2$

170 스프링 정수가 5[kgf/mm]의 코일을 1[cm] 압축하는 데 필요한 힘[kgf]은?

① 5
② 10
③ 50
④ 100

해설

$$\text{스프링 정수} = \frac{\text{하중}[kg_f]}{\text{변형량}[mm]}$$

$$\therefore \text{하중} = \text{스프링 정수} \times \text{변형량}$$
$$= 5[kg_f/mm] \times 10[mm] = 50[kg_f]$$

171 전자 제어 점화 장치의 파워 TR에서 ECU에 의해 제어되는 단자는?

① 베이스 단자
② 콜렉터 단자
③ 이미터 단자
④ 접지 단자

해설 점화 장치의 파워 TR은 ECU에서 파워 TR 베이스를 ON시키면 점화 코일의 1차 전류는 컬렉터에서 이미터로 흘러 점화 코일이 자화되고, 파워 TR을 OFF시키면 점화 코일에 발생된 고전압이 점화 플러그에 가해지게 되는 원리이다. 파워트랜지스터는 ECU(컴퓨터)에 의해 제어되는 베이스 단자이고, 점화 코일의 1차 코일과 연결되는 컬렉터 단자, 접지가 되는 이미터로 구성되어 있다.

ANSWER / 165 ④ 166 ④ 167 ③ 168 ④ 169 ④ 170 ③ 171 ①

172 **디젤 기관에서 분사 시기가 빠를 때 나타나는 현상으로 틀린 것은?**

① 배기가스의 색이 흑색이다.
② 노크 현상이 일어난다.
③ 배기가스의 색이 백색이 된다.
④ 저속 회전이 어려워진다.

해설 디젤 기관의 연료 분사 시기가 빠를 때의 현상
㉠ 노크를 일으키고 노크 소음이 강하다.
㉡ 배기가스 색이 흑색이며 그 양도 많아진다.
㉢ 기관 출력이 저하된다.
㉣ 저속 회전이 잘 안 된다.

173 **차량 총중량이 3.5 [t] 이상인 화물 자동차에 설치되는 후부 안전판의 너비로 옳은 것은?**

① 자동차 너비의 60 [%] 이상
② 자동차 너비의 80 [%] 미만
③ 자동차 너비의 100 [%] 미만
④ 자동차 너비의 120 [%] 이상

해설 자동차 안전 기준에 관한 규칙 제19조 차대 및 차체에 의거 후부 안전판의 너비는 자동차 너비의 100 [%] 미만이어야 한다.

174 **전자 제어 가솔린 엔진에서 인젝터의 고장으로 발생될 수 있는 현상으로 가장 거리가 먼 것은?**

① 연료 소모 증가
② 배출 가스 감소
③ 가속력 감소
④ 공회전 부조

해설 인젝터 고장 시 발생 현상
㉠ 연료 소모 증가
㉡ 기관 출력 저하
㉢ 가속력 저하
㉣ 공회전 부조
㉤ 배출 가스 증가

175 행정별 피스톤 압축 링의 호흡작용에 대한 내용으로 틀린 것은?

① 흡입 : 피스톤의 홈과 링의 윗면이 접촉하여 홈에 있는 소량의 오일 침입을 막는다.
② 압축 : 피스톤이 상승하면 링은 아래로 밀리게 되어 위로부터의 혼합기가 아래로 누설되지 않게 한다.
③ 동력 : 피스톤의 홈과 링의 윗면이 접촉하여 링의 윗면으로부터 가스가 누설되는 것을 방지한다.
④ 배기 : 피스톤이 상승하면 링은 아래로 밀리게 되어 위로부터의 연소 가스가 아래로 누설되지 않게 한다.

해설 동력 행정에서는 가스가 피스톤 링을 강하게 가압하고, 링의 아래 면으로부터 가스가 누설되는 것을 방지한다.

176 아날로그 신호가 출력되는 센서로 틀린 것은?

① 옵티컬 방식의 크랭크 각 센서 ② 스로틀 포지션 센서
③ 흡기 온도 센서 ④ 수온 센서

해설 각 신호 센서
㉠ 아날로그 신호 센서 : 수온 센서, 흡기 온도 센서, TPS, 산소 센서, 노크 센서, 공기 유량 센서(AFS), MAP 센서, 인덕티브 방식의 크랭크 각 센서
㉡ 디지털 신호 센서 : 차속 센서, 상사점 센서, 옵티컬 방식의 크랭크 각 센서

177 가솔린 엔진의 작동 온도가 낮을 때와 혼합비가 희박하여 실화되는 경우에 증가하는 유해 배출가스는?

① 산소(O_2) ② 탄화수소(HC)
③ 질소산화물(NOx) ④ 이산화탄소(CO_2)

해설 탄화수소(HC)의 생성 원인
㉠ 농후한 연료로 인하여 불완전 연소하였을 때
㉡ 화염 전파 후 연소실 내의 냉각 작용으로 혼합기 연소되지 못할 때
㉢ 희박한 혼합기에서 점화 실화가 발생하였을 때
㉣ 엔진 작동 온도가 낮을 때

ANSWER / 172 ③ 173 ③ 174 ② 175 ③ 176 ① 177 ②

178 **엔진이 작동 중 과열되는 원인으로 틀린 것은?**

① 냉각수의 부족
② 라디에이터 코어의 막힘
③ 전동 팬 모터 릴레이의 고장
④ 수온 조절기가 열린 상태로 고장

해설 기관 과열의 원인
㉠ 냉각수 부족
㉡ 냉각팬 불량
㉢ 수온 조절기 작동 불량
㉣ 라디에이터 코어가 20 [%] 이상 막힘
㉤ 라디에이터 파손
㉥ 라디에이터 캡 불량
㉦ 워터 펌프의 작동 불량
㉧ 팬벨트 마모 또는 이완
㉨ 냉각수 통로의 막힘

179 **4행정 가솔린 기관에서 각 실린더에 설치된 밸브가 3밸브(3-valve)인 경우 옳은 것은?**

① 2개의 흡기 밸브와 흡기보다 직경이 큰 1개의 배기 밸브
② 2개의 흡기 밸브와 흡기보다 직경이 작은 1개의 배기 밸브
③ 2개의 배기 밸브와 배기보다 직경이 큰 1개의 흡기 밸브
④ 2개의 배기 밸브와 배기와 직경이 같은 1개의 배기 밸브

해설 3-valve란 2개의 흡기 밸브와 흡기 밸브보다 직경이 큰 1개의 배기 밸브로 구성된 것이다.

180 **LPG 기관에서 냉각수 온도 스위치의 신호에 의하여 기체 또는 액체 연료를 차단하거나 공급하는 역할을 하는 것은?**

① 과류 방지 밸브
② 유동 밸브
③ 안전 밸브
④ 액 · 기상 솔레노이드 밸브

해설 LPG기관에서 냉각수 온도 스위치의 신호에 의해 기체 또는 액체 연료를 차단하거나 공급하는 역할을 하는 것은 액 · 기상 솔레노이드 밸브이다.

181 176 [°F]는 몇 [℃]인가?

① 76　　② 80
③ 144　　④ 176

$$섭씨\ 온도(t_c) = \frac{5}{9}(t_F - 32)[℃]$$
$$= \frac{5}{9} \times (176 - 32)$$
$$= 80[℃]$$

182 가솔린 연료에서 노크를 일으키기 어려운 성질을 나타내는 수치는?

① 옥탄가　　② 점도
③ 세탄가　　④ 베이퍼 록

해설 가솔린의 성질은 옥탄가로 표시하며 폭발에 견딜 수 있는 내폭성 정도를 나타내는 것이다.

$$옥탄가 = \frac{이소옥탄}{이소옥탄 + 노멀헵탄} \times 100[\%]$$

183 조향 장치에서 조향 기어비가 직진 영역에서 크게 되고 조향각이 큰 영역에서 작게 되는 형식은?

① 웜 섹터형　　② 웜 롤러형
③ 가변 기어비형　　④ 볼 너트형

해설 가변 기어비형은 조향 기어비가 직진 영역에서는 크게 되고 조향각이 큰 영역에서는 작게 되는 조향 장치이다.

184 엔진이 2,000 [rpm]으로 회전하고 있을 때 그 출력이 65 [PS]라고 하면 이 엔진의 회전력은 몇 [m · kg_f]인가?

① 23.27　　② 24.45
③ 25.46　　④ 26.38

ANSWER / 178 ④ 179 ① 180 ④ 181 ② 182 ① 183 ③ 184 ①

해설 제동 마력 $= \frac{2\pi TN}{75\times 60} = \frac{TN}{716}$

$= \frac{716\times PS}{N} = \frac{716\times 65}{2,000} = 23.27\,[\mathrm{m}\cdot \mathrm{kg_f}]$

여기서, T : 회전력 $[\mathrm{kg_f}\cdot \mathrm{m}]$

N : 기관 회전 속도 [rpm]

185 디젤 기관의 연소실 중 피스톤 헤드부의 요철에 의해 생성되는 연소실은?

① 예연소실식
② 공기실식
③ 와류실식
④ 직접 분사실식

해설 직접 분사실식은 연소실이 실린더 헤드와 피스톤 헤드에 설치된 요철에 의하여 형성되며, 여기에 직접 연료를 분사하는 방식이다.

186 기관의 밸브 장치에서 기계식 밸브 리프트에 비해 유압식 밸브 리프트의 장점으로 맞는 것은?

① 구조가 간단하다.
② 오일 펌프와 상관없다.
③ 밸브 간극 조정이 필요없다.
④ 워밍업 전에만 밸브 간극 조정이 필요하다.

해설 유압식 밸브 리프트는 오일의 비압축성과 윤활 장치를 순환하는 유압을 이용하여 기관의 작동 온도에 관계없이 항상 밸브 간극을 0으로 유지시키는 장치로, 밸브 간극 조정이 필요없다.

187 LPG 연료에 대한 설명으로 틀린 것은?

① 기체 상태는 공기보다 무겁다.
② 저장은 가스 상태로만 한다.
③ 연료 충진은 탱크 용량의 약 85 [%] 정도로 한다.
④ 주변 온도 변화에 따라 봄베의 압력 변화가 나타난다.

해설 LPG는 공기보다 무거우며, 공기의 무게를 1로 했을 때 LPG의 무게는 프로판이 약 1.55, 부탄이 약 2.08배이다. 또한, 액화 석유가스를 압력에 의해 액화시켜 액체 상태로 연료를 저장하며, 주변 환경에 따라 탱크(봄베) 내부의 압력 변화가 생길 수 있어 충진은 탱크(봄베) 용량의 85 [%]로 하여야 한다.

188 **자기 진단 출력이 10진법 2개 코드 방식에서 코드 번호가 55일 때 해당하는 신호는?**

① [파형]　② [파형]
③ [파형]　④ [파형]

해설 자기 진단 출력 10진법 2개 코드 방식에서 신호선의 폭이 넓은 것은 10을 의미하고, 좁은 것은 1을 의미한다.

189 **기관 정비 작업 시 피스톤링의 이음 간극을 측정할 때 측정 도구로 가장 알맞은 것은?**

① 마이크로미터　② 다이얼 게이지
③ 시크니스 게이지　④ 버니어 캘리퍼스

해설 피스톤 링 이음 간극 측정은 실린더에 피스톤 링을 삽입하고 링과 링 사이의 간극을 측정하는 것으로, 시크니스(필러, 틈새, 간극) 게이지로 측정한다.

190 **여지 반사식 매연 측정기의 시료 채취관을 배기관에 삽입 시 가장 알맞은 깊이 [cm]는?**

① 20　② 40
③ 50　④ 60

해설 여지 반사식 매연 측정기의 시료 채취관은 배기관 중앙에 20 [cm] 삽입하고 광 투과식은 5 [cm] 삽입하여, 총 3회 매연을 측정하여 평균값을 매연 측정값으로 기록한다. 하지만, 3회 측정 중 5 [%] 이상 매연 측정값 차이가 난다면 2회를 추가로 측정하여 최고값과 최저값을 뺀 나머지 3개 측정값의 평균값을 매연 측정값으로 기록한다.

191 **엔진의 흡기 장치 구성 요소에 해당하지 않는 것은?**

① 촉매 장치　② 서지 탱크
③ 공기 청정기　④ 레조네이터(resonator)

해설 엔진 흡입 계통
㉠ 공기 청정기
㉡ 공기 유량 센서
㉢ 레조네이터

ANSWER 185 ④ 186 ③ 187 ② 188 ④ 189 ③ 190 ① 191 ①

㉣ 흡기 호스
㉤ 서지탱크
㉥ 흡기 다기관
① 촉매장치는 배기가스 정화 장치이다.

192 LPG 기관에서 연료 공급 경로로 맞는 것은?

① 봄베 → 솔레노이드 밸브 → 베이퍼라이저 → 믹서
② 봄베 → 베이퍼라이저 → 솔레노이드 밸브 → 믹서
③ 봄베 → 베이퍼라이저 → 믹서 → 솔레노이드 밸브
④ 봄베 → 믹서 → 솔레노이드 밸브 → 베이퍼라이저

해설 LPG 기관의 연료 공급 경로 : 연료 탱크(봄베) → 액 · 기상 솔레노이드 밸브 → 베이퍼라이저 → 믹서

193 기관의 동력을 측정할 수 있는 장비는?

① 멀티미터
② 볼트미터
③ 타코미터
④ 다이나모미터

해설 다이나모미터는 기관의 마력과 토크 등의 동력을 측정할 수 있는 장비이다.

194 엔진의 내경 9 [cm], 행정 10 [cm]인 1기통 배기량 [cc]은?

① 약 666
② 약 656
③ 약 646
④ 약 636

해설 배기량 $V = 0.785 \times D^2 \times L \times Z$
$= 0.785 \times 9^2 \times 10 \times 1 = 635.85$ [cc]

여기서, D : 내경 [mm]
L : 행정 [mm]
Z : 실린더 수

195 EGR(Exhaust Gas Recirculation) 밸브에 대한 설명 중 틀린 것은?

① 배기가스 재순환 장치이다.
② 연소실 온도를 낮추기 위한 장치이다.
③ 증발 가스를 포집하였다가 연소시키는 장치이다.
④ 질소산화물(NOx) 배출을 감소하기 위한 장치이다.

해설 배기가스 재순환 장치(EGR)

㉠ 배기가스 재순환 장치(EGR)는 배기가스의 일부를 배기 계통에서 흡기 계통으로 재순환시켜 연소실의 최고 온도를 낮추어 질소산화물(NOx) 생성을 억제시키는 역할을 한다.
㉡ EGR 파이프, EGR 밸브, 서모 밸브로 구성된다.
㉢ 연소된 가스가 흡입되므로 엔진의 출력이 저하된다.
㉣ 엔진의 냉각수 온도가 낮을 때는 작동하지 않는다.

196 전자 제어 기관에서 인젝터의 연료 분사량에 영향을 주지 않는 것은?

① 산소(O_2) 센서
② 공기 유량 센서(AFS)
③ 냉각 수온 센서(WTS)
④ 핀 서모(fin thermo) 센서

해설 연료 분사량에 영향을 주는 센서

㉠ 공기 유량 센서(AFS)
㉡ MAP 센서
㉢ 산소(O_2) 센서
㉣ 냉각 수온 센서(WTS)
㉤ 스로틀 포지션 센서(TPS)
④ 핀 서모 센서는 에어컨 증발기 코어의 평균 온도가 검출되는 부위에 설치되어 있으며 증발기 코어 핀의 온도를 검출하여 FATC 컴퓨터로 입력시킨다.

197 수냉식 냉각 장치의 장·단점에 대한 설명으로 틀린 것은?

① 공랭식보다 소음이 크다.
② 공랭식보다 보수 및 취급이 복잡하다.
③ 실린더 주위를 균일하게 냉각시켜 공랭식보다 냉각 효과가 좋다.
④ 실린더 주위를 저온으로 유지시키므로 공랭식보다 체적 효율이 좋다.

ANSWER / 192 ① 193 ④ 194 ④ 195 ③ 196 ④ 197 ①

해설 수냉식 냉각 장치는 공랭식보다 실린더 주위를 균일하게 냉각시키기 때문에 냉각 효과가 좋고, 실린더 주위를 저온으로 유지시키므로 체적 효율이 좋으나 보수 및 취급이 복잡하며, 공랭식에 비해 소음이 작다.

198 내연 기관에서 언더 스퀘어 엔진은 어느 것인가?

① 행정 / 실린더 내경 = 1　② 행정 / 실린더 내경 < 1
③ 행정 / 실린더 내경 > 1　④ 행정 / 실린더 내경 ≦ 1

해설 장행정과 단행정

㉠ 언더 스퀘어(장행정) 엔진은 실린더 행정 내경 비율(행정/내경)의 값이 1.0 이상인 엔진이다.

$$\text{언더 스퀘어 엔진(장행정)} = \frac{\text{행정}}{\text{실린더 내경}} > 1$$

㉡ 오버 스퀘어(단행정) 엔진은 실린더 행정 내경 비율(행정/내경)의 값이 1.0 이하인 엔진이다.

199 내연 기관의 윤활 장치에서 유압이 낮아지는 원인으로 틀린 것은?

① 기관 내 오일 부족
② 오일스트레이너 막힘
③ 유압 조절 밸브 스프링 장력 과대
④ 캠축 베어링의 마멸로 오일 간극 커짐

해설 유압 현상의 원인

㉠ 유압이 낮아지는 원인
- 오일 펌프 불량
- 오일 점도가 낮아졌을 때
- 유압 조절 밸브 스프링 약화
- 오일량 부족
- 베어링 오일 간극 과대
- 윤활유 라인 공기 유입
- 오일스트레이너 막힘
- 유압 회로의 누설
- 베어링 마모로 인한 오일 간극 과다

㉡ 유압이 높아지는 원인
- 유압 조정 밸브(릴리프 밸브 – 최대 압력 이상으로 압력이 올라가는 것을 방지) 스프링의 장력이 강할 때
- 윤활 계통의 일부가 막혔을 때
- 윤활유의 점도가 높을 때
- 오일 간극이 작을 때

200 다음 중 디젤 기관에 사용되는 과급기의 역할은?

① 윤활성의 증대　　② 출력의 증대
③ 냉각 효율의 증대　　④ 배기의 증대

해설 과급기

㉠ 흡기쪽으로 유입되는 공기량을 조절하여 엔진밀도가 증대되어 출력과 회전력을 증대시키며 연료 소비율을 향상시킨다.

㉡ 과급기 사용의 장점
- 체적 효율이 좋아진다.
- 회전력이 증가한다.
- 평균 유효 압력이 향상된다.
- 엔진의 출력이 증대된다.
- 연료 소비율이 향상된다.
- 잔류 배출 가스를 완전히 배출할 수 있다.

201 피스톤 행정이 84 [mm], 기관의 회전수가 3,000 [rpm]인 4행정 사이클 기관의 피스톤 평균 속도 [m/s]는 얼마인가?

① 4.2　　② 8.4
③ 9.4　　④ 10.4

피스톤 평균 속도 $= \dfrac{2NL}{60} = \dfrac{NL}{30}$

$= \dfrac{0.084 \times 3{,}000}{30} = 8.4\,[\mathrm{m/s}]$

여기서, L : 행정 [m]
N : 엔진 회전수 [rpm]

202 디젤 엔진에서 연료 공급 펌프 중 프라이밍 펌프의 기능은?

① 기관이 작동하고 있을 때 펌프에 연료를 공급한다.
② 기관이 정지되고 있을 때 수동으로 연료를 공급한다.
③ 기관이 고속 운전을 하고 있을 때 분사 펌프의 기능을 돕는다.
④ 기관이 가동하고 있을 때 분사 펌프에 있는 연료를 빼는 데 사용한다.

ANSWER / 198 ③ 199 ③ 200 ② 201 ② 202 ②

해설 프라이밍 펌프는 기관 정지 시 수동으로 연료를 공급하며, 연료 계통 공기 빼기 작업 시에 사용한다.

203 흡기 계통의 핫 와이어(hot wire) 공기량 계측 방식은?

① 간접 계량 방식
② 공기 질량 검출 방식
③ 공기 체적 검출 방식
④ 흡입 부압 감지 방식

해설 흡입 공기량의 계측 방법
㉠ 직접 계측 방식
- 체적 검출 : 베인식, 칼만 와류식
- 질량 검출 : 열막(hot film)식, 열선(hot wire)식

㉡ 간접 계측 방식 : MAP 센서 방식으로, 흡기 다기관의 절대 압력으로 흡입 공기량을 계측

204 기관에 이상이 있을 때 또는 기관의 성능이 현저하게 저하되었을 때 분해 수리의 여부를 결정하기 위한 가장 적합한 시험은?

① 캠각 시험
② CO 가스 측정
③ 압축 압력 시험
④ 코일의 용량 시험

해설 압축 압력 시험은 기관 이상 발생 시 압축 압력 시험을 하여 규정값의 70 [%] 이하일 때 실린더 블록 또는 실린더 헤드 부분의 분해 정도 여부를 결정하기 위한 시험이다.

205 다음 중 가솔린 엔진에서 점화 장치 점검 방법으로 틀린 것은?

① 흡기 온도 센서의 출력값을 확인한다.
② 점화코일의 1·2차 코일 저항을 확인한다.
③ 오실로스코프를 이용하여 점화 파형을 확인한다.
④ 고압 케이블을 탈거하고 크랭킹 시 불꽃 방전 시험으로 확인한다.

해설 점화 장치 점검
㉠ 점화 코일 1·2차 코일의 저항을 측정한다.
㉡ 점화 1·2차 파형으로 확인한다.
㉢ 기관 크랭킹 시 불꽃 방전 시험으로 확인한다.

206 연료 분사 장치에서 산소 센서의 설치 위치는?

① 라디에이터 ② 실린더 헤드
③ 흡입 매니폴드 ④ 배기 매니폴드 또는 배기관

해설 산소 센서는 배기 매니폴드 또는 배기관에 장착되어 배기가스 중 산소 농도 차이에 따라 전압이 발생되면 이를 피드백하여 기관을 이론 공연비로 제어하기 위한 센서이다.

207 전자 제어 가솔린 엔진에서 점화 시기에 가장 영향을 주는 것은?

① 퍼지 솔레노이드 밸브
② 노킹 센서
③ EGR 솔레노이드 밸브
④ PCV(Positive Crankcase Ventilation)

해설 노킹 센서는 노킹을 감지하여 점화 시기를 늦추는 신호로 사용되며, ECU에 노킹 센서 신호가 입력되면 ECU는 노킹 방지를 위해 점화 시기를 늦추어 준다.

208 실린더 블록이나 헤드의 평면도 측정에 알맞은 게이지는?

① 마이크로미터 ② 다이얼 게이지
③ 버니어 캘리퍼스 ④ 직각자와 필러 게이지

해설 실린더 헤드나 블록 평면도 측정은 곧은자(또는 직각 자)와 필러(틈새, 간극) 게이지를 사용한다.

209 4행정 사이클 기관에서 크랭크축이 4회전할 때 캠축은 몇 회전하는가?

① 1회전 ② 2회전
③ 3회전 ④ 4회전

해설 4행정 사이클 기관은 크랭크축 2회전 시 캠축 1회전 한다.

ANSWER / 203 ② 204 ③ 205 ① 206 ④ 207 ② 208 ④ 209 ②

210 윤중에 대한 정의로 옳은 것은?

① 자동차가 수평으로 있을 때 1개의 바퀴가 수직으로 지면을 누르는 중량
② 자동차가 수평으로 있을 때 차량 중량이 1개 의 바퀴에 수평으로 걸리는 중량
③ 자동차가 수평으로 있을 때 차량 총중량이 2개의 바퀴에 수평으로 걸리는 중량
④ 자동차가 수평으로 있을 때 공차 중량이 4개의 바퀴에 수직으로 걸리는 중량

해설 윤중은 자동차가 수평으로 있을 때 1개의 바퀴가 지면을 수직으로 누르는 중량을 말한다.

211 피스톤에 옵셋(off set)을 두는 이유로 가장 올바른 것은?

① 피스톤의 틈새를 크게 하기 위하여
② 피스톤의 중량을 가볍게 하기 위하여
③ 피스톤의 측압을 작게 하기 위하여
④ 피스톤 스커트부에 열전달을 방지하기 위하여

해설 피스톤에 옵셋(off set)을 두게 되면 피스톤 측압을 감소시키고, 회전을 원활하게 한다.

212 LPI 엔진에서 연료의 부탄과 프로판의 조성비를 결정하는 입력 요소로 맞는 것은?

① 크랭크각 센서, 캠각 센서
② 연료 온도 센서, 연료 압력 센서
③ 공기 유량 센서, 흡기 온도 센서
④ 산소 센서, 냉각 수온 센서

해설 연료 압력 센서는 연료 온도 센서와 함께 LPG 조성 비율(액상과 기상) 판정 신호로 사용되며 LPG 분사량 및 연료 펌프 구동 시간 제어에도 사용된다.

213 자동차 엔진의 냉각 장치에 대한 설명 중 적절하지 않은 것은?

① 강제 순환식이 많이 사용된다.
② 냉각 장치 내부에 물때가 많으면 과열의 원인이 된다.
③ 서모스텟에 의해 냉각수의 흐름이 제어된다.
④ 엔진 과열 시에는 즉시 라디에이터 캡을 열고 냉각수를 보급하여야 한다.

해설 냉각수가 부족하여 엔진이 가열될 때는 엔진 가동을 정지시킨 후 냉각수가 냉각된 다음 냉각수를 보충한다.

214 전자 제어 연료 분사 차량에서 크랭크각 센서의 역할이 아닌 것은?

① 냉각수 온도 검출
② 연료의 분사 시기 결정
③ 점화 시기 결정
④ 피스톤의 위치 검출

해설 크랭크각 센서(크랭크 포지션 센서)의 역할
㉠ 크랭크축의 위치를 검출한다.
㉡ 피스톤 위치를 결정한다.
㉢ 기관의 회전 속도를 측정한다.
㉣ 연료 분사 순서와 분사 시기를 결정한다.
㉤ 점화 시기에 영향을 준다.
㉥ 크랭크각 센서 고장 시 기관 가동이 정지된다.

215 디젤 기관에 쓰이는 연소실이다. 복실식 연소실이 아닌 것은?

① 예연소실식
② 직접 분사식
③ 공기실식
④ 와류실식

해설 디젤 기관 연소실의 종류
㉠ 단실식 : 직접 분사실식
㉡ 복실식 : 예연소실식, 와류실식, 공기실식

216 디젤 기관의 노킹을 방지하는 대책으로 알맞은 것은?

① 실린더 벽의 온도를 낮춘다.
② 착화 지연 기간을 길게 유도한다.
③ 압축비를 낮게 한다.
④ 흡기 온도를 높인다.

해설 디젤 기관의 노킹
㉠ 원인
- 연료의 세탄가가 낮다.
- 엔진의 온도가 낮고 회전 속도가 느리다
- 연료 분사 상태가 나쁘다
- 착화 지연 시간이 길다.

ANSWER / 210 ① 211 ③ 212 ② 213 ④ 214 ① 215 ② 216 ④

• 분사 시기가 늦다.
• 실린더 연소실 압축비, 압축 압력, 흡기 온도가 낮다.

ⓛ 방지법
• 흡기 온도와 압축비를 높인다.
• 착화성 좋은 연료를 사용하여 착화 지연 기간이 단축되도록 한다.
• 착화 지연 기간 중 연료 분사량을 조절한다.
• 압축 온도와 압력을 높인다.
• 연소실 내 와류를 증가시키는 구조로 만든다.
• 분사 초기 연료 분사량을 작게 한다.

217 **다음 중 디젤 엔진의 정지 방법에서 인테이크 셔터(intake shutter)의 역할에 대한 설명으로 옳은 것은?**

① 연료 차단
② 흡인 공기 차단
③ 배기가스 차단
④ 압축 압력 차단

해설 인테이크 셔터 : 기관 실린더 내로 흡입되는 공기를 차단하여 기관을 정지시키는 기구이다.

218 **가솔린 기관에서 고속 회전 시 토크가 낮아지는 원인으로 가장 적합한 것은?**

① 체적 효율이 낮아지기 때문이다.
② 화염 전파 속도가 상승하기 때문이다.
③ 공연비가 이론 공연비에 근접하기 때문이다.
④ 점화 시기가 빨라지기 때문이다.

해설 가솔린 기관 고속 회전에서 토크가 낮아지는 원인은 체적 효율이 낮아지기 때문이다.

219 **가솔린 자동차의 배기관에서 배출되는 배기가스와 공연비와의 관계를 잘못 설명한 것은?**

① CO는 혼합기가 희박할수록 적게 배출된다.
② HC는 혼합기가 농후할수록 많이 배출된다.
③ NOx는 이론 공연비 부근에서 최소로 배출된다.
④ CO_2는 혼합기가 노후할수록 적게 배출된다.

해설 가솔린 기관의 이론 공연비는 14.7 : 1이며, NOx는 이론 공연비 부근에서 최대로 배출된다. 또한, CO, HC는 혼합기가 농후할수록 많이 배출된다.

220 **다음 중 기관에 윤활유를 급유하는 목적과 관계없는 것은?**

① 연소 촉진 작용 ② 동력 손실 감소
③ 마멸 장비 ④ 냉각 작용

해설 윤활유의 작용
㉠ 감마 작용 : 마찰을 감소시켜 동력의 손실을 최소화한다.
㉡ 냉각 작용 : 마찰로 인한 열을 흡수하여 냉각시킨다.
㉢ 밀봉 작용 : 유막(오일막)을 형성하여 기밀을 유지한다.
㉣ 세척 작용 : 먼지 및 카본 등의 불순물을 흡수하여 오일을 세척한다.
㉤ 방청 작용 : 부식과 침식을 예방한다.
㉥ 응력 분산 작용 : 충격을 분산시켜 응력을 최소화한다.

221 **다음 중 전자 제어 엔진에서 연료 분사 피드백(feed back)에 가장 필요한 센서는?**

① 대기압 센서 ② 스로틀 포지션 센서
③ 차속 센서 ④ 산소(O_2) 센서

해설 산소 센서는 대기 중 산소 농도와 배기가스 중 산소 농도 차이에 의해 전압값이 발생되는 원리를 이용한 센서이다.

※ 센서의 역할
㉠ 크랭크 포지션 센서 : 기관의 회전 속도와 크랭크축의 위치를 검출하며, 연료 분사 순서와 분사 시기 및 기본 점화 시기에 영향을 주며, 고장이 나면 기관이 정지된다.
㉡ 스로틀 포지션 센서 : 스로틀 밸브의 개도를 검출하여 엔진 운전 모드를 판정하여 가속과 감속 상태에 따른 연료 분사량을 보정한다.
㉢ 맵 센서 : 흡입 공기량을 매니 홀드의 유입된 공기 압력을 통해 간접적으로 측정하여 ECU에서 계산한다.
㉣ 노크 센서 : 엔진의 노킹을 감지하여 이를 전압으로 변환해서 ECU로 보내 이 신호를 근거로 점화 시기를 변화시킨다.
㉤ 흡기온 센서 : 흡입 공기 온도를 검출하는 일종의 저항기(부특성(NTC) 서미스터)로, 연료 분사량을 보정한다.
㉥ 대기압 센서 : 외부의 대기압을 측정하여 연료 분사량 및 점화 시기를 보정한다.
㉦ 공기량 센서 : 흡입 관로에 설치되며 공기량을 계측하여 기본 연료 분사 시간과 점화 시기를 결정한다.
㉧ 수온 센서 : 냉각수 온도를 측정, 냉간 시 점화 시기 및 연료 분사량 제어를 한다.

ANSWER 217 ② 218 ① 219 ③ 220 ① 221 ④

222 공기 청정기가 막혔을 때 배기가스 색으로 가장 알맞은 것은?

① 무색 ② 백색
③ 흑색 ④ 청색

해설 공기 청정기가 막히면 실린더로 공급되는 공기가 부족하여 배기가스 색깔이 흑색이며, 엔진 출력이 저하된다.

223 피스톤 링의 3대 작용으로 틀린 것은?

① 와류 작용 ② 기밀 작용
③ 오일 제어 작용 ④ 열전도 작용

해설 피스톤 링의 3대 작용
㉠ 기밀 유지(밀봉 작용) 작용
㉡ 오일 제어 작용
㉢ 열전도 작용(냉각 작용)

224 연료 탱크 내장형 연료 펌프(어셈블리)의 구성 부품에 해당되지 않는 것은?

① 체크 밸브 ② 릴리프 밸브
③ DC 모터 ④ 포토 다이오드

해설 연료 펌프는 DC 모터를 사용하며, 연료 라인의 압력이 규정 압력 이상으로 상승하는 것을 방지하는 릴리프 밸브, 연료 펌프에서 연료 압송이 정지될 때 닫혀 연료 라인 내에 잔압을 유지시켜 고온일 때 베이퍼 록 방지 및 재시동성을 향상시키는 체크 밸브로 구성된다.

225 이소옥탄 60 [%], 정헵탄 40 [%]의 표준 연료를 사용했을 때 옥탄가 [%]는 얼마인가?

① 40 ② 50
③ 60 ④ 70

해설 옥탄가(옥테인가)
㉠ 휘발유의 고급 정도를 재는 수치로, 가솔린 기관 노킹을 억제하는 정도를 수치로 표시한 것이며, 이소옥탄의 옥탄가를 100, 노멀헵탄의 옥탄가를 0으로 정한 후 표준 연료(이소옥탄과 노멀헵탄의 혼합물)에 함유된 이소옥탄의 부피를 [%]로 표시한다.
㉡ 옥탄가가 높을수록 안티노크성이 높은 것을 의미한다.

$$옥탄가 = \frac{이소옥탄}{이소옥탄 + 노멀헵탄} \times 100[\%]$$
$$= \frac{60}{60+40} \times 100 = 0[\%]$$

226 **전자 제어 차량의 흡입 공기량 계측 방법으로 매스 폴로(mass flow) 방식과 스피드 덴시티(speed density) 방식이 있는데 매스 폴로 방식이 아닌 것은?**

① 맵 센서식(MAP sensor type)
② 핫 필름식(hot film type)
③ 베인식(vane type)
④ 칼만 와류식(Kalman voltax type)

해설 흡입 공기량 계측 방식에 의한 분류

㉠ 스피드 덴시티 방식(속도 밀도 방식) : 흡기 다기관 내의 절대 압력(대기 압력+진공 압력), 스로틀 밸브의 열림 정도, 기관의 회전 속도로부터 흡입 공기량을 간접 계측하는 방식이며 D-Jetronic이 여기에 속한다. 흡기 다기관 내의 압력 측정은 피에조(Piezo) 반도체 소자를 이용한 MAP 센서를 사용한다.

㉡ 매스 폴로 방식(질량 유량 방식) : 공기 유량 센서가 직접 흡입 공기량을 계측하고 이것을 전기적 신호로 변화시켜 ECU로 보내 연료 분사량을 결정하는 방식이다. 공기 유량 센서의 종류에는 베인 방식, 칼만 와류 방식, 열선 방식, 열막 방식 등이 있다.

227 **엔진 실린더 내부에서 실제로 발생한 마력으로 혼합기가 연소 시 발생하는 폭발 압력을 측정한 마력은?**

① 지시 마력　　② 경제 마력
③ 정미 마력　　④ 정격 마력

해설 기관의 마력

㉠ 경제 마력 : 연료 효율이 가장 좋은 상태일 때 기관에서 발생하는 마력이다.

㉡ 정미 마력(제동 마력) : 기관의 크랭크축에서 측정한 마력이며 지시 마력에서 기관 내부의 마찰 등 손실 마력을 뺀 것으로 기관이 실제로 외부에 출력하는 마력이다. 주로 내연 기관의 마력을 표시하는 데 이용한다.

㉢ 지시 마력(도시 마력) : 실린더 내부에서 실제로 발생한 마력으로, 혼합기가 연소할 때 발생하는 폭발 압력을 측정한 마력이다.

㉣ 정격 마력 : 정해진 운전 조건에서 정해진 일정 시간의 운전을 보증하는 마력, 또는 정해진 운전 조건에서 정격 회전수로 일정 시간 내 연속하여 운전할 수 있는 출력이다.

ANSWER / 222 ③ 223 ① 224 ④ 225 ③ 226 ① 227 ①

228 **연소란 연료의 산화 반응을 말하는데 연소에 영향을 주는 요소 중 가장 거리가 먼 것은?**

① 배기 유동과 난류　　② 공연비
③ 연소 온도와 압력　　④ 연소실 형상

해설 연소에 영향을 주는 요소에는 공연비, 연소 온도와 압력, 연소실 형상, 압축비 등이 있다. 배기 유동과 난류는 연소 후에 일어나는 반응이므로 관계없다.

229 **실린더 지름이 100 [mm]의 정방형 엔진의 행정 체적 [cm³]은 약 얼마인가?**

① 600　　② 785
③ 1,200　　④ 1,490

해설 행정 체적(배기량) $V = \frac{\pi}{4} \times D^2 \times L$

$= \frac{3.14}{4} \times 10^2 \times 10 = 785\,[cm^3]$

여기서, L : 행정 [cm]
D : 내경 [cm]

230 **연료의 저위 발열량 10,500 [kacl/kg$_f$], 제동 마력 93 [PS], 제동 열효율 31 [%]인 기관의 시간당 연료 소비량 [kg$_f$/h]은?**

① 약 18.07　　② 약 17.07
③ 약 16.07　　④ 약 5.53

해설 제동 열효율(η) $= \frac{632.3 \times PS}{CW}$

∴ 시간당 연료 소비량(W) $= \frac{632.3 \times PS}{C \times n_b}$

$= \frac{632.3 \times 93}{10{,}500 \times 0.31}$

$= 18.07\,[kg_g/h]$

여기서, C : 연료의 저위 발열량 [kcal/kg$_f$]
W : 연료 소비량 [kg$_f$]
PS : 마력(1[PS] = 632.3kcal/h)

231 **엔진의 출력을 일정하게 하였을 때 가속 성능을 향상시키기 위한 것이 아닌 것은?**

① 여유 구동력을 크게 한다. ② 자동차의 총중량을 크게 한다.
③ 종감속비를 크게 한다. ④ 주행 저항을 작게 한다.

해설 가속 성능 향상 방법
㉠ 여유 구동력을 크게 한다.
㉡ 자동차의 총중량을 작게 한다.
㉢ 종감속비를 크게 한다.
㉣ 주행 저항을 작게 한다.

232 **전자 제어 연료 장치에서 기관이 정지 후 연료 압력이 급격히 저하되는 원인 중 가장 알맞은 것은?**

① 연료 필터가 막혔을 때
② 연료 펌프의 체크 밸브가 불량할 때
③ 연료의 리턴 파이프가 막혔을 때
④ 연료 펌프의 릴리프 밸브가 불량할 때

해설 체크 밸브 불량 시 잔압이 형성되지 않아 기관 정지 후 연료 압력이 급격히 저하된다. 연료 펌프는 DC 모터를 사용하며, 연료 라인의 압력이 규정 압력 이상으로 상승하는 것을 방지하는 릴리프 밸브, 연료 펌프에서 연료 압송이 정지될 때 닫혀 연료 라인 내에 잔압을 유지시켜 고온일 때 베이퍼록 방지 및 재시동성을 향상시키는 체크 밸브로 구성된다.

233 **디젤 기관에서 연료 분사의 3대 요인과 관계가 없는 것은?**

① 무화 ② 분포
③ 디젤 저수 ④ 관통력

해설 디젤 기관 연료 분사의 3대 조건 : 무화(안개처럼 얇게 퍼지는 무화), 분포(연소실 전체에 분포), 관통력(연소실 끝까지 분포될 수 있는 관통력)

234 **윤활유 특성에서 요구되는 사항으로 틀린 것은?**

① 점도 지수가 적당할 것 ② 산화 안정성이 좋을 것
③ 발화점이 낮을 것 ④ 기포 발생이 적을 것

ANSWER 228 ① 229 ② 230 ① 231 ② 232 ② 233 ③ 234 ③

해설 윤활유의 구비 조건
㉠ 응고점이 낮을 것
㉡ 비중과 점도가 적당할 것
㉢ 열과 산에 대하여 안정성이 있을 것
㉣ 카본 생성에 대해 저항력이 클 것
㉤ 인화점과 발화점이 높을 것
㉥ 기포 발생이 적을 것

235 활성탄 캐니스터(charcoal canister)는 무엇을 제어하기 위해 설치하는가?

① CO_2 증발 가스
② HC 증발 가스
③ NOx 증발 가스
④ CO 증발 가스

해설 캐니스터는 연료 증발 가스인 탄화수소(HC)를 포집하였다가 기관이 정상 온도가 되면 PCSV (Purge Control Solenoid Valve)를 통해 흡입 계통으로 보내어 연소되도록 한다.

236 피에조(piezo) 저항을 이용한 센서는?

① 차속 센서
② 매니폴드 압력 센서
③ 수온 센서
④ 크랭크 각 센서

해설 피에조는 힘 또는 압력을 받으면 기전력이 발생하는 반도체로, 흡기다기관 내의 압력측정은 피에조(piezo)반도체 소자를 이용한 MAP센서를 사용하여 흡입공기량을 간접 계측한다.

237 단위 환산으로 맞는 것은?

① 1[mile]=2[km]
② 1[lb]=1.55[kgf]
③ 1[kgf · m]=1.42[ft · lbf]
④ 9.81[N · m]=9.81[J]

해설 ① 1[mile] ≒ 1.609[km]
② 1[lb] ≒ 0.4536[kgf]
③ 1[kgf · m] = 0.4536[lb]×3.281[ft] ≒ 1.489[lb · ft]
④ 1[N · m] = 1[J]

238 CO, HC, CO_2 가스를 CO_2, H_2O, N_2 등으로 화학적 반응을 일으키는 장치는?

① 캐니스터
② 삼원 촉매 장치
③ EGR 장치
④ PCV(Positive Crankcase Ventilation)

해설 삼원 촉매 산화 및 환원
㉠ 일산화탄소 $CO=CO_2$
㉡ 탄화수소 $HC=H_2O$
㉢ 질소산화물 $NOx=N_2$

239 자동차용 기관의 연료가 갖추어야 할 특성이 아닌 것은?

① 단위 중량 또는 단위 체적당의 발열량이 클 것
② 상온에서 기화가 용이할 것
③ 점도가 클 것
④ 저장 및 취급이 용이할 것

해설 자동차용 기관의 연료 조건
㉠ 단위 중량 또는 단위 체적당 발열량이 클 것
㉡ 부식성이 적을 것
㉢ 점도가 적당할 것(점도가 클 것)
㉣ 저장 및 취급이 용이할 것
㉤ 연소 화합물이 남지 않을 것
㉥ 연소가 용이할 것

240 4행정 6실린더 기관의 제3번 실린더 흡기 및 배기 밸브가 모두 열려 있을 경우 크랭크 축을 회전방향으로 120° 회전시켰다면 압축 상사점에 가장 가까운 상태에 있는 실린더는? (단, 점화순서는 1-5-3-6-2-4)

① 1번 실린더
② 2번 실린더
③ 4번 실린더
④ 6번 실린더

해설 제3번 실린더 흡기 및 배기 밸브가 모두 열려 있을 경우는 배기 말에 해당되고 이때 크랭크 축을 회전 방향(시계 방향)으로 120° 회전시켰다면 압축 상사점에 가장 가까운 상태, 즉 압축 초에 해당하는 실린더는 1번 실린더이다.

ANSWER / 235 ② 236 ② 237 ④ 238 ② 239 ③ 240 ①

241 전동식 냉각 팬의 장점 중 거리가 가장 먼 것은?

① 서행 또는 정차 시 냉각 성능 향상
② 정상 온도 도달 시간 단축
③ 기관 최고 출력 향상
④ 작동 온도가 항상 균일하게 유지

해설 전동식 냉각 팬의 특징
㉠ 서행 또는 정차 시 냉각 성능이 향상된다.
㉡ 기관 정상 작동 온도에 도달하는 시간이 단축된다.
㉢ 작동 온도가 항상 균일하게 유지된다.
㉣ 기관이 정상 작동 온도를 유지할수록 기관의 출력이 향상된다.

242 다음 중 지르코니아 산소 센서에 대한 설명으로 맞는 것은?

① 공연비를 피드백 제어하기 위해 사용
② 정상 온도 도달 시간 단축
③ 기관 최고 출력 향상
④ 작동 온도가 항상 균일하게 유지

해설 지르코니아 산소 센서는 배기 연소 가스 중 산소 농도를 기전력 변화로 검출하여 공연비를 피드백 제어하기 위해 사용한다.

243 다음 중 크랭크 축이 회전 중 받은 힘의 종류가 아닌 것은?

① 휨(bending)
② 비틀림(torsion)
③ 관통(penetration)
④ 전단(shearing)

해설 크랭크 축은 폭발 행정에서 발생하는 압력에 의해 휨, 비틀림, 전단력을 받는다.

244 10[m/s]의 속도는 몇 [km/h]인가?

① 3.6
② 36
③ 1/3.6
④ 1/36

해설 10[m/s]×3.6=36[km/h]

245 실린더의 형식에 따른 기관의 분류에 속하지 않는 것은?

① 수평형 엔진 ② 직렬형 엔진
③ V형 엔진 ④ T형 엔진

해설 실린더 형식에 따른 기관의 분류는 수평형, 직렬형, V형, 경사형, 성형 엔진이 있고, T형 엔진은 밸브 설치 위치에 의한 분류이다.

246 연소실 체적이 40[cc]이고, 압축비가 9 : 1인 기관의 행정 체적[cc]은?

① 280 ② 300
③ 320 ④ 360

해설

$$\text{압축비} = 1 + \frac{\text{행정 체적(배기량)}}{\text{연소실 체적}}$$

$$9 = 1 + \frac{\text{행정 체적(배기량)}}{40} = 320[\text{cc}]$$

247 가솔린 기관과 비교할 때 디젤 기관의 장점이 아닌 것은?

① 부분 부하 영역에서 연료 소비율이 낮다.
② 넓은 회전 속도 범위에 걸쳐 회전 토크가 크다.
③ 질소산화물과 매연이 조금 배출된다.
④ 열효율이 높다.

해설

장점	단점
㉠ 열효율이 높고 연료 소비율이 작다. ㉡ 경유를 사용하므로 화재의 위험성이 작다. ㉢ 대형 기관 제작이 가능하다. ㉣ 경부하 시 효율이 그다지 나쁘지 않다. ㉤ 전기 점화 장치가 없어 고장률이 작다. ㉥ 유독성 배기가스가 적다.	㉠ 연소 압력이 높아 각 부의 구조가 튼튼해야 한다. ㉡ 운전 중 진동 및 소음이 크다. ㉢ 마력당 중량이 무겁다. ㉣ 회전 속도의 범위가 좁다. ㉤ 압축비가 높아 기동 전동기의 출력이 커야 한다. ㉥ 제작비가 비싸다.

ANSWER 241 ③ 242 ① 243 ③ 244 ② 245 ④ 246 ③ 247 ③

248 각 실린더의 분사량을 측정하였더니 최대 분사량이 66[cc]이고, 최소 분사량이 58[cc]이였다. 이때의 평균 분사량이 60[cc]이면 분사량의 '+불균형률'은 얼마인가?

① 5[%] ② 10[%]
③ 15[%] ④ 20[%]

해설 $(+)\text{불균형율} = \dfrac{\text{최대 분사량} - \text{평균 분사량}}{\text{평균 분사량}} \times 100[\%]$

$= \dfrac{66 - 60}{60} \times 100[\%] = 10[\%]$

249 가솔린 차량의 배출가스 중 NOx의 배출을 감소시키기 위한 방법으로 적당한 것은?

① 캐니스터 설치 ② EGR 장치 채택
③ DPT 시스템 채택 ④ 간접 연료 분사 방식 채택

해설 배기가스 재순환 장치(EGR)

㉠ 배기가스 재순환 장치(EGR)는 배기가스의 일부를 배기 계통에서 흡기 계통으로 재순환시켜 연소실의 최고 온도를 낮추어 질소산화물(NOx) 생성을 억제시키는 역할을 한다.
㉡ EGR 파이프, EGR 밸브, 서모 밸브로 구성된다.
㉢ 연소된 가스가 흡입되므로 엔진 출력이 저하된다.
㉣ 엔진의 냉각수 온도가 낮을 때는 작동하지 않는다.
※ EGR률 : 실린더가 흡입한 공기량 중 EGR을 통해 유입된 배기가스량과의 비율이다.

$\text{EGR률} = \dfrac{\text{EGR 가스량}}{\text{흡입 공기량} + \text{EGR 가스량}} \times 100[\%]$

250 가솔린 기관의 노킹(knocking)을 방지하기 위한 방법이 아닌 것은?

① 화염 전파 속도를 빠르게 한다.
② 냉각수 온도를 낮춘다.
③ 옥탄가가 높은 연료를 사용한다.
④ 간접 연료 분사 방식을 채택한다.

해설 가솔린 기관의 노킹 방지책

㉠ 화염 전파 거리를 짧게 한다.
㉡ 화염 전파 속도를 빠르게 한다.
㉢ 고옥탄가 연료를 사용한다.
㉣ 실린더 벽의 온도를 낮춘다.
㉤ 점화 시기를 지각(지연)시킨다.

ⓑ 흡입 공기 온도와 압력을 낮춘다.
ⓢ 연소실 압축비를 낮춘다.
ⓞ 연소실 내의 퇴적 카본을 제거한다.
ⓙ 동일한 압축비에서 혼합 가스의 온도를 낮추는 연소실 형상을 사용한다.

251 기계식 연료 분사 장치에 비해 전자식 연료 분사 장치의 특징 중 거리가 먼 것은?

① 관성 질량이 커서 응답성이 향상된다.
② 연료 소비율이 감소한다.
③ 배기가스 유해 물질 배출이 감소된다.
④ 구조가 복잡하고, 값이 비싸다.

해설 가솔린 분사 장치의 특성
㉠ 고출력 및 혼합비 제어에 유리하다.
㉡ 부하 변동에 따라 신속하게 응답한다.
㉢ 냉간 시동성이 좋다.
㉣ 연료 소비율이 낮다.
㉤ 적절한 혼합비 공급으로 유해 배출 가스가 감소된다.
㉥ 엔진의 효율이 향상된다.
㉦ 구조가 복잡하고, 값이 비싸다.

252 내연 기관 밸브 장치에서 밸브 스프링의 점검과 관계없는 것은?

① 스프링 장력　② 자유 높이
③ 직각도　④ 코일의 권수

해설 밸브 스프링의 점검 요소
㉠ 스프링 장력 : 규정값의 15[%] 이상 감소 시 교환
㉡ 자유높이 : 규정값의 3[%] 이상 감소되면 교환
㉢ 직각도 : 자유 높이 100[mm]에 대해 3[mm] 이상 변형 시 교환

ANSWER / 248 ② 249 ② 250 ④ 251 ① 252 ④

253 **가솔린 연료 분사 기관에서 인젝터(-) 단자에서 측정한 인젝터 분사 파형은 파워트랜지스터가 OFF되는 순간 솔레노이드 코일에 급격하게 전류가 차단되기 때문에 큰 역기전력이 발생하게 되는데 이것을 무엇이라 하는가?**

① 평균 전압 ② 전압 강하의 불량
③ 서지 전압 ④ 최소 전압

해설 인젝터(–) 단자에서 측정한 인젝터 분사파형은 파워트랜지스터가 OFF되는 순간 솔레노이드 코일에 급격하게 전류가 차단되기 때문에 큰 역기전력이 발생하게 되는 것을 서지 전압이라 하며 보통 60 ~ 90[V]의 전압이 발생한다.

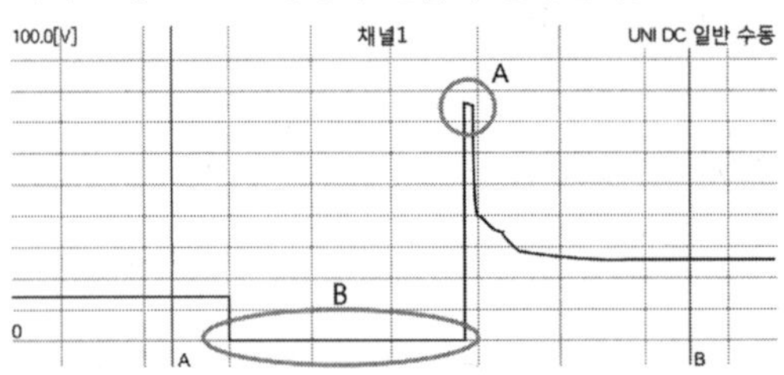

A : 서지 전압(60 ~ 80[V])
B : 인젝터 연료 분사 시간(2 ~ 3[ms])

254 **캠축의 구동 방식이 아닌 것은?**

① 기어형 ② 체인형
③ 포핏형 ④ 벨트형

해설 크랭크가 회전하면 캠축도 같이 회전하게 되는데 구동 방식은 타이밍 벨트, 체인, 기어 방식이 있다.

255 **연료 분사 펌프의 토출량과 플런저의 행정은 어떠한 관계가 있는가?**

① 토출량은 플런저의 유효 행정에 정비례한다.
② 토출량은 예비 행정에 비례하여 증가한다.
③ 토출량은 플런저의 유효 행정에 반비례한다.
④ 토출량은 플런저의 유효 행정과 전혀 관계가 없다.

해설 플런저 유효 행정이 크면 연료 분사량이 많아지고, 작아지면 분사량이 작아지므로, 즉 플런저 유효 행정과 연료 분사량은 정비례한다.

256 산소 센서(O_2 sensor)가 피드백(feedback) 제어를 할 경우로 가장 적합한 것은?

① 연료를 차단할 때
② 급가속 상태일 때
③ 감속 상태일 때
④ 대기와 배기가스 중의 산소 농도 차이가 있을 때

해설 산소 센서는 기관을 이론 공연비로 제어하기 위한 센서로, 배기관 중간에 설치되어 대기 중 산소와 배기가스 중의 산소 농도차에 따라 전압이 발생되는 것이다. ECU는 이 신호를 이용하여 연료 분사량을 피드백 제어한다.

257 가솔린 기관에서 노킹(knocking) 발생 시 억제하는 방법은?

① 혼합비를 희박하게 한다.
② 점화 시기를 지각시킨다.
③ 옥탄가가 낮은 연료를 사용한다.
④ 화염 전파 속도를 느리게 한다.

해설 가솔린 기관 노킹 방지책
㉠ 흡입 공기 온도와 연소실 온도를 낮게 한다.
㉡ 혼합 가스의 와류를 좋게 한다.
㉢ 옥탄가가 높은 연료를 사용한다.
㉣ 기관의 부하를 작게 한다.
㉤ 퇴적된 카본을 제거한다.
㉥ 점화 시기를 지각시킨다.
㉦ 화염 전파 거리를 짧게 한다.

258 표준 대기압의 표기로 옳은 것은?

① 735[mmHg]
② 0.85[kgf/cm^2]
③ 101.3[kPa]
④ 10[bar]

해설 1[atm]
=760[mmHg]
=1.033[kgf/cm^2]
=1,013[mbar]
=1.013
=101.3[kPa]

ANSWER / 253 ③ 254 ③ 255 ① 256 ④ 257 ② 258 ③

259 **배출 가스 저감 장치 중 삼원촉매(catalytic convertor) 장치를 사용하여 저감시킬 수 있는 유해 가스의 종류는?**

① CO, HC, 흑연
② CO, NO*x*, 흑연
③ NO*x*, HC, SO
④ CO, HC, NO*x*

해설 자동차에서 배출되는 대표적 유해 가스는 일산화탄소(CO), 탄화수소(HC), 질소산화물(NO*x*)이다.

※ 삼원 촉매 산화 및 환원
㉠ 일산화탄소 $CO = CO_2$
㉡ 탄화수소 $HC = H_2O$
㉢ 질소산화물 $NOx = N_2$

260 **인젝터 분사량을 제어하는 방법으로 맞는 것은?**

① 솔레노이드 코일에 흐르는 전류의 통전 시간으로 조절한다.
② 솔레노이드 코일에 흐르는 전압의 시간으로 조절한다.
③ 연료 압력의 변화를 주면서 조절한다.
④ 분사구의 면적으로 조절한다.

해설 연료는 일정 압력을 유지하며, 인젝터가 개방되면 연료는 분사되게 된다. 즉, 인젝터 연료 분사량은 솔레노이드 코일에 흐르는 전류의 통전 시간으로 제어된다.

261 **측압이 가해지지 않은 스커트 부분을 따낸 것으로, 무게를 늘리지 않고 접촉 면적은 크게 하며 피스톤 슬랩(slep)은 적게 하여 고속 기관에 널리 사용하는 피스톤의 종류는?**

① 슬립퍼 피스톤(slipper piston)
② 솔리드 피스톤(solid piston)
③ 스플릿 피스톤(split piston)
④ 옵셋 피스톤(offset piston)

해설 슬리퍼 피스톤(slipper piston)은 측압을 받지 않는 스커트 부분을 잘라낸 것으로, 무게를 작게 하면서 접촉 면적은 크게 하고 피스톤 슬랩은 감소시킬 수 있다.

262 **적색 또는 청색 경광등을 설치하여야 하는 자동차가 아닌 것은?**

① 교통 단속에 사용되는 경찰용 자동차
② 범죄 수사를 위하여 사용되는 수사 기관용 자동차

③ 소방용 자동차
④ 구급 자동차

해설 구급차의 경광등은 녹색이다.

263 **자동차 기관에서 윤활 회로 내의 압력이 과도하게 올라가는 것을 방지하는 역할을 하는 것은?**

① 오일 펌프　　② 릴리프 밸브
③ 체크 밸브　　④ 오일 쿨러

해설 밸브의 종류와 역할
㉠ 안전밸브 : 규정 이상의 압력에 달하면 작동하여 배출한다.
㉡ 체크 밸브 : 잔류 압력을 일정하게 유지(잔압 유지)한다.
㉢ 릴리프 밸브 : 안전밸브와 같은 역할을 하며, 압력이 규정 압력에 도달하면 일부 또는 전부를 배출하여 압력을 규정 이하로 유지하는 역할을 하여 내부 압력이 규정 압력 이상으로 올라가지 않도록 한다.

264 **기관의 최고출력이 1.3[PS]이고, 총배기량이 50[cc], 회전수가 5,000[rpm]일 때 리터 마력[PS/L]은 얼마인가?**

① 56　　② 46
③ 36　　④ 26

해설 리터 마력 $= \frac{1.3[PS]}{50[cc]} \times 1,000 = 26[PS/L]$

265 **LPG 기관에서 액상 또는 기상 솔레노이드 밸브의 작동을 결정하기 위한 엔진 ECU의 입력 요소는 무엇인가?**

① 흡기관 부압　　② 냉각수 온도
③ 엔진 회전수　　④ 배터리 전압

해설 LPG 기관의 액 · 기상 솔레노이드 밸브는 냉각수 온도에 따라 기체 또는 액체의 연료를 차단하거나 공급한다.

ANSWER 259 ④ 260 ① 261 ① 262 ④ 263 ② 264 ④ 265 ②

266 **스로틀 밸브가 열려 있는 상태에서 가속할 때 일시적인 가속 지연 현상이 나타나는 것을 무엇이라고 하는가?**

① 스텀블(stumble)　　② 스톨링(stalling)
③ 헤지테이션(hesitation)　　④ 서징(surging)

해설 스로틀 밸브가 열려 있는 상태에서 가속할 때 일시적인 가속 지연 현상이 나타나는 것을 헤지테이션이라 한다.

267 **가솔린 기관의 이론 공연비로 맞는 것은? (단, 희박 연소 기관은 제외)**

① 8 : 1　　② 13.4 : 1
③ 14.7 : 1　　④ 15.6 : 1

해설 가솔린 기관의 가장 이상적인 공연비는 14.7 : 1이다.

268 **가솔린 기관의 연료 펌프에서 체크 밸브의 역할이 아닌 것은?**

① 연료 라인 내의 잔압을 유지한다.
② 기관 고온 시 연료의 베이퍼록을 방지한다.
③ 연료의 맥동을 흡수한다.
④ 연료의 역류를 방지한다.

해설 가솔린 기관의 체크 밸브는 연료펌프 작동 정지 시 연료의 역류를 방지하고, 잔압을 유지하고 고온에 의한 베이퍼록을 방지하며, 재시동성을 향상시킨다.

269 **저속 전부하에서 기관의 노킹(knocking) 방지성을 표시하는 데 가장 적당한 옥탄가 표기법은?**

① 리서치 옥탄가　　② 모터 옥탄가
③ 로드 옥탄가　　④ 프런트 옥탄가

해설 옥탄가 표기 방법
㉠ 리서치 옥탄가 : 저속에서 급가속할 때(전부하 저속)의 기관 안티 노크성을 표시
㉡ 모터 옥탄가 : 고속 전부하, 고속 부분 부하, 저속 부분 부하의 기관 안티 노크성을 표시
㉢ 로드 옥탄가 : 표준 연료를 사용하여 기관을 운전하여 가솔린 안티 노크성을 직접 결정
㉣ 프런트 옥탄가 : 100[℃] 부근에서 증류되는 부분의 리서치 옥탄가를 표시

270 정지하고 있는 질량 2[kg]의 물체에 1[N]의 힘이 작용하면 물체의 가속도[m/s²]는?

① 0.5　　② 1
③ 2　　④ 5

해설 $F=m\times a$의 식을 이용하여 풀 수 있다.

$a=\frac{1}{2}$

$\therefore a=0.5[m/s^2]$

여기서, F : 힘, m : 질량, a : 가속도

271 연소실의 체적이 48 [cc]이고, 압축비가 9 : 1인 기관의 배기량 [cc]은 얼마인가?

① 432　　② 384
③ 336　　④ 288

해설 압축비$(\varepsilon)=\frac{V_s}{V_c}=1+\frac{V}{V_c}$

$V=(\varepsilon-1)\times V_c=(9-1)\times 48=384$[cc]

여기서, V : 배기량[cc]
V_c : 연소실 체적[cc]
V_s : 실린더 체적[cc]

272 크랭크축에서 크랭크 핀저널의 간극이 커졌을 때 일어나는 현상으로 맞는 것은?

① 운전 중 심한 소음이 발생할 수 있다.
② 흑색 연기를 뿜는다.
③ 윤활유 소비량이 많다.
④ 유압이 낮아질 수 있다.

해설 크랭크는 메인 저널과 핀저널이 있으며, 핀저널 간극이 커지면 크랭크축과 저널의 충격이 커져 운전 중 심한 소음이 발생할 수 있다.

ANSWER / 266 ③ 267 ③ 268 ③ 269 ① 270 ① 271 ② 272 ①

273 다음 중 배기가스 재순환 장치(EGR)의 설명으로 틀린 것은?

① 가속 성능의 향상을 위해 급가속 시에는 차단된다.
② 연소 온도가 낮아지게 된다.
③ 질소산화물(NOx)이 증가한다.
④ 탄화수소와 일산화탄소량은 저감되지 않는다.

해설 배기가스 재순환 장치(EGR) : 배기가스의 일부를 배기 계통에서 흡기 계통으로 재순환시켜 연소실의 최고 온도를 낮추어 질소산화물(NOx) 생성을 억제시키는 역할을 한다.
㉠ EGR 파이프, EGR 밸브, 서모 밸브로 구성
㉡ 연소 가스가 흡입되므로 엔진의 출력이 저하된다.
㉢ 엔진의 냉각수 온도가 낮을 때는 작동하지 않는다.
㉣ 가속 성능 향상을 위해 급가속 시에는 차단된다.
※ EGR율이란 실린더가 흡입한 공기량 중 EGR을 통해 유입된 배기 가스량과의 비율이다.

$$\text{EGR율} = \frac{\text{EGR 가스량}}{\text{흡입 공기량} + \text{EGR 가스량}} \times 100[\%]$$

274 크랭크 축 메인 저널 베어링 마모를 점검하는 방법은?

① 필러 게이지(feeler gauge) 방법
② 시임(seam) 방법
③ 직각자 방법
④ 플라스틱 게이지(plastic gauge) 방법

해설 크랭크축 메인 저널 베어링 마모는 오일 간극을 뜻하며, 오일 간극 측정은 마이크로미터를 이용하는 방법, 플라스틱 게이지 방법이 있다. 플라스틱 게이지 방법은 저널과 베어링 사이에 플라스틱 게이지를 넣고 규정 토크로 볼트를 조립 후 플라스틱 게이지가 늘어난 크기를 이용하여 오일 간극을 측정하는 방법이다.

275 기관이 과열되는 원인이 아닌 것은?

① 라디에이터 코어가 막혔다.
② 수온 조절기가 열려 있다.
③ 냉각수의 양이 적다.
④ 물 펌프의 작동이 불량하다.

해설 기관의 과열 원인
㉠ 냉각수 부족
㉡ 냉각팬 불량
㉢ 수온 조절기 작동 불량

㉣ 라디에이터 코어가 20[%] 이상 막힘
㉤ 라디에이터 파손
㉥ 라디에이터 캡 불량
㉦ 워터 펌프의 작동 불량
㉧ 팬벨트 마모 또는 이완
㉨ 냉각수 통로 막힘
※ 수온 조절기가 열려 있으면 기관의 과냉의 원인이 될 수 있다.

276 **냉각수 온도 센서 고장 시 엔진에 미치는 영향으로 틀린 것은?**

① 공회전 상태가 불안정하게 된다.
② 워밍업 시기에 검은 연기가 배출될 수 있다.
③ 배기가스 중에 CO 및 HC가 증가된다.
④ 냉간 시동성이 양호하다.

해설 냉각수온 센서 고장 시 엔진의 영향
㉠ 공회전 상태가 불안정하다.
㉡ 워밍업 시기에 검은 연기가 배출된다.
㉢ 냉각수 온도에 따른 연료 분사량 보정이 불량하다.
㉣ 배기가스 중에 CO, HC 등의 유해가스가 증가한다.
㉤ 냉간 시동성이 불량하다.

277 **디젤 연소실의 구비 조건 중 틀린 것은?**

① 연소 시간이 짧을 것
② 열효율이 높을 것
③ 평균 유효 압력이 낮을 것
④ 디젤 노크가 작을 것

해설 디젤 연소실의 구비 조건
㉠ 열효율이 높을 것
㉡ 디젤 노크가 작을 것
㉢ 연소 시간이 짧을 것
㉣ 분사된 연료를 짧은 시간에 완전 연소시킬 것
㉤ 평균 유효 압력이 높고, 연료 소비율이 작을 것

ANSWER / 273 ③ 274 ④ 275 ② 276 ④ 277 ③

278 **베어링에 작용 하중이 80[kgf] 힘을 받으면서 베어링면의 미끄럼속도가 30[m/s]일 때 손실 마력[PS] 은? (단, 마찰계수=0.2)**

① 4.5　② 6.4
③ 7.3　④ 8.2

해설

$$F_{PS} = \frac{W \times s \times \mu}{75}$$

$$= \frac{80 \times 30 \times 0.2}{75} = 6.4[PS]$$

여기서, F_{PS} : 손실 마력, W : 베어링에 작용하는 하중
s : 미끄럼 속도, μ : 마찰 계수

279 **자동차의 앞면에 안개등을 설치할 경우에 해당되는 기준으로 틀린 것은?**

① 비추는 방향은 앞면 진행 방향을 향하도록 할 것
② 후미등이 점등된 상태에서 전조등과 연동하여 점등 또는 소등할 수 있는 구조일 것
③ 등광색은 백색 또는 황색으로 할 것
④ 등화의 중심점은 차량 중심선을 기준으로 좌우가 대칭되도록 할 것

해설 후미등이 점등된 상태에서는 전조등과 연동하여 점등 또는 소등할 수 없는 구조이어야 한다.

280 **디젤 기관에서 기계식 독립형 연료 분사 펌프의 분사 시기 조정 방법으로 맞는 것은?**

① 거버너의 스프링을 조정
② 랙과 피니언으로 조정
③ 피니언과 슬리브로 조정
④ 펌프와 타이밍 기어의 커플링으로 조정

해설 기계식 독립형 연료 분사 펌프의 분사 시기는 타이밍 라이트를 이용하여 측정하며 분사 시기 조정은 분사펌프를 좌 · 우로 돌려와 타이밍 기어의 커플링으로 조정한다.

281 **4기통인 4행정사이클 기관에서 회전수가 1,800 [rpm], 행정이 75 [mm]인 피스톤의 평균 속도 [m/s] 는?**

① 2.55　② 2.45
③ 2.35　④ 4.5

해설 피스톤 평균 속도 $= \frac{2LN}{60} = \frac{LN}{30}$

$$= \frac{0.075 \times 1800}{30} = 4.5[\mathrm{m/s}]$$

여기서, L : 행정[m]
N : 엔진 회전수[rpm]

282 다음 가솔린 노킹(knocking)의 방지책에 대한 설명 중 잘못된 것은?

① 압축비를 낮게 한다.
② 냉각수의 온도를 낮게 한다.
③ 화염 전파 거리를 짧게 한다.
④ 착화 지연을 짧게 한다.

해설 가솔린 기관의 노킹 방지책
㉠ 화염 전파 거리를 짧게 한다.
㉡ 화염 전파 속도를 빠르게 한다.
㉢ 고옥탄가 연료를 사용한다.
㉣ 실린더 벽의 온도를 낮춘다.
㉤ 점화 시기를 지각(지연)시킨다.
㉥ 흡입 공기 온도와 압력을 낮춘다.
㉦ 연소실 압축비를 낮춘다.
㉧ 연소실 내의 퇴적 카본을 제거한다.
㉨ 동일한 압축비에서 혼합 가스의 온도를 낮추는 연소실 형상을 사용한다.

283 연료의 온도가 상승하여 외부에서 불꽃을 가까이 하지 않아도 자연히 발화되는 최저 온도는?

① 인화점 ② 착화점
③ 발열점 ④ 확산점

해설 연료의 온도가 상승하여 외부에서 불꽃을 가까이 하지 않아도 자연히 발화되는 최저 온도를 착화점이라 한다.

ANSWER / 278 ② 279 ② 280 ④ 281 ④ 282 ④ 283 ②

284 피스톤 간극이 크면 나타나는 현상이 아닌 것은?

① 블로바이가 발생한다. ② 압축 압력이 상승한다.
③ 피스톤 슬랩이 발생한다. ④ 기관의 기동이 어려워진다.

해설 피스톤 간극 : 피스톤의 열팽창을 고려하여 피스톤 간극을 두는 것이다.

㉠ 간극이 클 때
- 블로바이 가스 발생에 의해 압축 압력이 낮아진다.
- 연료 소비량이 증대된다.
- 피스톤 슬랩(slap) 현상이 발생되며 기관 출력이 저하된다.
- 오일 희석 및 카본에 오염된다.

㉡ 간극이 작을 때
- 오일 간극의 저하로 유막이 파괴되어 마찰 마멸이 증대된다.
- 마찰열에 의해 소결(stick)되기 쉽다.

285 점화 순서가 1-3-4-2인 4행정 기관의 3번 실린더가 압축 행정을 할 때 1번 실린더는?

① 흡입 행정 ② 압축 행정
③ 폭발 행정 ④ 배기 행정

해설 다음과 같은 그림을 그리고 행정은 시계 방향, 점화 순서는 시계 반대 방향으로 1-3-4-2순서대로 적어보면 알 수 있다.

[4행정 사이클]

286 기관의 윤활유 유압이 높을 때 원인과 관계없는 것은?

① 베어링과 축의 간격이 클 때
② 유압 조정 밸브 스프링의 장력이 강할 때
③ 오일 파이프의 일부가 막혔을 때
④ 윤활유의 점도가 높을 때

해설 유압이 높아지는 원인

㉠ 유압 조정 밸브(릴리프밸브 – 최대 압력 이상으로 압력이 올라가는 것을 방지) 스프링의 장력이 강할 때

㉡ 윤활 계통의 일부가 막혔을 때
㉢ 윤활유의 점도가 높을 때
㉣ 오일 간극이 작을 때

287 **연소실 체적이 40[cc]이고, 총배기량이 1,280 [cc] 인 4기통 기관의 압축비는?**

① 6 : 1　　② 9 : 1
③ 18 : 1　　④ 33 : 1

해설 행정 체적(배기량) $V=\frac{\pi}{4}\times D^2\times L$

여기서, L : 행정[cm], D : 내경[cm]

∴ 1개 연소실의 배기량$=\frac{1,280}{4}=320$[cc]

$\varepsilon=\frac{V_s+V_c}{V_c}=\frac{40+320}{40}=9$

여기서, ε : 압축비
V_s : 실린더 배기량(행정 체적)
V_c : 연소실 체적

288 **전자 제어 기관의 흡입 공기량 측정에서 출력이 전기 펄스(pulse digital) 신호인 것은?**

① 벤(Vane)식　　② 칼만(Karman) 와류식
③ 핫 와이어(hot wire)식　　④ 맵 센서식(MAP sensor)식

해설 전자 제어 기관의 흡입 공기량 측정에서 출력이 전기 펄스(pulse digital) 신호인 것은 칼만 와류식으로, 초음파를 발생하여 칼만 와류수만큼 밀집되거나 분산되는 디지털 펄스로 측정된다.

289 **실린더 지름이 80[mm]이고 행정이 70[mm]인 엔진의 연소실 체적이 50[cc]인 경우 압축비는?**

① 8　　② 8.5
③ 7　　④ 7.5

ANSWER / 284 ② 285 ③ 286 ① 287 ② 288 ② 289 ①

해설 행정 체적(배기량) $V = \frac{\pi}{4} \times D^2 \times L$

$$= \frac{3.14}{4} \times 82 \times 7$$

$$= 351.68[cc]$$

$$\varepsilon = 1 + \frac{V_s}{V_c} = 1 + \frac{351.68}{50} = 8$$

여기서, ε : 압축비

V_s : 행정 체적(배기량)

V_c : 연소실 체적

290 내연 기관과 비교했을 때 전기 모터의 장점 중 틀린 것은?

① 마찰이 작기 때문에 손실되는 마찰열이 작게 발생한다.

② 후진 기어가 없어도 후진이 가능하다.

③ 평균 효율이 낮다.

④ 소음과 진동이 작다.

해설 전기 모터의 장점

㉠ 마찰이 작기 때문에 손실되는 마찰열이 작게 발생한다.

㉡ 후진 기어가 없어도 후진이 가능하다.

㉢ 소음과 진동이 작다.

㉣ 평균 효율이 높다.

291 디젤 기관의 연료 분사 장치에서 연료의 분사량을 조절하는 것은?

① 연료 여과기 ② 연료 분사 노즐

③ 연료 분사 펌프 ④ 연료 공급 펌프

해설 디젤 기관의 연료 분사량 조절은 분사 펌프에 설치된 조속기로 한다.

※ 조속기(governor) : 엔진의 회전 속도나 부하 변동에 따라 자동적으로 연료 분사량을 조절하는 것으로, 최고 회전 속도를 제어하고 동시에 저속 운전을 안정시키는 일을 한다.

292 부동액 성분의 하나로 비등점이 197.2[℃], 응고점이 −50[℃]인 불연성 포화액인 물질은?

① 에틸렌글리콜 ② 메탄올

③ 글리세린 ④ 변성 알코올

해설 부동액의 주성분은 에틸렌글리콜, 프로필렌으로 구성되어 있다.

※ 에틸렌글리콜의 특징

㉠ 비등점이 197.2[℃], 응고점이 −50[℃]이다.

㉡ 불연성이다.

㉢ 휘발하지 않으며 금속 부식성이 있으며, 팽창 계수가 크다.

293 블로우 다운(blow down) 현상에 대한 설명으로 옳은 것은?

① 밸브와 밸브 시트 사이에서의 가스 누출 현상

② 압축 행정식 피스톤과 실린더 사이에서 공기가 누출되는 현상

③ 피스톤이 상사점 근방에서 흡·배기 밸브가 동시에 열려 배기 잔류 가스를 배출시키는 현상

④ 배기 행정 초기에 배기 밸브가 열려 배기가스 자체의 압력에 의하여 배기가스가 배출되는 현상

해설 블로우 다운(blow down) : 배기 행정 초기에 배기 밸브가 열려 배기가스 자체 압력에 의하여 배기가스가 배출되는 현상이다.

294 LPG 차량에서 연료를 충전하기 위한 고압 용기는 무엇인가?

① 봄베 ② 베이퍼 라이저

③ 슬로우 컷 솔레노이드 ④ 연료 유니온

해설 LPG 차량의 연료 탱크, 즉 LPG 연료를 충전하기 위한 고압 용기를 봄베(bombe)라 한다.

295 가솔린을 완전 연소시키면 발생되는 화합물은?

① 이산화탄소와 아황산 ② 이산화탄소와 물

③ 일산화탄소와 이산화탄소 ④ 일산화탄소와 물

해설 탄소와 수소로 이루어진 가솔린이 완전 연소되면 공기와 반응하여 이산화탄소(CO_2), 물(H_2O)이 발생된다.

ANSWER / 290 ③ 291 ③ 292 ① 293 ④ 294 ① 295 ②

296 흡기 시스템의 동적 효과 특성을 설명한 것 중 ( ) 안에 알맞은 단어는?

> 흡입 행정의 마지막에 흡입 밸브를 닫으면 새로운 공기의 흐름이 갑자기 차단되어 (㉠)가 발생한다. 이 압력파는 음으로 흡기 다기관의 입구를 향해서 진행하고, 입구에서 반사되므로 (㉡)가 되어 흡입 밸브쪽으로 음속으로 되돌아온다.

① ㉠ 간섭파, ㉡ 유도파
② ㉠ 서지파, ㉡ 정압파
③ ㉠ 정압파, ㉡ 부압파
④ ㉠ 부압파, ㉡ 서지파

해설 흡입 밸브가 닫히며 공기의 흐름이 차단되면 정압파가 발생되고, 입구에서 반사된 공기는 부압파가 되어 다시 흡입 밸브로 되돌아오게 된다.

297 가솔린 기관에서 발생되는 질소산화물에 대한 특징을 설명한 것 중 틀린 것은?

① 혼합비가 농후하면 발생 농도가 낮다.
② 점화 시기가 빠르면 발생 농도가 낮다.
③ 혼합비가 일정할 때 흡기 다기관의 부압은 강한 편이 발생 농도가 낮다.
④ 기관의 압축비가 낮은 편이 발생 농도가 낮다.

해설 가솔린 기관의 유해 배기가스는 일산화탄소(CO), 탄화수소(HC), 질소산화물(NO*x*)이며, 질소산화물 (NO*x*)은 질소(N)와 산소(O)의 화합물이며, 일반적으로 고온에서 쉽게 반응하며, 점화 시기가 빠르면 연소 온도가 높아져 발생 농도는 높아진다.

298 가솔린 기관의 연료 펌프에서 연료 라인 내의 압력이 과도하게 상승하는 것을 방지하기 위한 장치는?

① 체크 밸브(check valve)
② 릴리프 밸브(relief valve)
③ 니들 밸브(needle valve)
④ 사일렌서(silencer)

해설 릴리프 밸브와 체크 밸브
㉠ 릴리프 밸브는 연료 라인의 압력이 규정 이상으로 올라가는 것을 방지한다.
㉡ 체크 밸브의 역할 : 역류 방지, 잔압 유지, 베이퍼록 방지, 재시동성 향상

299 디젤 기관에서 열효율이 가장 우수한 형식은?

① 예연소실식
② 와류식
③ 공기실식
④ 직접 분사식

해설 디젤 기관에서 열효율이 가장 우수한 형식은 직접 분사식이다.
※ 직접 분사식의 장점
㉠ 냉각수와 접촉하는 면적이 가장 작아 열효율이 좋다.
㉡ 실린더 헤드의 구조가 간단하다(단실식).
㉢ 연료 소비율이 작다.
㉣ 연소실 체적에 대한 표면적 비율이 작아 냉각손실이 작다.

300 가솔린 기관에서 체적효율을 향상시키기 위한 방법으로 틀린 것은?

① 흡기 온도의 상승을 억제한다.
② 흡기 저항을 감소시킨다.
③ 배기 저항을 감소시킨다.
④ 밸브수를 줄인다.

해설 가솔린 기관의 체적 효율 향상법
㉠ 흡기 온도 상승을 억제한다.
㉡ 흡기 및 배기 저항을 감소시킨다.
㉢ 흡기 밸브를 크게 하거나 수를 많게 한다.

301 크랭크 축 메인 베어링의 오일 간극을 점검 및 측정할 때 필요한 장비가 아닌 것은?

① 마이크로미터　② 시크니스 게이지
③ 실 스톡식　④ 플라스틱 게이지

해설 크랭크 축 메인 베어링 오일 간극 점검 및 측정은 마이크로미터, 심 스톡, 플라스틱 게이지를 사용하여 할 수 있으며, 일반적으로 플라스틱 게이지를 활용한 방법이 가장 많이 사용된다. 시크니스 게이지는 간극을 측정하는 게이지는 맞으나 베어링 간극을 측정할 수는 없다.

302 화물 자동차 및 특수 자동차의 차량 총중량은 몇 톤을 초과해서는 안 되는가?

① 20　② 30
③ 40　④ 50

해설 화물 자동차 및 특수 자동차의 차량 총중량은 40[t]을 초과하여서는 안 된다.

ANSWER / 296 ③ 297 ② 298 ② 299 ④ 300 ④ 301 ② 302 ③

303 **연료 누설 및 파손 방지를 위해 전자 제어 기관의 연료시스템에 설치된 것으로 감압 작용을 하는 것은?**

① 체크 밸브 ② 제트 밸브
③ 릴리프 밸브 ④ 포핏 밸브

해설 릴리프 밸브는 연료 압력이 규정 압력보다 높아지면 작동하는 안전밸브로, 연료 펌프 라인에 고압이 걸릴 경우 연료의 누출 및 파손을 방지하는 역할을 하고, 연료를 다시 탱크로 복귀시키는 역할을 한다.

304 **연소실의 체적이 30[cc]이고, 행적 체적이 180 [cc]이다. 압축비는?**

① 6 : 1 ② 7 : 1
③ 8 : 1 ④ 9 : 1

해설 $\text{압축비} = 1 + \dfrac{\text{행정 체적(배기량)}}{\text{연소실 체적}}$

$= 1 + \dfrac{180}{30} = 7$

305 **전자 제어 연료 분사식 기관의 연료 펌프에서 릴리프 밸브의 작용 압력은 약 몇 [kgf/cm^2] 인가?**

① 0.3 ~ 0.5 ② 1.0 ~ 2.0
③ 3.5 ~ 5.0 ④ 10.0 ~ 11.5

해설 일반적인 전자 제어 연료 분사 기관의 릴리프 밸브 작용 압력은 3.5 ~ 5.0[kgf/cm^2] 정도이다.

306 **가솔린 기관에서 배기가스에 산소량이 많이 잔존한다면 연소실 내의 혼합기는 어떤 상태인가?**

① 농후하다.
② 희박하다.
③ 농후하기도 하고 희박하기도 하다.
④ 이론 공연비 상태이다.

해설 배기가스에 산소량이 많이 잔존하면 연소실 내 혼합기는 희박한 상태이고, 희박과 농후의 기준은 연료를 기준으로 하며, 산소량이 많으면 연료량이 희박한 상태, 산소량이 적으면 연료량이 농후한 상태를 말한다.

307 **평균 유효 압력이 7.5[kgf/cm^2], 행적 체적 200 [cc], 회전수 2,400[rpm]일 때 4행정 4기통 기관의 지시 마력[PS]은?**

① 14 ② 16
③ 18 ④ 20

해설 지시 마력$=\frac{PALRN}{75\times 60}$에서 행정 체적이 주어져 있으므로 지시 마력$=\frac{PVZN}{75\times 60\times 100}$으로 계산할 수 있다.

∴ 지시마력$=\frac{7.5\times 200\times 2400\times 4}{75\times 60\times 100\times 2}=16$[PS]

여기서, P : 지시 평균 유효 압력[kgf/cm^2])
A : 실린더 단면적[cm^2]
L : 피스톤 행정[m]
V : 배기량[cm^3]
Z : 실린더수
N : 엔진 회전수[rpm]
(2행정 기관 : N, 4행정 기관 : $2/N$)

308 **삼원 촉매 장치 설치 차량의 주의 사항 중 잘못된 것은?**

① 주행 중 점화 스위치를 꺼서는 안 된다.
② 잔디, 낙엽 등 가연성 물질 위에 주차시키지 않아야 한다.
③ 엔진의 파워밸런스 측정 시 측정 시간을 최대로 단축해야 한다.
④ 반드시 유연 가솔린을 사용한다.

해설 삼원 촉매 장치 설치 차량은 반드시 무연 가솔린을 사용하여야 한다.

309 **평균 유효 압력이 4[kgf/cm^2], 행정 체적이 300 [cc]인 2행정 사이클 단기통 기관에서 1회의 폭발로 몇 [kgf · m]의 일을 하는가?**

① 6 ② 8
③ 10 ④ 12

해설 일=힘×거리
∴ 일 =압력×체적
=4[kgf/cm^2]×300[cm^3]
=1,200[kgf · cm]
=12[kgf · m]

ANSWER / 303 ③ 304 ② 305 ③ 306 ② 307 ② 308 ④ 309 ④

310 맵 센서 점검 조건에 해당되지 않는 것은?

① 냉각 수온 약 80 ~ 90[℃] 유지
② 각종 램프, 전기 냉각팬, 부장품 모두 ON 상태 유지
③ 트랜스 액슬 중립(A/T 경우 N 또는 P 위치) 유지
④ 스티어링 휠 중립 상태 유지

해설 맵 센서 점검 조건
㉠ 냉각수 온도 약 80 ~ 90[℃]
㉡ 각종 램프, 전기 냉각팬, 부장품 모두 OFF
㉢ 트랜스 액슬 중립(A/T 경우 N 또는 P 위치) 유지
㉣ 스티어링 휠 중립 상태 유지

311 커넥팅 로드 대단부의 배빗 메탈의 주재료는?

① 주석(Sn) ② 안티몬(Sb)
③ 구리(Cu) ④ 납(Pb)

해설 ㉠ 화이트 메탈(white metal ; 배빗 메탈) : 주석(Sn), 납(Pb), 안티몬(Sb), 아연(Zn), 구리(Cu) 등의 백색 합금이며 내부식성이 크고 무르기 때문에 길들임과 매몰성은 좋으나 고온 강도가 낮고 피로 강도, 열전도율이 좋지 않다[주석(80~90[%])+안티몬(3~12[%])+구리(3~7[%])].
㉡ 켈밋 메탈(kelmet metal) : 구리(Cu)와 납(Pb)의 합금이며, 고속 · 고하중을 받는 베어링으로 적합하나 화이트 메탈보다 매몰성이 좋지 않다[구리(60~70[%])+납(30~40[%])].

312 부특성 서미스터를 이용하는 센서는?

① 노크 센서 ② 냉각수 온도 센서
③ MAP 센서 ④ 산소 센서

해설 서미스터는 온도에 따라 저항값이 변하는 반도체 소자로, 온도가 올라갈 때 저항값이 커지면 정특성(PTC) 서미스터이고, 반대로 저항값이 내려가면 부특성(NTC) 서미스터라 한다.
자동차에서 부특성 서미스터(NTC)를 사용하는 센서는 냉각 수온 센서, 흡기온 센서, 유온 센서 등이 있다.

313 연료 파이프나 연료 펌프에서 가솔린이 증발해서 일으키는 현상은?

① 엔진록 ② 연료록
③ 베이퍼록 ④ 앤티록

해설 베이퍼록(vaper lock : 증기 폐쇄)

㉠ 연료 펌프, 연료 파이프, 브레이크 파이프 등에서 어느 한 부분이 열을 받아 액체가 비등하여 내부에서 증기가 발생하는 현상을 말하며, 연료의 유동을 방해하거나 브레이크 작동을 방해하게 된다.

㉡ 에어 빼기 등을 통해 제거할 수 있다.

314 다음 중 내연 기관에 대한 내용으로 맞는 것은?

① 실린더의 이론적 발생 마력을 제동 마력이라 한다.
② 6실린더 엔진의 크랭크 축의 위상각은 90˚이다.
③ 베어링 스프레드는 피스톤 핀 저널에 베어링을 조립 시 밀착되게 끼울 수 있게 한다.
④ 모든 DOHC 엔진의 밸브수는 16개이다.

해설 ㉠ 실린더의 이론적 발생 마력은 지시 마력이라 한다.
㉡ 6실린더 엔진의 크랭크 축 위상각은 120˚이다.
㉢ DOHC 엔진의 밸브수는 실린더수에 따라 다르다.

315 가솔린 기관의 밸브 간극이 규정값 보다 클 때 어떤 현상이 일어나는가?

① 정상 작동 온도에서 밸브가 완전하게 개방되지 않는다.
② 소음이 감소하고 밸브 기구에 충격을 준다.
③ 흡입 밸브 간극이 크면 흡입량이 많아진다.
④ 기관의 체적 효율이 증대된다.

해설 밸브 간극이 크게 되면 밸브를 누르는 거리가 짧아져 밸브가 완전히 개방되지 않는다. 예를 들어, 밸브간극이 정상적일 때 밸브가 들어가는 길이가 10[mm]라고 가정하면, 밸브 간극이 크게 되면 밸브를 눌러도 밸브가 들어가는 길이가 짧아져 밸브가 완전 개방 되지 않아 흡입·배기가 정상적으로 되지 않는다.

316 LPG 기관에서 액체 상태의 연료를 기체 상태의 연료로 전환시키는 장치는?

① 베이퍼라이저 ② 솔레노이드 밸브 유닛
③ 봄베 ④ 믹서

ANSWER / 310 ② 311 ① 312 ② 313 ③ 314 ③ 315 ① 316 ①

해설 베이퍼라이저

㉠ 액체상태의 연료를 기체 상태로 변화시켜주고, 감압, 기화·압력 조절 등의 역할을 한다.
㉡ 봄베에서 공급된 LPG의 압력을 감압하여 기화시키는 작용을 한다.
㉢ 수온 스위치 : 수온이 15[℃] 이하일 때는 기상, 15[℃] 이상일 때는 액상 솔레노이드 밸브 코일에 전류를 흐르게 한다.
㉣ 1차 감압실 : LPG를 감압시켜 기화시키는 역할을 한다.
㉤ 2차 감압실 : 감압된 LPG를 대기압에 가깝게 감압하는 역할을 한다.
㉥ 기동 솔레노이드 밸브 : 한랭 시 1차실에서 2차실로 통하는 별도의 통로를 열어 시동에 필요한 LPG를 확보해주고, 시동 후에는 LPG 공급을 차단하는 일을 한다.
㉦ 부압실 : 시동 정지 시 2차 밸브를 시트에 밀착시켜 LPG 누출을 방지하는 일을 한다.

317 기관이 과열되는 원인으로 가장 거리가 먼 것은?

① 서모스탯이 열림 상태로 고착
② 냉각수 부족
③ 냉각팬 작동 불량
④ 라디에이터의 막힘

해설 기관 과열의 원인

㉠ 냉각수 부족
㉡ 라디에이터 및 코어의 파손
㉢ 수온 조절기가 닫힌 채로 고장남
㉣ 냉각 계통 흐름 불량
㉤ 펌프(워터 펌프) 작동 불량
㉥ 팬 벨트가 헐겁거나 끊어짐
㉦ 냉각팬 작동 불량

318 연료는 온도가 높아지면 외부로부터 불꽃을 가까이 하지 않아도 발화하여 연소된다. 이때의 최저 온도를 무엇이라 하는가?

① 인화점
② 착화점
③ 연소점
④ 응고점

해설 연료가 외부의 불꽃없이 자연 발화되어 연소되는 최저 온도를 착화점이라 한다.

319 다음에서 설명하는 디젤 기관의 연소 과정은?

분사 노즐에서 연료가 분사되어 연소를 일으킬 때까지의 기간이며 이 기간이 길어지면 노크가 발생한다.

① 착화 지연 기간 ② 화염 전파 기간
③ 직접 연소 기간 ④ 후기 연소 기간

해설 분사 노즐에서 연료가 분사되어 연소를 일으킬 때까지의 기간이며, 이 기간이 길어지면 노크가 발생하는 과정은 착화 지연 기간으로 약 1/1,000 ~ 4/1,000[s] 정도의 시간이 소요된다.

320 일반적인 엔진 오일의 양부 판단 방법이다. 틀린 것은?

① 오일의 색깔이 우유색에 가까운 것은 냉각수가 혼입되어 있는 것이다.
② 오일의 색깔이 회색에 가까운 것은 가솔린이 혼입되어 있는 것이다.
③ 종이에 오일을 떨어뜨려 금속 분말이나 카본의 유무를 조사하고 많이 혼입된 것은 교환한다.
④ 오일의 색깔이 검은색에 가까운 것은 장시간 사용했기 때문이다.

해설 오일 색깔에 의한 정비
㉠ 검정 : 심한 오염 또는 과부하 운전
㉡ 붉은색 : 자동 변속기 오일 혼입
㉢ 노란색 : 무연 휘발유 혼입
㉣ 우유색(백색) : 냉각수 혼입

321 피스톤의 평균 속도를 올리지 않고 회전수를 높일 수 있으며, 단위 체적당 출력을 크게 할 수 있는 기관은?

① 장행정 기관 ② 정방형 기관
③ 단행정 기관 ④ 고속형 기관

해설 단행정기관(over square engine)
㉠ 장점
- 행정이 내경보다 작으며 피스톤 평균 속도를 높이지 않고 회전 속도를 높일 수 있어 출력을 크게 할 수 있다.
- 단위 체적당 출력을 크게 할 수 있다.
- 흡 · 배기 밸브의 지름을 크게 할 수 있어 흡입 효율을 증대시킨다.
- 내경에 비해 행정이 작아지므로 기관의 높이를 낮게 할 수 있다.
- 내경이 커서 피스톤이 과열되기 쉽고, 베어링 하중이 증가한다.

ANSWER / 317 ① 318 ② 319 ① 320 ② 321 ③

㉡ 단점
- 피스톤의 과열이 심하고 전 압력이 커서 베어링을 크게 하여야 한다.
- 엔진의 길이가 길어지고 진동이 커진다.

322 **전자 제어 가솔린 기관의 실린더 헤드 볼트를 규정대로 조이지 않았을 때 발생하는 현상으로 거리가 먼 것은?**

① 냉각수의 누출 ② 스로틀 밸브의 고착
③ 실린더 헤드의 변형 ④ 압축 가스의 누설

해설 실린더 헤드 볼트를 규정대로 조이지 않으면 냉각수의 누출, 압축 가스의 누설, 실린더 헤드의 변형 등의 문제가 일어날 수 있다.

323 **LPG기관의 연료장치에서 냉각수의 온도가 낮을 때 시동성을 좋게 하기 위해 작동하는 밸브는?**

① 과류방지밸브 ② 액상밸브
③ 액상밸브 ④ 기상밸브

해설 LPG 솔레노이드밸브 : 기관의 냉각수 수온이 낮을 때는 봄베 내에 기화되어 있는 LPG 연료를 사용하는 것이 시동성이 양호하다. 시동 후에는 양호한 주행성능을 얻기 위해 액체 LPG 공급이 필요하다. 작동은 다음과 같다.
㉠ 엔진 냉각수 온도가 15[℃] 미만일 경우 : 수온스위치 ON → LPG 전자석 릴레이 ON → 기상연료 제어 솔레노이드 → 엔진으로 기상연료 공급
㉡ 엔진 냉각수 온도가 15[℃] 이상일 경우 : 수온스위치 ON → LPG 전자석 릴레이 OFF → 액상연료 제어 솔레노이드 → 엔진으로 액상연료 공급

324 **압력식 라디에이터 캡을 사용하므로 얻어지는 장점과 거리가 먼 것은?**

① 냉각장치 내의 압력을 높일 수 있다.
② 라디에이터의 무게를 크게 할 수 있다.
③ 비등점을 올려 냉각 효율을 높일 수 있다.
④ 라디에이터를 소형화 할 수 있다.

해설 압력식 라디에이터 캡
- 냉각 계통의 순환 압력을 대기압보다 0.3 ~ 0.4 [kg/cm^2] 상승시킨다.
- 냉각수의 비등점을 112[℃]로 높인다.

- 일반적인 게이지 압력 : 0.2(0.3) ~ 0.9[kg/cm^2]
- 라디에이터의 냉각 효율을 크게 하여 그 범위를 넓게 하기 위한 것이다.
- 라디에이터 내부압력 상승시 냉각수는 보조 탱크로 배출되고 내부압력 감소시 냉각수는 보조 탱크에서 흡입된다.

325 **공기량 계측방식 중에서 발열체와 공기 사이의 열전달 현상을 이용한 방식은?**

① 베인식 체적유량 계량방식 ② 열선식 질량유량 계량방식
③ 맵 센서방식 ④ 칼만와류 방식

해설 핫 와이어(열선)식과 핫 필름 방식(질량 유량 방식) : 공기의 질량 유량을 계량하는 방식으로 열선식은 흡기다기관 전에 열선(백금선)을 설치하여 흡입공기량이 작으면 열선이 열을 조금 빼앗겨 흐르는 전류가 낮고 흡입공기량이 많으면 열선이 열을 많이 빼앗겨 전류가 많이 흐르게 되는 직접 계측방식에 많이 사용된다.

326 **가솔린 전자제어 기관에서 축전지 전압이 낮아졌을 때 연료 분사량을 보정하기 위한 방법은?**

① 공연비를 낮춘다. ② 분사시간을 증가시킨다.
③ 기관의 회전속도를 낮춘다. ④ 점화시기를 지각시킨다.

해설 가솔린 전자제어 기관에서 축전지 전압이 낮으면 무효 분사시간이 길어져 분사시간을 증가시켜 연료 분사량을 증가시킨다.

327 **가솔린 기관의 흡기 다기관과 스로틀 보디사이에 설치되어 있는 서지탱크의 역할 중 맞지 않는 것은?**

① 배기가스 흐름 제어
② 흡입공기 충진 효율을 증대
③ 실린더 상호간에 흡입공기 간섭 방지
④ 연소실에 균일한 공기 공급

해설 서지탱크 : 에어클리너를 통하여 흡입된 공기를 저장하여 각 실린더에 공급하는 공기탱크로 흡입 행정시 발생하는 공기의 맥동을 방지하여 각 실린더마다 흡입되는 공기량의 분배를 일정하게 유지한다.

ANSWER / 322 ② 323 ④ 324 ② 325 ② 326 ② 327 ①

328 **배기밸브가 하사점 전 55°에서 열려 상사점 후 15°에서 닫힐 때의 총 열림각은?**

① 250°　　② 260°
③ 265°　　④ 270°

해설 배기밸브 총 열림각
= 배기밸브 열림각도 + 180° + 배기밸브 닫힘각도
= 55° + 180° + 15° = 250°

329 **디젤기관의 연소실 형식으로 틀린 것은?**

① 와류식　　② 직접분사식
③ 열효율식　　④ 예연소실식

해설
- 디젤기관 연소실
  ㉠ 단실식 : 직접분사실식
  ㉡ 복실식 : 예연소실식, 와류실식, 공기실식
- 디젤기관 연소실의 구비조건
  ㉠ 연소시간이 짧을 것
  ㉡ 열효율이 높을 것
  ㉢ 평균유효 압력이 높을 것
  ㉣ 노크 발생이 적을 것

330 **행정의 길이가 250[mm]인 가솔린 기관에서 피스톤의 평균속도가 5[m/s]라면 크랭크축의 1분간 회전수[rpm]는 약 얼마인가?**

① 400　　② 500
③ 600　　④ 700

해설 피스톤 평균속도(V) : $= \frac{2 \times L \times N}{60} = \frac{L \times N}{30}$ [m/s]

L : 피스톤 행정[m], N : 기관의 회전수[rpm]

기관의 회전수는 1분간의 회전수(rpm)이고 피스톤 평균속도는 초속(m/sec)이므로 60으로 나누며, 크랭크 축 1회전(1rpm)에 피스톤은 2회의 왕복운동을 한다.

엔진회전수(N)

$= \frac{30 \times V}{L} = \frac{30 \times 5}{0.25} = \frac{150}{0.25} = 600$ [rpm]

331 피스톤링의 주요 기능이 아닌 것은?

① 감마작용 ② 열전도 작용
③ 기밀작용 ④ 오일제어 작용

해설 피스톤 링의 3대 작용
㉠ 기밀유지 작용 : 실린더 내의 압축가스 누출 방지 작용, 밀봉작용
㉡ 열전도 작용 : 냉각작용
㉢ 오일제어 작용 : 실린더 벽의 오일을 긁어내려 연소실 내의 오일 유입방지 및 실린더벽 윤활작용)

332 전자제어 연료분사 가솔린 기관에서 연료펌프의 체크 밸브는 언제 닫히게 되는가?

① 연료 분사 시 ② 기관 회전 시
③ 기관 정지 후 ④ 연료 압송 시

해설 연료펌프의 체크밸브는 엔진 가동이 정지되면 닫히게 되어 잔압을 유지하여 재 시동성을 향상시키고, 베이퍼록을 방지하는 역할을 한다.
※ 밸브의 종류와 역할
㉠ 안전밸브 : 규정 이상의 압력에 달하면 작동하여 배출
㉡ 체크밸브 : 잔류 압력을 일정하게 유지(잔압유지)
㉢ 릴리프밸브 : 안전밸브와 같은 역할을 하며, 압력이 규정 압력에 도달하면 일부 또는 전부를 배출하여 압력을 규정 이하로 유지하는 역할을 하여 내부 압력이 규정 압력 이상으로 올라가지 않도록 한다.

333 전자제어 가솔린 분사장치에서 기관의 각종센서 중 입력 신호가 아닌 것은?

① 냉각 수온 센서 ② 인젝터
③ 스로틀 포지션 센서 ④ 크랭크 각 센서

해설 전자제어 가솔린 분사장치에서 냉각 수온 센서, 스로틀 포지션 센서, 크랭크 각 센서 등 센서 및 스위치는 주로 입력신호이고, 엑추에이터, 릴레이, 레귤레이터 등은 출력신호이다. 인젝터는 ECU에서 보내는 신호에 의해 연료 분사량을 결정 하므로 출력신호이다.

ANSWER 328 ① 329 ③ 330 ③ 331 ① 332 ③ 333 ②

334 기관에 사용하는 윤활유의 기능이 아닌 것은?

① 기밀 작용
② 마멸 작용
③ 방청 작용
④ 냉각 작용

해설 윤활유의 기능 : 윤활 작용에는 마찰의 감소 및 마멸의 방지작용, 냉각작용, 밀봉작용, 청정작용, 응력 분산작용, 방청작용 등이 있다.

335 실린더의 안지름이 100[mm], 피스톤 행정 130[mm], 압축비가 21일 때 연소실용적[cc]은 약 얼마인가?

① 51
② 58
③ 62
④ 65

해설 실린더 배기량(행정체적)[cm^3] = $V = \frac{\pi}{4} \times D^2 \times L$

여기서, D : 내경[cm], L : 행정[cm], R : 기관 회전수
2사이클 : R(크랭크 축 1회전에 1사이클 완성)
4사이클 : $R/2$(크랭크 축 2회전에 1사이클 완성)

$$압축비(\varepsilon) = \frac{V}{V_C} = \frac{V_S + V_C}{V_C} = 1 + \frac{V_S}{V_C}$$

$$V_S = V_C(\varepsilon - 1)$$

$$V_C = \frac{V_S}{\varepsilon - 1} = \frac{0.785 \times 10^2 \times 13}{21 - 1} = \frac{1020.5}{20} = \text{약 } 51[cc]$$

여기서, ε : 압축비, V : 실린더 총체적
V_S(Stroke Volume) : 배기량 = 행정 체적
V_C(Clearance Volume) : 연소실 체적

336 디젤기관의 연료분사에 필요한 조건으로 틀린 것은?

① 분포
② 조정
③ 무화
④ 관통력

해설 디젤 기관 연료 분무가 갖추어야 할 조건
- 무화(안개화)가 양호할 것
- 관통력이 클 것

- 분포가 골고루 이루어질 것
- 분사도가 양호할 것

337 점화지연의 3가지에 해당되지 않는 것은?

① 전기적 지연 ② 기계적 지연
③ 점성적 지연 ④ 화염 전파지연

해설 점화지연의 3가지
㉠ 전기적 지연
㉡ 기계적 지연
㉢ 화염 전파지연

338 가솔린기관 압축압력의 단위로 쓰이는 것은?

① mm ② kgf/cm^2
③ rpm ④ PS

해설 rpm : 분당 회전속도를 나타낸다.
PS : 마력의 단위로 1PS = 735.5W
kgf/cm^2 : 압력의 단위

339 자동차 주행빔 전조등의 발광면을 상측, 하측, 내측, 외측의 몇 도 이내에서 관측 가능해야 하는가?

① 5 ② 15
③ 20 ④ 25

해설 자동차 주행빔 전조등의 발광면은 5도 이내에서 관측 가능해야 한다.

340 가솔린의 주요 화합물로 맞는 것은?

① 탄소와 산소 ② 탄소와 수소
③ 수소와 질소 ④ 수소와 산소

ANSWER 334 ② 335 ① 336 ② 337 ③ 338 ② 339 ① 340 ②

해설 가솔린은 수소와 탄소의 화합물인 탄화수소의 혼합물로 구성되어 있어서 이것을 분석해 보면 파리핀계, 나프틴계, 오레핀계, 방향족 등 200여종의 탄화수소가 석여 있다.
가솔린기관에서 가솔린을 완전 연소시키면 이산화탄소(CO_2)와 물(H_2O)이 발생된다.

341 **평균유효압력이 10[kgf/cm²], 배기량이 7,500 [cc], 회전속도 2,400[rpm], 단기통인 2행정 사이클의 지시마력[PS]은?**

① 300 ② 400
③ 500 ④ 600

해설 $$지시마력(IHP) = \frac{P \times A \times L \times R \times N}{75 \times 60}$$

여기서, P : 지시평균 유효압력[kg/cm²]
A : 실린더 단면적[cm²]
L : 행정[m], N : 실린더 수
R : 회전수 (2사이클 – R, 4사이클 – $R/2$)
* 4사이클은 2회전에 1회 폭발하므로 $R/2$
* 2사이클은 R
V : 배기량[cc=cm³]

$$지시마력 = \frac{10 \times 7500 \times 2400}{75 \times 60 \times 100} = 400 \ [PS]$$

342 **3원 촉매장치의 촉매 컨버터에서 정화처리 하는 주요 배기가스로 거리가 먼 것은?**

① HC ② NO_X
② CO ④ SO_2

해설 삼원 촉매장치에서 삼원이란 배기가스 중 유독 성분인 CO, HC, NOx을 말하며, 이 장치는 3개의 유독 성분을 산화 및 환원시키는 역할을 한다. 촉매로는 백금(Pt)과 로듐(Rh)이 사용되며, CO와 HC는 CO_2와 H_2O로 산화시키고 NOx은 N_2로 환원시켜 배출한다.

343 **EGR(Exhaust Gas Recirculation) 밸브에 대한 설명이 아닌 것은?**

① 연소실 온도를 낮추기 위한 장치이다.
② 증발가스를 포집하였다가 연소시키는 장치이다.
③ 질소산화물(NO_X) 배출을 감소하기 위한 장치이다.
④ 배기가스 재순환 장치이다.

해설 배기가스 재순환장치(EGR)는 EGR밸브를 이용하여 연소실의 최고온도를 낮추어 질소산화물(NOx) 저감과 광화학스모그 현상 발생을 방지한다. 그리고 PCV(positive crankcase ventilation)는 블로우 바이 가스 제어장치이며, PCSV는 연료 증발가스 제어장치이다.

배기가스 재순환(EGR) 밸브가 열려 있는 경우에는 연소실의 온도가 낮아져 질소산화물 배출량과 기관의 출력이 감소한다.

$$\text{EGR율} = \frac{\text{EGR 가스량}}{\text{EGR 가스량} + \text{흡입공기량}}$$

ANSWER / 341 ② 342 ④ 343 ②

자·동·차·정·비·기·능·사

02
자동차 새시

01 핵심이론정리

01 | 동력 전달 장치

1 클러치(clutch)

1. 클러치의 개요

(1) 클러치의 필요성

① 기관을 무부하 상태로 유지하기 위해 필요하다.

② 기관 동력을 차단하여 변속기의 기어 변속을 위해 필요하다.

③ 기관 동력을 차단하여 관성 주행이 되도록 한다.

(2) 클러치의 종류

① **마찰 클러치** : 플라이 휠과 클러치 판 마찰력에 의해 엔진 동력이 전달된다.

② **유체 클러치** : 엔진 동력 전달 또는 차단하는 역할을 유체 에너지를 이용하여 한다.

③ **전자 클러치** : 전자석의 자력을 이용하여 엔진 회전수에 따라 자동으로 자력을 증감시켜 엔진 동력을 전달 또는 차단한다.

2. 클러치의 구성

(1) 클러치 디스크

① **댐퍼 스프링(damper spring)** : 클러치가 플라이휠과 접속될 때 회전 방향의 충격을 흡수한다.

② **쿠션 스프링(cushion spring)** : 클러치의 급격한 접속 시 스프링이 충격을 흡수하여 동력 전달을 원활하게 하며, 클러치판의 변형, 편마멸, 파손 등을 방지한다.

(2) 클러치 스프링의 종류

① **코일 스프링 형식** : 다수의 코일 스프링을 클러치 압력판과 클러치 커버 사이에 설치하

며, 클러치 용량에 따라 스프링수가 설정된다.

② **다이어프램 스프링 형식** : 릴리스 레버와 코일 스프링의 역할을 접시 모양의 다이어프램이 동시에 수행하는 형식을 말한다.

3. 클러치의 성능

(1) 클러치 자유 간극

① 릴리스 베어링이 레버에 닿을 때까지 페달이 움직인 거리로, 클러치 유격이라 부른다.

② 기계식은 20 ~ 30[mm], 유압식은 6 ~ 13[mm] 정도이다.

③ 자유 간극이 크면 클러치의 차단 불량으로 기어 변속 불량 현상이 발생한다.

④ 자유 간극이 작으면 클러치 디스크가 많이 마멸되어 미끄러짐 현상이 발생한다.

(2) 클러치 용량

① 클러치가 전달할 수 있는 회전력의 크기를 클러치 용량이라 하며 기관 최대 토크의 1.5 ~ 2.5배 정도로 한다.

② 용량이 클 때 클러치의 조작이 어렵고, 접속 충격이 커서 기관 정지의 우려가 있다.

③ 용량이 작을 때 클러치의 접속은 부드러우나 미끄러짐과 발열량이 크고, 페이싱의 마모가 빠르다.

(3) 클러치 관련 공식

① 클러치의 전달 회전력

$T = \mu \cdot F \cdot r$

여기서, μ : 마찰 계수

F : 전달 마찰면의 힘[kg_f]

r : 평균 유효 반지름[m]

② 클러치가 미끄러지지 않을 조건

$Tfr \geq C$

여기서, T : 클러치 스프링 장력[kg_f]

f : 마찰 계수

r : 평균 유효 반지름[m]

C : 엔진 회전력[$kg_f \cdot m$]

③ 클러치의 전달 효율

$$전달\ 효율(\eta_c) = \frac{클러치에서\ 나온\ 동력}{클러치로\ 들어간\ 동력(엔진\ 동력)} \times 100[\%]$$

$$= \frac{T_2 \times N_2}{T_1 \times N_1} \times 100[\%]$$

여기서, T_1 : 엔진 회전력[kg_f]

N_1 : 엔진 회전수[rpm]

T_2 : 클러치 회전력[kg_f]

N_2 : 클러치 회전수[rpm]

4. 클러치의 이상 현상

(1) 클러치가 미끄러지는 원인

① 클러치판에 오일이 묻었을 때

② 클러치 스프링 장력이 작을 때

③ 클러치 페달의 유격이 작을 때

④ 클러치 스프링의 자유고가 감소되었을 때

⑤ 클러치 마찰면이 경화되었을 때

(2) 클러치 차단이 불량한 이유

① 릴리스 포크가 마모되었다.

② 클러치 유격이 크다.

③ 유압 장치에 공기가 유입(vapor lock)되었다.

④ 릴리스 실린더 컵이 손상되었다.

(3) 클러치 이상 시 발생 증상

① 등판 능력이 저하되고 클러치판의 타는 냄새가 난다.

② 가속력이 저하된다.

③ 연료 소비가 증대된다.

④ 클러치의 소음이 발생된다.

⑤ 엔진이 과열된다.

2 수동 변속기와 자동 변속기

1. 수동 변속기

(1) 변속기의 개요

① 변속기의 필요성

㉠ 엔진 회전 속도 감속에 따른 회전력 증대

㉡ 시동 시 무부하로 하기 위해

㉢ 자동차를 후진하기 위해

㉣ 출발 및 등판 주행 시 큰 구동력을 얻기 위해

② 변속기의 구비 조건

㉠ 전달 효율이 좋을 것

㉡ 단계없이 연속적으로 변속될 것

㉢ 조작하기 쉽고 신속 · 확실 · 정숙하게 변속될 것

㉣ 소형 경량이고 고장이 없으며 정비하기 쉬울 것

(2) 수동 변속기의 종류

① **선택 기어식** : 운전자가 각 단을 자유롭게 선택하여 변속이 가능한 변속기이다.

② **활동 기어식** : 주축에 설치된 각 단의 기어가 스플라인에 의해 축방향으로 움직여 변속한다.

③ **상시 물림식** : 각 단의 기어가 항상 서로 물려 있으며, 동력 전달은 도그 클러치의 결합에 의해서 이루어진다.

④ 동기 물림식

㉠ 자동차에 주로 사용하며 입 · 출력 기어의 회전 속도를 동기시키는 싱크로메시 기구를 이용하여 변속하는 변속기이다.

㉡ 동기 물림식의 주요 부품

ⓐ **싱크로나이저 허브** : 싱크로나이저 슬리브가 주축 기어와 결합되면 주축은 싱크로나이저 허브에 의해서 회전된다.

ⓑ **싱크로나이저 슬리브** : 시프트 레버의 조작에 의해 전후 방향으로 섭동하여 기어 클러치의 역할을 한다.

ⓒ **싱크로나이저 링** : 싱크로나이저 슬리브가 각 기어에 설치된 콘 기어와 물리도록 하는 클러치 작용을 한다.

ⓓ **싱크로나이저 키** : 싱크로나이저 허브 외주의 홈에 설치되며, 배면에 돌기가 설치되어 싱크로나이저 슬리브의 안쪽 면에 설치된 싱크로나이저 키 스프링의 장력에 의해서 밀착되어 있다.

ⓔ **싱크로나이저 키 스프링** : 싱크로나이저 슬리브를 고정하여 기어의 물림이 빠지지 않게 하는 역할을 한다.

(3) 변속기 조작 기구

① **인터록** : 변속시 기어의 2중 물림을 방지한다.

② **로킹볼** : 변속 후 기어가 빠지는 것을 방지하는 장치이다.

(4) 변속비

① **변속비**(gear ratio, 감속비)

$$변속비=\frac{엔진의\ 회전수}{추진축의\ 회전수}$$

$$=\frac{피동\ 기어\ 잇수}{구동\ 기어\ 잇수}\times\frac{피동\ 기어\ 잇수}{구동\ 기어\ 잇수}$$

$$=\frac{부축\ 기어\ 잇수}{입력축\ 주축\ 기어\ 잇수}\times\frac{출력축\ 주축\ 기어\ 잇수}{부축\ 기어\ 잇수}$$

② **종감속비와 총감속비**

㉠ **종감속비** : 종감속 기어의 최종 감속비로 종감속기어 구동 피니언 기어와 링기어와의 잇수비이다.

㉡ **총감속비** : 변속기와 종감속기에서 이루어지는 감속비이며, 총감속비 = 변속비 × 종감속비로 나타낼 수 있다.

③ **차속**

㉠ $V=\frac{\pi DN}{R_t\times R_f}\times\frac{60}{1,000}$

㉡ $V=\frac{\pi DN_\omega}{60}\times 3.6$

여기서, V : 차속[km/h]
D : 바퀴의 직경[m]
N : 엔진 회전수[rpm]
N_ω : 바퀴 회전수[rpm]
R_t : 변속비
R_f : 종감속비

(5) 변속기의 이상 현상

① 변속기의 소음 발생 원인

㉠ 변속기 오일 부족 또는 변질

㉡ 변속기 기어 또는 베어링 마모

㉢ 주축의 스플라인 및 스플라인 부싱의 마모

② 기어 변속의 불량 원인

㉠ 클러치의 차단이 불량하다.

㉡ 변속기 기어가 마모되었다.

㉢ 싱크로나이저 마모링이 마모되었다.

㉣ 컨트롤 레버 케이블 조정이 불량하다.

③ 기어가 잘 빠지는 원인

㉠ 싱크로나이저 슬리브의 스플라인 또는 허브가 마모되었다.

㉡ 록킹 볼 스프링의 장력이 작다.

㉢ 각 축의 베어링 또는 부싱이 마모되었다.

2. 자동 변속기

(1) 자동 변속기의 특징

① 차를 밀거나 끌어서 시동할 수 없다.

② 유체 클러치를 사용하기 때문에 승차감이 좋다.

③ 연료 소비율이 수동 변속기에 비해 약 10[%] 정도 많다.

④ 구조가 복잡하고 가격이 비싸다.

⑤ 주기적인 변속기 오일 교환과 오일 필터 교환으로 유지비가 많이 든다.

⑥ 기어의 조작을 하지 않아도 되므로 운전자의 피로가 줄고 안전운전을 할 수 있다.

(2) 유체 클러치와 토크 컨버터

① 유체 클러치

㉠ 유체 클러치의 구조

ⓐ 펌프 임펠러 : 플라이 휠에 설치되어 있다.

ⓑ 터빈 런너 : 변속기 입력축 스플라인에 연결되어 동력을 전달한다.

ⓒ 가이드링 : 오일의 와류를 방지하여 전달 효율을 증가시킨다.

㉡ 유체 클러치의 특성 : 유체 클러치의 전달 효율은 최대 97~98[%] 정도이다. 2~3[%]는 유체에 의한 미끄럼 때문에 발생되고, 이런 이유로 자동 변속기가 수동 변속기보

다 연료 소비가 약간 증가하는 원인이 된다.

㉢ 오일의 구비 조건

ⓐ 윤활성이 좋을 것

ⓑ 착화점, 비등점이 높고 응고점이 낮을 것

ⓒ 점도가 낮고 비중이 클 것

ⓓ 유성이 좋을 것

ⓔ 내산성이 클 것

② **토크 컨버터**(torque converter)

㉠ **구조**

ⓐ **펌프 임펠러** : 플라이 휠에 설치되어 있다.

ⓑ **터빈 런너** : 변속기 입력축 스플라인에 연결되어 동력을 전달한다.

ⓒ **스테이터** : 오일의 흐름 방향을 바꾸어 주며 회전력을 증대한다.

ⓓ **가이드링** : 와류에 대한 클러치 효율 저하를 방지 한다.

㉡ **토크 컨버터의 성능 곡선**

ⓐ 속도비 $n=0$일 때 펌프는 회전하고 터빈은 정지되는 상태로, 이 점을 스톨 포인트(stall point)라 하고, 이때의 토크를 스톨 토크(stall torque)라 하며, 이때 최대 토크가 발생한다.

ⓑ 속도비가 점점 $n=1$에 가까워 C점에 이르면 스테이터는 공전을 시작하고 이 점을 클러치점(clutch point)이라 한다. 토크비는 1이 되어 이 이상의 속도비에서는 토크 컨버터는 유체 클러치처럼 작동한다. 즉, 토크비=1로 하여 효율이 저하하는 것을 방지한다.

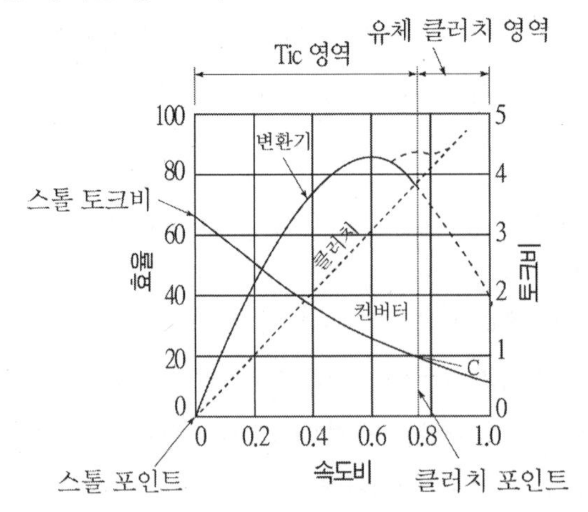

[토크 컨버터 성능 곡선]

㉢ 토크 컨버터의 전달 효율

ⓐ 속도비 : 펌프의 회전 속도와 터빈의 회전 속도와의 비

$$속도비(n) = \frac{터빈\ 회전수(N_t)}{펌프\ 회전수(N_p)}$$

ⓑ 토크비 : 펌프의 회전력과 터빈의 회전력과의 비

$$속도비(t) = \frac{터빈\ 회전력(T_t)}{펌프회전력(T_p)}$$

ⓒ 전달 효율 : 펌프에서 발생한 동력과 터빈에 전달된 동력과의 비로서, 동력은 회전력×회전수이므로,

$$전달\ 효율(\eta) = t \times n$$
$$= \frac{터빈\ 회전력(T_t)}{펌프\ 회전력(T_p)} \times \frac{터빈\ 회전수(N_t)}{펌프\ 회전수(N_p)}$$

(3) 자동 변속기의 구성

① 유성 기어 : 선기어, 링기어, 유성 기어, 유성 기어 캐리어로 구성되어 있다.

② 유성 기어의 종류

㉠ 단순 유성 기어 : 싱글 피니언식, 더블 피니언식

㉡ 복합 유성 기어 : 심프슨(simpson) 형식, 라비뇨(ravineau) 형식

(4) 자동 변속기 오일(ATF) 및 각종 점검

① 오일의 구비 조건

㉠ 비중이 클 것

㉡ 점도가 낮을 것

㉢ 착화점이 높을 것

㉣ 내산성이 클 것

㉤ 유성이 좋을 것

㉥ 비점이 높을 것

② 자동 변속기 오일(ATF)의 점검

㉠ 유온이 60~70[℃]가 되도록 한다.

㉡ 엔진을 공회전 상태로 자동차를 평탄한 장소에 정차시킨다.

㉢ 시프트 레버를 각 레인지(P, R, N, D)에 2~3회 작동시켜 각 유로 및 토크 컨버터에 오일을 충만시킨 후 N레인지에 위치시키고 주차 브레이크를 작동시킨다.

㉣ 오일 레벨 게이지를 뽑아 오일의 색과 양을 점검한다.

ⓐ **투명한 붉은색** : 정상

ⓑ **갈색** : 가혹한 상태로 사용하여 오일이 열화된 경우

ⓒ **검정색** : 클러치, 부싱, 기어 등의 마멸에 의해 오염된 경우

ⓓ **우유색** : 냉각수가 혼입된 경우

㉤ 오일 레벨의 게이지를 확인하고 부족 시에는 'HOT' 범위가 되도록 오일을 보충한다.

㉥ 이물질이 유입되지 않도록 주의하면서 오일 레벨 게이지를 확실하게 끼운다.

③ **자동 변속기 성능 시험** : 스톨 테스트(stall test)

㉠ 뒷바퀴 양쪽에 고임목을 받친다.

㉡ 엔진을 워밍업시킨다.

㉢ 주차 브레이크를 당기고, 브레이크 페달을 완전히 밟는다.

㉣ 선택 레버를 'D'에 위치시킨 다음 액셀러레이터 페달을 완전히 밟고 엔진 rpm을 측정한다(스톨 테스트는 반드시 5 [s] 이상 하지 않는다).

㉤ R 레인지에서도 동일하게 실시한다.

㉥ 규정값 : 2,000~2,400[rpm]

(5) 오버 드라이브(over drive) 장치

① 오버 드라이브란 평탄한 도로 주행에서 엔진의 여유출력을 이용하여 추진축의 회전 속도를 엔진의 회전 속도보다 더 빠르게 구동하는 장치이며, 자동차의 속도가 40[km/h]에 이르면 작동한다.

② **오버 드라이브 장치의 장점**

㉠ 엔진 회전 속도가 30[%] 낮아져도 자동차는 주행속도를 유지한다.

㉡ 평탄한 도로 주행에서 연료가 10~20[%] 절감된다.

㉢ 엔진의 운전이 정숙하고 수명이 연장된다.

㉣ 주행 소음이 감소된다.

3. 드라이브 라인 및 종감속 장치

(1) 드라이브 라인

① **추진축**(propeller shaft) : 추진축은 주로 후륜 구동 차량에 사용되며, 강한 비틀림과 고속 회전을 견디도록 속이 빈 강관으로 되어 있으며, 평형을 유지하기 위한 평형추와 길이 변화에 대응하기 위한 슬립 조인트가 설치되어 있다.

㉠ 자재 이음(universal joint) : 자재 이음은 각도를 가진 2개의 축 사이에 각도 변화가 가능한 동력을 전달할 때 사용하며 십자형 자재 이음, 트러리언 자재 이음, 플렉시블 이음, 등속도 자재 이음 등이 있다.

㉡ 슬립 이음(slip joint) : 축의 길이 변화를 가능하게 하여, 스플라인을 통해 연결한다. 즉, 뒤차축의 상하 운동에 의한 길이 변화를 가능하게 해준다.

② 추진축의 이상 현상

㉠ 추진축 회전 소음 발생 원인

ⓐ 추진축의 센터 베어링 마모.

ⓑ 구동축과 피동축의 요크 방향의 다름

ⓒ 니들 롤러 베어링의 파손 또는 마모

ⓓ 슬립 조인트 스플라인의 마모

ⓔ 체결 볼트 조임의 헐거움

㉡ 추진축의 진동 원인

ⓐ 추진축의 휨 또는 밸런스 웨이트의 이탈

ⓑ 슬립 조인트 스플라인의 마모

ⓒ 구동축과 피동축의 요크의 방향이 다르게 조립됨

ⓓ 종감속 기어 플랜지와 체결 볼트 조임의 헐거움

㉢ 추진축의 위험 회전수(N)

$$N = 0.121 \times 10^9 \cdot \frac{\sqrt{{D_1}^2 + {D_2}^2}}{l^2}$$

여기서, D_1 : 추진축의 바깥지름[mm]

D_2 : 추진축의 안지름[mm]

l : 추진축의 길이[mm]

(2) 종감속 장치(final reduction gear)

① 종감속 기어(final reduction gear)의 종류

㉠ 웜기어(worm gear)

㉡ 스퍼 베벨 기어

㉢ 스파이럴 베벨 기어(spiral bevel gear)

ⓐ 기어 물림률이 스퍼 베벨 기어보다 크다.

ⓑ 전동 효율이 높고 기어의 마멸이 작다.

㉣ 하이포이드 기어(hypoid gear)

ⓐ 추진축의 높이를 낮게 할 수 있다.

ⓑ 차실 바닥이 낮게 되어 승차감 및 거주성이 향상된다.

ⓒ 기어 물림률이 높아 회전이 정숙하다.

ⓓ 전고가 낮아져 안정성이 증대된다.

ⓔ 하이포이드 기어는 구동 피니언을 편심시킨 것이다.

ⓕ 기어가 축과 직각 방향으로 접촉하여 압력이 크다.

ⓖ 제작이 어렵고 특별한 윤활유를 사용하여야 한다.

② 종감속 기어 접촉의 종류

㉠ **힐(heel) 접촉** : 기어 이의 바깥쪽 접촉

㉡ **토(toe) 접촉** : 기어 이의 안쪽 접촉

㉢ **페이스(face) 접촉** : 기어 이의 위쪽 접촉

㉣ **플랭크(flank) 접촉** : 기어 이의 아래쪽 접촉

③ **종감속비** : 종감속비는 링기어의 잇수와 기동 피니언 기어의 잇수비이다.

$$종감속비 = \frac{링\ 기어의\ 잇수}{구동\ 피니언의\ 잇수}$$

(3) 차동 장치(differential gear)

① **동력 전달 순서** : 구동 피니언축 → 구동 피니언 → 링기어 → 차동 기어 케이스 → (차동 피니언 → 사이드 기어) → 차축 순이다.

② **바퀴의 회전수** $= \dfrac{기관\ 회전수}{총감속비} \times 2 - (반대\ 바퀴의\ 회전수)$

$$= \frac{추진축\ 회전수}{종감속비} \times 2 - (반대\ 바퀴의\ 회전수)$$

02 현가 및 조향 장치

1 현가 장치

1. 현가 장치의 일반

(1) 현가 장치의 종류

① 새시 스프링(shassis spring) : 차축과 프레임 사이에 설치되어 바퀴에 가해지는 진동을 흡수한다.

② 쇽업소버(shock absorber) : 스프링의 자유 진동을 억제하여 승차감을 향상시킨다.

③ 스태빌라이저(stabilizer) : 차량 선회 시 자동차의 롤링을 방지하여 평형을 유지한다.

(2) 현가 방식의 구분

① 일체 차축 현가 장치

㉠ 일체형 차축의 양 끝에 바퀴가 설치되고 차축이 스프링에 의해 차체에 설치된다. 주로 판 스프링이 사용된다.

㉡ 특징

ⓐ 구조가 간단하고 강도가 크다.

ⓑ 시미(shimmy)가 일어나기 쉽다.

ⓒ 주로 대형차에 많이 사용한다.

ⓓ 선회 시 차체 기울기가 작다.

② 독립 현가 장치

㉠ 차축을 분할하여 좌 · 우 바퀴의 움직임이 따로 독립적으로 작동하는 형식이며, 승차감을 요구하는 승용차에 주로 이용된다.

㉡ 특징

ⓐ 스프링 아래 중량이 적어 승차감이 좋다.

ⓑ 타이어와 노면과의 접지성(road holding)이 좋다.

ⓒ 시미(shimmy)가 작고 로드 홀딩이 우수하다.

ⓓ 연결 부분이 많아 구조가 복잡하고, 앞바퀴 얼라이먼트가 변하기 쉽다.

㉢ 독립 현가의 종류

ⓐ 위시본 형식(wishbone type) : 길이가 같은 위, 아래 컨트롤 암으로 구성되어 있다.

• **평행사변형 형식** : 상하 운동을 할 때 윤거가 변하므로 타이어의 마모가 심하며, 캠버의 변화가 없어 선회 주행에 안정감이 있다.

• **SLA 형식** : 위 컨트롤 암이 짧고 아래 컨트롤 암이 긴 것으로, 바퀴의 상하 운동 시 윤거는 변하지 않고 캠버가 변화한다.

ⓐ **맥퍼슨 형식**(macperson type) : 현가 장치와 조향 너클이 일체로 되어 있는 형식이며 스프링 아래 질량이 작아 로드 홀딩이 우수하다.

ⓒ **트레일링 암 형식**(trailing arm type) : 전륜 구동 차량의 뒤 현가 장치에 주로 사용된다.

ⓓ **스윙 차축 형식**(swing axle type) : 차축을 중앙에서 2개로 분할하여 차량 진동 발생 시 좌 · 우측 바퀴가 독립적으로 작용하며, 바퀴 상 · 하 운동에 따라 캠버 및 윤거가 크게 변화된다.

2. 현가 스프링의 종류

(1) 판 스프링

① 강판을 여러 장 겹친 형태로 일체식 차축에 주로 사용되며, 구조가 간단하고, 큰 진동을 잘 흡수한다.

② 특징

㉠ 스프링 자체의 강성에 의해 차체를 지지할 수 있고 구조가 간단하다.

㉡ 작은 진동을 흡수하지 못한다.

㉢ 강판 사이의 마찰에 의해 진동을 흡수하기 때문에 마모 및 소음이 발생된다.

(2) 코일 스프링

① 코일 스프링은 스프링 강을 코일 모양으로 성형한 것으로, 독립 현가 장치에 많이 사용된다.

② 특징

㉠ 단위 중량당 흡수율이 판 스프링보다 크다.

㉡ 승차감이 우수하다.

㉢ 판간 마찰이 없어 진동 감쇠 작용이 없다.

㉣ 옆 방향 비틀림에 대한 저항력이 없다.

㉤ 구조가 복잡하다.

(3) 토션 바 스프링

① 스프링 강의 막대 형태로 비틀림 탄성의 복원성을 이용하여 완충 작용을 한다.

② 특징

㉠ 스프링 장력은 막대의 길이와 단면적에 의해 정해진다.

㉡ 구조가 간단하고 단위 중량당 에너지 흡수율이 크다.

㉢ 좌 · 우의 것이 구분되어 있으며, 쇽업소버와 병용하여 사용하여야 한다.

㉣ 현가 높이를 조절할 수 있다.

3. 쇽업소버와 스태빌라이저

(1) 쇽업소버(shock absorber)

① 쇽업소버는 주행 중 충격에 의해 발생된 스프링의 고유 진동을 흡수하며, 스프링 상하 운동 에너지를 열 에너지로 변환시킨다.

② 특징

㉠ 스프링의 피로를 감소시킨다.

㉡ 승차감을 향상시킨다.

㉢ 로드 홀딩을 향상시킨다.

㉣ 진동을 신속히 감쇠시켜 타이어의 접지성 및 조향 안정성을 향상시킨다.

③ 종류

㉠ 텔레스코핑형

㉡ 드가르봉식

ⓐ 실린더 하부에 질소가스가 봉입되어 있다.

ⓑ 실린더가 하나로 되어 있기 때문에 방열 효과가 좋다.

ⓒ 피스톤은 늘어날 때 또는 압축될 때 밸브를 통과하는 오일의 저항에 의해 감쇠 작용을 한다.

ⓓ 안정된 감쇠력을 가진다.

ⓔ 팽창 · 수축 시 쇽업쇼버 오일에 부압이 형성되지 않도록 하여 캐비테이션을 방지한다.

(2) 스태빌라이저(stabilizer)

토션바 스프링의 일종으로, 독립 현가 장치에서 조향 조작 시 차체의 기울기를 방지하는 장치로서, 차의 좌 · 우 평형을 유지하고 롤링 방지의 역할을 한다.

4. 뒤차축과 자동차의 진동

(1) 뒤차축의 종류

① **반부동식** : 허브 베어링을 사이에 두고 구동 바퀴와 차축 하우징이 중량을 지지하는 방식이다. 구동 차축은 동력도 전달하고, 중량도 1/2 정도 지지하며 구동 차축에 하중이 적게 걸리는 승용차에 많이 사용한다.

② **3/4 부동식** : 구동 차축의 바깥 끝에 바퀴 휠 허브를 설치하고, 구동 차축 하우징에 1개의 베어링을 사이에 두고 허브를 지지하는 방식으로, 반부동식과 전부동식의 중간 구조이다.

③ **전부동식** : 구동 차축 하우징의 끝부분에 휠 전체가 베어링을 사이에 두고 설치되어 모든 하중은 구동 차축 하우징이 받고 구동 차축은 동력만 전달한다. 따라서, 차축은 하중을 받지 않으므로 바퀴를 빼지 않고도 차축을 뗄 수 있다.

(2) 스프링 진동

① **스프링 위 진동** : 스프링 윗질량 운동이라고도 하며, 차체의 진동으로 승차자에게 가장 영향을 주는 진동이다.

㉠ **롤링(rolling)** : X축을 중심으로 좌 · 우 방향으로 회전 운동을 하는 고유 진동이다.

㉡ **바운싱(bouncing)** : 차체가 축방향과 평행하게 상 · 하 방향으로 운동하는 고유 진동이다.

㉢ **요잉(yowing)** : Z축을 중심으로 회전하는 수평 진동이다.

㉣ **피칭(pitching)** : Y축을 중심으로 앞 · 뒤 방향으로 회전 운동을 하는 고유 진동이다.

② **시미(shimmy)** : 시미란 자동차 앞바퀴가 좌 · 우로 흔들리는 현상으로, 저속 시미와 고속 시미로 나눌 수 있다.

㉠ **저속 시미** : 저속에서 발생하는 현상으로, 허브 베어링의 마멸 등 자동차 부품의 근본적 고장에서 기인한다.

㉡ **고속 시미** : 고속에서 발생하는 현상으로, 자동차 부품은 정상이나 휠 밸런스 등의 불평형에서 기인한다.

2 전자 제어 현가 장치(ECS : Electronic Ctrol Suspension)

1. ECS의 개요

운전자의 선택, 노면 상태, 주행 조건 등에 따라 각종 센서와 액츄에이터 등을 통해 쇽업쇼버 스프링의 감쇠력 변화를 컴퓨터에서 자동으로 조절하여 승차감을 좋게 하는 전자 제어 시스템이다.

① 고속 주행 시 차체 높이를 낮추어 공기 저항을 작게 하고 승차감을 향상시킨다.

② 불규칙 노면 주행할 때 감쇠력을 조절하여 자동차 피칭을 방지해 준다.

③ 험한 도로 주행 시 스프링을 강하게 하여 쇽업소버 및 원심력에 대한 롤링을 없앤다.

④ 급제동 시 노스다운을 방지해 준다.

⑤ 안정된 조향 성능과 적재 물량에 따른 안정된 차체의 균형을 유지시킨다.

⑥ 하중이 변해도 차는 수평을 전자 제어 유지한다.

⑦ 도로의 조건에 따라서 바운싱을 방지해 준다.

2. ECS 주요 구성품

① **차속 센서** : 변속기 출력축 회전수를 펄스 신호로 변환하여 컴퓨터에 입력하며, 스프링 정수 및 감쇠력 제어에 이용하기 위해 주행 속도를 검출한다.

② **차고 센서** : 차량의 높이를 검출하는 역할을 하며, 하중과 부하에 따른 차량의 높이를 조정하기 위하여 차체와 차축의 위치를 검출한다.

③ **조향 휠 가속도 센서** : 차체의 기울기를 방지하기 위해 조향 휠의 회전 각도 및 각속도를 검출하여 ECU로 입력하는 역할을 하며, 스프링 상수와 감쇠력 제어의 신호로 이용된다.

④ **스로틀 위치 센서** : 차량의 급가속 및 급감속 상태를 검출하기 위해 사용되며, 스프링의 정수와 감쇠력 제어를 조절하는 신호로 이용된다.

⑤ **중력 센서(G 센서)** : 감쇠력 제어를 위해 차체의 바운싱을 검출한다.

⑥ **헤드라이트 릴레이** : 헤드라이트 점등에 따른 차량의 높이를 조절하는 신호로 이용된다.

⑦ **발전기 L단자** : 기관의 정지 또는 작동 상태를 검출한다.

⑧ **브레이크 스위치** : 제동 시 차고 조절을 위한 신호로 이용된다.

⑨ **도어 스위치** : 승 · 하차 시 차량이 흔들리지 않도록 도어의 열림 및 닫힘 상태를 검출하여 차량의 높이를 조절하는 신호로 이용된다.

⑩ **액추에이터** : 공기 스프링 상수와 쇽업소버의 감쇠력을 조절하는 역할을 한다.

3 조향 장치

1. 조향 장치 이론

(1) 앞차축 링크 형식

① **엘리옷형** : 차축 양끝이 요크로 구성되고 그 속에 조향 너클이 설치되는 형식

② **역엘리웃형** : 조향 너클이 요크로 되고, 그 속에 T자형 차축이 설치되는 형식

③ **마몬형** : 차축 위에 조향 너클이 설치되는 형식

④ **르모양형** : 차축 아래에 조향 너클이 설치되는 형식

(2) 최소 회전 반지름

차량이 조향각을 최대로 하여 회전 시 최외측 바퀴가 그리는 원의 반경을 최소 회전 반경이라 한다. 또한, 안쪽 앞바퀴와 안쪽 뒤바퀴와의 반경차를 내륜차라 하며, 축거가 클수록 내륜차는 커진다.

$$R = \frac{L}{\sin\alpha} + r$$

여기서, R : 최소 회전 반지름[m]
L : 축거[m]
α : 바깥쪽 바퀴의 조향각[°]
r : 바퀴의 중심과 킹핀 중심과의 거리[m]

(3) 조향 기어비

조향 핸들이 회전한 각도와 피트먼암이 회전한 각도와의 비를 말한다.

$$\text{조향 기어비} = \frac{\text{조향 핸들이 회전한 각도}}{\text{피트먼암이 회전한 각도}}$$

(4) 조향 기어의 조건

① 조작이 쉽고 방향 변환이 원활할 것

② 좁은 공간에서도 방향 변환이 원활할 것

③ 고속 주행 시 조향 핸들이 안정될 것

④ 주행 중 발생되는 충격에 영향을 받지 않을 것

⑤ 조향 핸들의 회전과 바퀴의 선회 차이가 크지 않을 것

2. 조향 장치의 이상 현상

(1) 조향 핸들이 한쪽으로 쏠리는 원인

① 앞바퀴 정렬이 불량하다.

② 앞차축 한쪽의 스프링이 절손되었다.

③ 한쪽의 허브 베어링이 마모되었다.

④ 타이어의 압력이 불균일하다.

⑤ 브레이크 간극이 불균일하다.

⑥ 한쪽 쇽업소버의 작동이 불량하다.

⑦ 너클의 휨 및 스테빌라이저가 절손되었다.

(2) 조향 핸들이 무거워지는 원인

① 타이어 공기압이 낮다.

② 타이어의 규격이 크다.

③ 조향 기어 박스 오일이 부족하다.

④ 조향 기어의 조정이 불량하다.

⑤ 현가 암이 휘었다.

⑥ 조향 너클이 휘었다.

3. 휠 얼라이먼트

(1) 캠버(camber)

① 정의 : 앞바퀴를 정면에서 보았을 때 타이어의 윗부분이나 아랫부분이 벌어진 상태로, 바퀴의 중심선과 노면에 대한 수직선이 이루는 각도를 캠버라 한다.

② 효과

㉠ 수직 방향 하중에 의한 앞차축의 휨을 방지한다.

㉡ 조향 핸들의 조작을 가볍게 한다.

㉢ 바퀴의 아래쪽이 바깥쪽으로 벌어지는 것을 방지한다.

㉣ 조향축 경사각과 함께 조향 핸들의 조작을 가볍게 한다.

(2) 캐스터(caster)

① 정의 : 앞바퀴를 옆에서 볼 때 앞바퀴를 차축에 설치하는 킹핀이 수선과 각도를 이룬 상태를 말한다.

② 효과

㉠ 주행 중 조향 바퀴에 방향성(직진성)을 준다.

㉡ 조향 시 직진 방향으로 돌아오는 복원성을 준다.

㉢ 부의 캐스터는 조향력을 증대시켜 준다.

③ 종류

㉠ 킹핀의 상단부가 뒤쪽으로 기울어진 상태

㉡ 킹핀의 상단부가 앞쪽으로 기울어진 상태

㉢ 킹핀 상단부가 어떤 방향으로도 기울어지지 않은 상태

(3) 토인(toe-in)

① 정의 : 앞바퀴를 위에서 보았을 때 양쪽 바퀴의 중심선 거리가 앞쪽이 뒤쪽보다 작게 되어 있는 상태를 말한다.

② 효과

㉠ 조향 링키지 마멸에 의해 토 아웃되는 것을 방지한다.

㉡ 바퀴의 사이드 슬립과 타이어 마멸을 방지한다.

㉢ 앞바퀴를 평행하게 회전시킨다.

(4) 킹핀 각(king-pin angle, 조향축 경사각)

① 정의 : 바퀴를 앞에서 보았을 때 킹핀의 중심선이 수선에 대해 각도를 이루는 것이다.

② 효과

㉠ 앞바퀴에 복원성을 준다.

㉡ 캠버와 함께 핸들의 조작력을 작게 한다.

㉢ 앞바퀴 시미를 방지한다.

4. 셋백과 스러스트 각

(1) 셋백(set back)

앞 · 뒤 차축의 평행도를 나타내며, 일반적인 셋백은 뒤 차축을 기준으로 앞차축의 평행도가 30° 이하이다.

(2) 스러스트 각(thrust angle, geometrical drive axis)

차량의 중심선과 바퀴 진행선이 이루는 각으로 바퀴의 진행선은 바퀴의 토인과 토아웃에 의해 결정된다.

4 동력 조향 장치(power steering system)

1. 동력 조향 장치의 특징

① 작은 조작력으로 조향 장치를 조작할 수 있다.

② 조향 기어비를 조작력에 관계없이 설정할 수 있다.

③ 노면에서의 충격을 흡수하여 킥백(kick back)을 방지한다.

④ 스티어링계의 이음, 진동을 흡수한다.

⑤ 앞바퀴 시미를 감소한다.

2. 동력 조향장치의 구조

(1) 동력 조향 장치 주요부

① 동력부 : 오일 펌프, 유량 조절 밸브, 유압 조절 밸브로 구성되며 조향 조작력 증대를 위한 유압을 발생한다.

② 작동부 : 동력 실린더, 동력 피스톤으로 구성되며 유압을 기계적 에너지로 변환하여 앞바퀴에 조향력을 발생한다.

③ 제어부 : 컨트롤(제어) 밸브에 해당하며, 동력부와 작동부 사이의 오일 통로를 제어하는 역할을 한다.

(2) 안전 체크 밸브(safety check valve)

동력 조향 장치 이상 발생 시 수동으로 핸들 조작이 가능하게 해주는 밸브이다.

03 | 제동 장치

1 일반 제동 장치

1. 파스칼의 원리

밀폐된 공간의 액체 한 곳에 압력을 가하면 가해진 압력과 같은 크기의 압력이 각 부에 전달된다.

2. 유압식 제동 장치의 구성

(1) 마스터 실린더(master cylinder)

브레이크 페달의 조작력을 유압으로 변환시키는 역할을 하며, 안전을 위하여 브레이크 회로를 2계통으로 하는 탠덤(tandem) 마스터 실린더가 주로 사용되고 있다.

① 체크 밸브(check valve) : 회로 내에 잔압을 유지하는 역할을 한다.

② 잔압을 두는 목적

㉠ 베이퍼록을 방지한다.

㉡ 브레이크의 작동을 신속하게 한다.

㉢ 회로 내의 오일이 누출되는 것을 방지한다.

(2) 브레이크 오일

① 비점이 높고, 윤활성이 있으며 베이퍼록을 일으키지 말 것

② 빙점이 낮고, 인화점이 높을 것

③ 화학적으로 안정되고 침전물이 생기지 않을 것

④ 온도에 대한 점도 변화가 작을 것

⑤ 부품의 산화 부식을 일으키지 말 것

(3) 브레이크 이상 현상

① **페이드(fade)** : 브레이크 조작을 반복하여 드럼과 라이닝 사이에 마찰열이 축적되어 라이닝의 마찰 계수가 저하되어 제동력이 떨어지는 현상으로, 해결 방안은 다음과 같다.

㉠ 드럼의 냉각 성능을 향상시킨다.

㉡ 마찰 계수가 변화가 작은 라이닝을 사용한다.

㉢ 심하면 자동차를 세워서 열을 식힌다.

② **베이퍼록(vapor lock)** : 잦은 브레이크 사용으로 브레이크액에 기포가 발생해 브레이크가 제대로 작동하지 않는 현상으로, 원인은 다음과 같다.

㉠ 오일 변질로 인한 비점 저하 및 불량 오일 사용

㉡ 드럼과 라이닝의 끌림에 의한 과열

㉢ 긴 내리막길에서 과도한 브레이크 사용

㉣ 브레이크 슈 리턴 스프링의 소손에 의한 잔압 저하

3. 디스크 브레이크

① 디스크가 대기에 노출되어 방열성이 좋다.

② 페이드 현상이 발생하지 않는다.

③ 고속에서 반복적으로 사용하여도 제동력의 변화가 없다.

④ 자기 배력 작용이 없어 제동력의 변화가 작다.

⑤ 배력 작용이 없어 조작력이 커진다.

⑥ 부품의 평형이 좋고, 편제동되는 경우가 거의 없다.

⑦ 온도에 의한 변형이 없어 페달 행정이 일정하다.

⑧ 마찰 패드의 면적도 작아 라이닝의 강도가 커야 한다.

4. 브레이크 장치의 고장 원인

(1) 브레이크가 한쪽만 듣는다.

① 라이닝에 오일 묻음

② 타이어 공기압 불균형

③ 브레이크 간극의 조정 불량

④ 전차륜 정렬 불량

(2) 브레이크가 풀리지 않는다.

① 마스터 실린더 리턴 포트가 막혔다.

② 브레이크 리턴 스프링이 불량하다.

③ 브레이크 자유 간극이 작다.

④ 마스터 실린더 및 휠 실린더 피스톤 컵이 불량하다.

(3) 브레이크가 잘 듣지 않는다.

① 마스터 실린더 오일이 누출되었다.

② 브레이크 드럼과 라이닝 간극이 크다.

③ 브레이크 오일 부족 및 라이닝이 마모된다.

④ 휠 실린더 오일이 누출된다.

⑤ 라이닝에 오일 묻었다.

2 전자 제어 제동 장치

1. ABS의 목적

주행 중 급정지 및 미끄러운 노면에서 제동할 때 바퀴가 고착되어 미끄러지는 것을 방지하여 제동 방향 안전성을 유지하고 제동 거리를 단축하는 역할을 한다.

① 방향 안전성 확보

② 조정성 확보

③ 제동 거리 단축

④ 타이어 편마모 방지 및 제동 이음 방지

⑤ 제동 조건에서 바퀴의 록(Lock) 방지

2. ABS의 주요 구성 부품

① **휠 스피드 센서(wheel speed sensor)** : 휠 스피드 센서는 바퀴의 회전 속도를 검출하여 ABS ECU로 입력하는 역할을 한다.

② **ECU** : 휠 스피드 센서의 신호를 연산하여 바퀴의 회전 상황을 파악하고, 바퀴가 고정되지 않도록 하이드롤릭 유닛을 제어하여 캘리퍼의 유압을 조절하는 역할을 한다.

③ **하이드롤릭 유닛** : 하이드롤릭 유닛은 ECU의 제어 신호에 의해 각 캘리퍼에 작용하는 유압을 조절한다.

04 주행 및 구동 장치

1 타이어

1. 타이어의 분류

(1) 튜브의 유무에 따라

① **튜브 타이어** : 타이어 내압을 유지하는 튜브에 공기를 주입하는 방식이다.

② **튜브리스(tubeless) 타이어** : 튜브없이 타이어와 림과의 밀착으로 내압이 유지되는 형식으로, 최근에 많이 사용되는 방식이다.

(2) 내부 구조 및 형상에 따라

① **바이어스 타이어** : 카커스 코드를 경사지게(bias) 서로 포갠 구조이다.

② **레이디얼 타이거** : 카커스 코드를 원 둘레에 대해 휠의 반지름(radial) 방향으로 설치한 타이어이다.

③ **편평 타이어** : 광폭 타이어라고도 하며 타이어의 높이에 비해 폭이 넓어진 타이어를 말한다. 편평비는 $\frac{\text{높이}}{\text{폭(너비)}} \times 100[\%]$로 나타내며, 숫자가 작을수록 광폭을 의미한다.

2. 타이어의 특징

(1) 튜브리스 타이어의 특징

① 림이 변형되면 공기가 새기 쉽다.

② 튜브가 없어 간단하며, 고속 주행에도 방열이 잘 된다.

③ 펑크 수리가 쉽다.

④ 못 등에 찔려도 공기가 급격히 빠지지 않는다.

⑤ 유리 조각 등으로 넓게 파손되면 수리가 어렵다.

(2) 레이디얼 타이어의 특징

① 편평비를 크게 할 수 있어 접지성을 향상시킬 수 있다.

② 횡방향에 대한 강성이 우수하여 조종성과 방향성이 좋다.

③ 브레이커가 튼튼하여 하중에 의한 변형이 작다.

④ 로드 홀딩이 좋고 스탠딩 웨이브가 잘 발생하지 않는다.

⑤ 충격 흡수가 나빠 승차감이 나쁘다.

⑥ 편평비가 커서 접지 면적이 넓어지므로 핸들이 다소 무겁다.

(3) 편평 타이어의 특징

① 접지 면적이 넓어 옆방향 강도가 증가하며 코너링 포스가 향상된다.

② 구동력과 제동력이 좋다.

③ 타이어 폭이 넓어 타이어 수명이 길다.

(4) 스노우 타이어 사용 시 주의점

① 구동 바퀴의 하중을 크게 할 것

② 미끄러지면 안 되므로 출발을 천천히 할 것

③ 바퀴가 록(lock)되면 제동 거리가 길어지므로 급제동을 하지 말 것

④ 트레드부가 50[%] 이상 마모되면 효과가 없어지므로 체인을 병용할 것

3. 타이어의 구조

(1) 트레드(tread)

노면과 직접 접촉하는 부분이다.

(2) 카커스(carcass)

타이어의 형상을 유지하는 뼈대가 되는 중요한 부분으로 플라이(ply)라 부르는 섬유층으로 구성되어 있다.

(3) 브레이커(breaker)

트레드와 카커스 사이에 있으며, 트레드의 손상이 카커스에 전달되는 것을 방지한다.

(4) 사이드월(side wall)

타이어의 측면으로 타이어의 모든 정보가 적혀 있는 부분이다.

(5) 비드(bead)

타이어가 림과 접촉하는 부분으로, 타이어가 림에서 빠지는 것을 방지한다.

4. 타이어 평형 및 현상

(1) 바퀴의 평형(wheel balance)

① 정적 밸런스 : 바퀴의 상하 방향 평형을 말하며, 불 평형 시 트램핑 현상이 일어난다.

② 동적 밸런스 : 바퀴의 좌우 방향 평형을 말하며, 불 평형 시 시미 현상이 일어난다.

(2) 스탠딩 웨이브 현상

① 고속 주행 시 일정 속도 이상에서 트레드와 노면과의 접촉부 뒷면으로 파형이 발생되는 현상이다.

② 스탠딩 웨이브 방지법

㉠ 타이어 접지폭이 큰 광폭 타이어를 사용한다.

㉡ 타이어 공기압을 표준 공기압보다 10 ~ 15[%] 높여 준다.

㉢ 타이어 트레드 강성이 높은 것을 사용한다.

(3) 하이드로 플레이닝 현상(hydro planing, 수막현상)

① 자동차의 바퀴가 물위를 고속 주행할 때 타이어 트레드가 노면의 물을 완전히 배출하지 못하여 타이어가 수막에 의해 노면에 접촉되지 않고 물위에 떠 있는 현상을 말한다.

② 타이어 공기압을 10 ~ 20[%] 더 높여준다.

③ 타이어 트레드 홈 깊이가 깊은 레이디얼 타이어를 사용한다.

④ 타이어 트레드 강성이 큰 것을 사용한다.

2 휠

타이어와 밀착되어 노면의 충격을 흡수하는 역할을 하며, 알루미늄 휠과 스틸휠이 있으며 최근에는 카본 휠에 대한 연구가 진행되고 있다.

02 기출예상문제

01 소음기(muffler)의 소음 방법으로 틀린 것은?

① 흡음재를 사용하는 방법
② 튜브의 단면적으로 어느 길이만큼 작게 하는 방법
③ 음파를 간섭시키는 방법과 공명에 의한 방법
④ 압력의 감소와 배기가스를 냉각시키는 방법

해설 소음기의 소음 방법
㉠ 흡음재를 사용하는 방법
㉡ 음파를 간섭시키는 방법
㉢ 튜브 단면적을 어느 길이만큼 크게 하는 방법
㉣ 공명에 의한 방법, 배기가스를 냉각시키는 방법

02 ABS(Anti-Lock Brake System)의 주요 구성품이 아닌 것은?

① 휠 속도 센서
② ECU
③ 하이드로닉
④ 차고 센서

해설 ABS의 구성 부품
㉠ 휠 스피드 센서 : 차륜의 회전 상태를 검출
㉡ 전자 제어 컨트롤 유니트(ABS ECU) : 휠 스피드 센서의 신호를 받아 ABS 제어
㉢ 하이드롤릭 유니트 : ECU의 신호에 따라 휠 실린더에 공급되는 유압 제어
㉣ 프로포셔닝 벨브 : 브레이크를 밟았을 때 뒷바퀴가 조기에 고착되지 않도록 뒷바퀴 유압 제어
④ 차고 센서는 ECS(전자 제어 현가 장치) 부품이다.

ANSWER 01 ② 02 ④

03 20 [km/h]로 주행하는 차가 급가속하여 10 [s] 후에 56 [km/h]가 되었을 때 가속도 [m/s²]는?

① 1 ② 2
③ 5 ④ 8

해설

$$\text{가속도} = \frac{\text{나중 속도} - \text{처음 속도}}{\text{걸린 시간}} = \frac{(56-20)\times 1{,}000}{3{,}600 \times 10} = 1\,[\text{m/s}^2]$$

04 변속 보조 장치 중 도로 조건이 불량한 곳에서 운행되는 차량에 더 많은 견인력을 공급해 주기 위해 앞 차축에도 구동력을 전달해 주는 장치는?

① 동력 변속 증감 장치(POVS)
② 트랜스퍼 케이스(transfer case)
③ 주차 도움 장치
④ 동력 인출 장치(power take off system)

해설 트랜스퍼 케이스는 견인력 증대 목적으로 장착 · 사용된다.

05 동력 조향 장치의 스티어링 휠 조작이 무겁다. 의심되는 고장 부위 중 가장 거리가 먼 것은?

① 랙 피스톤 손상으로 인한 내부 유압 작동 불량
② 스티어링 기어 박스의 과다한 백래시
③ 오일 탱크의 오일 부족
④ 오일 펌프의 결함

해설 ①, ③, ④항이 고장이면 스티어링 휠 조작이 무거워지며, ②항과 같이 스티어링 기어 박스(파워 스티어링 기어)의 백래시가 너무 크면(기어가 마모되면) 조향 핸들의 유격이 커지고, 유격이 크게 되어 핸들 조작이 헐겁다.

06 주행 중인 차량에서 트램핑 현상이 발생하는 원인으로 적당하지 않은 것은?

① 앞 브레이크 디스크의 불량 ② 타이어의 불량
③ 휠 허브의 불량 ④ 파워 펌프의 불량

해설 트램핑 현상은 타이어가 상 · 하 진동하는 현상이므로 파워 펌프 불량은 관계없다.

07 다음 중 브레이크 페달의 유격이 과다한 이유로 틀린 것은?

① 드럼 브레이크 형식에서 브레이크슈의 조정 불량
② 브레이크 페달의 조정 불량
③ 타이어 공기압의 불균형
④ 마스터 실린더 피스톤과 브레이크 부스터 푸시 로드의 간극 불량

해설 브레이크 페달 유격이 과다한 이유
㉠ 브레이크슈의 조정이 불량하다.
㉡ 브레이크 페달의 조정이 불량하다.
㉢ 마스터 실린더의 피스톤 컵이 파손되었다.
㉣ 유압 회로에 공기가 유입되었다.
㉤ 휠 실린더의 피스톤이 파손되었다.
㉥ 마스터 실린더의 피스톤과 브레이크 부스터 푸시로드의 간극이 불량하다.

08 자동 변속기에서 스로틀 개도의 일정한 차속으로 주행 중 스로틀 개도를 갑자기 증가시키면(약 85 [%] 이상) 감속 변속되어 큰 구동력을 얻을 수 있는 변속 형태는?

① 킥 다운 ② 다운 시프트
③ 리프트 풋 업 ④ 업 시프트

해설 킥 다운이란 자동 변속기에서 스로틀 개도의 일정한 차속으로 주행 중 스로틀 개도를 갑자기 증가시키면 (약 85 [%] 이상) 강제로 시프트 다운(감속 변속)되어 큰 구동력을 얻을 수 있는 변속 형태이다.

09 공기식 제동 장치의 구성 요소로 틀린 것은?

① 언로더 밸브 ② 릴레이 밸브
③ 브레이크 챔버 ④ EGR 밸브

해설 EGR 밸브는 배기가스 재순환 장치로서, 질소산화물(NOx)을 저감시키는 장치이다.

ANSWER / 03 ① 04 ② 05 ② 06 ④ 07 ③ 08 ① 09 ④

10 각클러치의 역할을 만족시키기 위한 조건으로 틀린 것은?

① 동력을 끊을 때 차단이 신속할 것
② 회전 부분의 밸런스가 좋을 것
③ 회전 관성이 클 것
④ 방열이 잘 되고 과열되지 않을 것

해설 클러치의 구비 조건
㉠ 회전 관성이 작을 것
㉡ 동력 전달과 차단이 신속하고 확실할 것
㉢ 방열이 잘 되어 과열되지 않을 것
㉣ 회전 부분 평형이 좋을 것

11 디스크 브레이크에서 패드 접촉면에 오일이 묻었을 때 나타나는 현상은?

① 패드가 과냉되어 제동력이 증가된다.
② 브레이크가 잘 듣지 않는다.
③ 브레이크 작동이 원활하게 되어 제동이 잘된다.
④ 디스크 표면의 마찰이 증대된다.

해설 브레이크 패드에 오일이 묻었을 때는 마찰력이 작아져 브레이크 성능이 저하된다.

12 주행 중 조향 휠의 떨림 현상 발생 원인으로 틀린 것은?

① 휠 얼라이먼트 불량
② 허브 너트의 풀림
③ 타이로드 엔드의 손상
④ 브레이크 패드 또는 라이닝 간격 과다

해설 주행 중 조향 휠의 떨리는 원인
㉠ 휠 얼라이먼트 불량
㉡ 허브 너트의 풀림
㉢ 쇽업소버의 작동불량
㉣ 조향 기어의 백래시가 큼
㉤ 앞 바퀴 휠 베어링의 마멸
④ 브레이크 패드 또는 라이닝 간격이 과다하면 제동이 늦는 경우가 발생된다.

13 주행 거리 1.6 [km]를 주행하는 데 40 [s]가 걸렸다. 이 자동차의 주행 속도를 초속과 시속으로 표시하면?

① 40 [m/s], 144 [km/h]
② 40 [m/s], 11.1[km/h]
③ 25 [m/s], 14.4[km/h]
④ 64 [m/s], 230.4[km/h]

해설

$$속도[km/h] = \frac{주행\ 거리}{주행\ 시간}$$

$$초속 = \frac{1.6 \times 1,000}{40} = 40[m/s]$$

$$시속 = \frac{1.6 \times 3,600}{40} = 144[km/h]$$

14 전자 제어 현가 장치의 출력부가 아닌 것은?

① TPS
② 지시등, 경고등
③ 액추에이터
④ 고장 코드

해설 ECS 장치에서 TPS 신호는 급감속 · 급가속을 감지하여 감쇠력 제어에 이용되는 입력 신호이다.

15 전동식 동력 조향 장치(EPS)의 구성에서 비접촉 광학식 센서를 주로 사용하여 운전자의 조향 휠 조작력을 검출하는 센서는?

① 스로틀 포지션 센서
② 전동기 회전 각도 센서
③ 차속 센서
④ 토크 센서

해설 토크 센서는 비접촉 광학식 센서를 주로 사용하며, 조향 핸들을 돌려 조향 칼럼을 통해 래크와 피니언 그리고 바퀴를 돌릴 때 발생하는 토크를 측정하여 운전자의 핸들 조작력을 검출하는 센서이다.

16 현가 장치가 갖추어야 할 기능이 아닌 것은?

① 승차감 향상을 위해 상하 움직임에 적당한 유연성이 있어야 한다.
② 원심력이 발생되어야 한다.
③ 주행 안정성이 있어야 한다.
④ 구동력 및 제동력 발생 시 적당한 강성이 있어야 한다.

ANSWER / 10 ③ 11 ② 12 ④ 13 ① 14 ① 15 ④ 16 ②

해설 현가 장치가치의 구비 조건

㉠ 주행 안정성을 갖추어야 한다.
㉡ 구동력 및 제동력 발생 시 적당한 강성이 있어야 한다.
㉢ 승차감 향상을 위해 상하 움직임에 대한 적당한 유연성이 있어야 한다.
㉣ 선회 시 원심력을 이겨낼 수 있도록 수평 방향의 연결이 견고해야 한다.

17 자동 변속기 유압 시험을 하는 방법으로 거리가 먼 것은?

① 오일 온도가 약 70 ~ 80 [℃]가 되도록 워밍업시킨다.
② 잭으로 들고 앞바퀴쪽을 들어 올려 차량 고정용 스탠드를 설치한다.
③ 엔진 타코미터를 설치하여 엔진 회전수를 선택한다.
④ 선택 레버를 'D' 위치에 놓고 가속 페달을 완전히 밟은 상태에서 엔진의 최대 회전수를 측정한다.

해설 자동 변속기의 유압 시험 방법

㉠ 규정 오일을 사용하고 오일량이 적당한지 확인한다.
㉡ 앞바퀴를 들어올려 차량 고정용 스탠드를 설치한다.
㉢ 엔진을 웜-업시켜 오일 온도가 규정 온도일 때 실시한다.
㉣ 엔진 타코미터를 이용하여 엔진 회전수를 선택한다.
㉤ 유압계 선택에 주의하여 측정한다.
④ 스톨테스트 방법으로 D 위치에서 약 2,000 ~ 2,500 [rpm]에서 유압 시험을 한다.

18 후륜 구동 차량에서 바퀴를 빼지 않고 차축을 탈거할 수 있는 방식은?

① 반부동식 ② 3/4 부동식
③ 전부동식 ④ 배부동식

해설 액슬축 지지 방식

㉠ 3/4 부동식 : 액슬축이 1/4, 하우징이 3/4의 하중을 부담한다.
㉡ 반부동식 : 액슬축과 하우징이 반반씩 하중을 부담한다.
㉢ 전부동식 : 하우징이 하중을 전부 부담하므로 액슬축은 자유로워 바퀴를 빼지 않고 차축을 탈거할 수 있다.

19 구동 피니언의 잇수 6, 링기어의 잇수 30, 추진축의 회전수 1,000 [rpm]일 때 왼쪽 바퀴가 150 [rpm]으로 회전한다면 오른쪽 바퀴의 회전수 [rpm]는?

① 250　　② 300
③ 350　　④ 400

해설 한쪽 바퀴 회전수(N_w)

$$N_w = \frac{추진축\ 회전수}{종감속비} \times 2 - 다른\ 쪽\ 바퀴\ 회전수$$

$$종감속비 = \frac{링\ 기어\ 잇수}{구동\ 피니언\ 잇수}$$

$$\therefore\ 한쪽\ 바퀴\ 회전수 = \frac{1,000}{\frac{30}{6}} \times 2 - 150$$

$$= 250\,[\mathrm{rpm}]$$

20 정(+)의 캠버란 다음 중 어떤 것을 말하는가?

① 바퀴의 아래쪽이 위쪽보다 좁은 것을 말한다.
② 앞바퀴의 앞쪽이 뒤쪽보다 좁은 것을 말한다.
③ 앞바퀴 킹핀이 뒤쪽으로 기울어진 각을 말한다.
④ 앞바퀴의 위쪽이 아래쪽보다 좁은 것을 말한다.

해설 자동차 앞 정면에서 보았을 때 앞바퀴의 위쪽이 아래쪽보다 넓은 것을 캠버라 하는데 이것을 정(+)의 캠버라 하고, 아래쪽이 넓은 것을 부(−)의 캠버라 한다.

21 조향 장치에서 조향 기어비를 나타낸 것으로 맞는 것은?

① $조향\ 기어비 = \frac{조향휠\ 회전각도}{피트먼암\ 선회각도}$
② 조향 기어비 = 조향 휠 회전 각도 + 피트먼암 선회 각도
③ 조향 기어비 = 피트먼암 선회 각도 − 조향 휠 회전 각도
④ 조향 기어비 = 피트먼암 선회 각도 × 조향 휠 회전 각도

ANSWER / 17 ④ 18 ③ 19 ① 20 ① 21 ①

해설 조향 기어비 = $\frac{\text{핸들 회전 각도}}{\text{피트먼암 회전 각도}}$

- 승용차 조향 기어비 – 10 ~ 15 : 1
- 중형 – 15 ~ 20 : 1
- 대형 – 20 ~ 30 : 1

22 전자 제어 현가 장치(electronic control sus- pension)의 구성품이 아닌 것은?

① 가속도 센서
② 차고 센서
③ 맵 센서
④ 전자 제어 현가 장치 지시등

해설 MAP 센서는 D-jetronic(공기량 간접 계측 방식)에서 흡기 다기관의 부압에 따른 흡입 공기량을 간접 계측하는 센서이다.

23 마스터 실린더에서 피스톤 1차 컵이 하는 일은?

① 오일 누출 방지
② 유압 발생
③ 잔압 형성
④ 베이퍼록 방지

해설 마스터 실린더에서 피스톤 1차 컵의 기능은 유압 발생이고, 2차 컵은 오일 누출 방지 역할을 하며, ①·②·③항은 체크 밸브를 이용하여 잔압을 두는 목적이다.

24 타이어의 뼈대가 되는 부분으로, 튜브의 공기압에 견디면서 일정한 체적을 유지하고 하중이나 충격에 변형되면서 완충 작용을 하며 내열성 고무로 밀착시킨 구조로 되어 있는 것은?

① 비드(bead)
② 브레이커(breaker)
③ 트레드(tread)
④ 카커스(carcass)

해설 타이어의 구조

㉠ 비드 : 타이어가 림에 접촉하는 부분으로, 타이어가 빠지는 것을 방지하기 위해 몇 줄의 피아노선을 넣어 놓은 것
㉡ 브레이커 : 트레드와 카커스 사이에서 분리를 방지하고 노면에서의 완충 작용을 하는 것
㉢ 트레드 : 노면과 직접 접촉하는 부분으로, 제동력 및 구동력과 옆방향 미끄럼 방지, 승차감 향상 등의 역할을 하는 것
㉣ 카커스 : 고무로 피복된 코드를 여러 겹 겹친 층이며, 타이어의 뼈대가 되는 부분으로, 공기 압력을 견디어 일정한 체적을 유지하고 하중이나 충격에 따라 변형하여 완충 작용을 하는 것

25 자동차의 축간 거리가 2.3 [m], 바퀴 접지면의 중심과 킹핀과의 거리가 20 [cm] 인 자동차를 좌회전할 때 우측 바퀴의 조향각은 30°, 좌측 바퀴의 조향각은 32° 이었을 때 최소 회전 반경 [m]은 얼마인가?

① 3.3　　② 4.8
③ 5.6　　④ 6.5

해설 최소 회전 반경 $R=\frac{L}{\sin\alpha}+r$

$$=\frac{2.3}{\sin 30°}+0.2=4.8[\text{m}]$$

여기서, α : 외측 바퀴 회전 각도[°]
L : 축거리[m]
r : 타이어 중심과 킹핀과의 거리[m]

26 동력 조향 장치가 고장일 때 핸들을 수동으로 조작할 수 있도록 하는 것은?

① 오일 펌프　　② 파워 실린더
③ 안전 체크 밸브　　④ 시프트 레버

해설 안전 체크 밸브의 기능
㉠ 안전 체크 밸브는 압력차에 의해 자동으로 열리게 된다.
㉡ 안전 체크 밸브는 컨트롤 밸브에 설치되어 있다.
㉢ 안전 체크 밸브는 기관의 정지, 오일 펌프의 고장 등 유압이 발생할 수 없는 경우 기계적으로 작동이 가능하게 해준다.

27 단순 유성 기어 장치에서 선기어, 캐리어, 링기어의 3요소 중 2요소를 입력 요소로 하면 동력 전달은?

① 증속　　② 감속
③ 직결　　④ 역전

해설 유성 기어의 3요소 중 2요소를 입력 요소로 하면 동력 전달은 직결되고, 아무런 입력이 없으면 공전된다.

ANSWER / 22 ③ 23 ② 24 ④ 25 ② 26 ③ 27 ③

28 공기 브레이크에서 공기압을 기계적 운동으로 바꾸어 주는 장치는?

① 릴레이 밸브 ② 브레이크 슈
③ 브레이크 밸브 ④ 브레이크 챔버

해설 공기 브레이크 장치에서 브레이크 페달에 의해 밸브가 열리면 릴레이 밸브를 거쳐 브레이크 챔버로 공기 압력이 전달되고 푸시 로드를 통해 기계적 운동으로 바뀌어 브레이크 슈를 작동시킨다.

29 변속기의 전진 기어 중 가장 큰 토크를 발생하는 변속단은?

① 오버드라이브 ② 1단
③ 2단 ④ 직결단

해설
- 변속기의 1단 기어에서 토크비가 가장 크다.
- 단수가 클수록 토크는 떨어지고, 회전 속도는 증가된다.

30 유압 제어 장치와 관계없는 것은?

① 오일 펌프 ② 유압 조정 밸브바디
③ 어큐뮬레이터 ③ 유성 장치

해설 유성 장치란 유성 기어로 이루어진 기계적인 장치이며, OD(Over Drive) 엔진 여유 구동력 증대를 위한 장치이다.

31 고속 주행할 때 바퀴가 상하로 진동하는 현상을 무엇이라 하는가?

① 요잉 ② 트램핑
③ 롤링 ④ 킥다운

해설 상하 진동을 트램핑이라 하며, 트램핑이란 타이어 앞부분의 동적 평형이 맞지 않아 고속 주행 시 바퀴가 상하로 심한 진동이 발생되는 현상을 말한다.

32 자동 변속기에서 작동유의 흐름으로 옳은 것은?

① 오일 펌프 → 토크 컨버터 → 밸브바디
② 토크 컨버터 → 오일 펌프 → 밸브바디

③ 오일 펌프 → 밸브바디 → 토크 컨버터
④ 토크 컨버터 → 밸브바디 → 오일 펌프

해설 자동 변속기 유체 흐름 제어 순서 : 오일 펌프 – 밸브바디 – 토크 컨버터

33 차동 장치에서 차동 피니언과 사이드 기어의 백래시 조정은?

① 축받이 차축의 왼쪽 조정심을 가감하여 조정한다.
② 축받이 차축의 오른쪽 조정심을 가감하여 조정한다.
③ 차동 장치의 링기어 조정 장치를 조정한다.
④ 스러스트 와셔의 두께를 가감하여 조정한다.

해설 차동 기어 장치에서 차동 사이드 기어의 백래시 조정은 스러스트 심 두께를 가감하여 조정한다.

34 싱크로나이저 슬리브 및 허브 검사에 대한 설명이다. 가장 거리가 먼 것은?

① 싱크로나이저와 슬리브를 끼우고 부드럽게 돌아가는지 점검한다.
② 슬리브의 안쪽 앞부분과 뒤쪽 끝이 손상되지 않았는지 점검한다.
③ 허브 앞쪽 끝부분이 마모되지 않았는지 점검한다.
④ 싱크로나이저 허브와 슬리브는 이상있는 부위만 교환한다.

해설 싱크로나이저 허브 및 슬리브는 이상 변형 및 손상이 발생되면 전체 부품을 교환한다.

35 유압식 동력 조향 장치와 비교하여 전동식 동력 조향 장치의 특징으로 틀린 것은?

① 유압 제어를 하지 않으므로 오일이 필요없다.
② 유압 제어 방식에 비해 연비를 향상시킬 수 없다.
③ 유압 베어 방식은 전자 제어 조향 장치보다 부품수가 적다.
④ 유압 제어를 하지 않으므로 오일 펌프가 필요없다.

해설 전동식 동력 조향 장치의 장점
㉠ 연료 소비율이 향상된다.
㉡ 에너지 소비가 적으며, 구조가 간단하다.
㉢ 엔진의 가동이 정지된 때에도 조향 조작력 증대가 가능하다.

ANSWER / 28 ④ 29 ② 30 ③ 31 ② 32 ③ 33 ④ 34 ④ 35 ②

㉣ 조향 특성 튜닝이 쉽다.
㉤ 엔진룸 레이아웃(ray-out) 설정 및 모듈화가 쉽다.
㉥ 유압 제어 장치가 없어 환경 친화적이다.

36 다음 중 추진축의 자재이음은 어떤 변화를 가능하게 하는가?

① 축의 길이
② 회전 속도
③ 회전축의 각도
④ 회전 토크

해설 추진축의 이음방법
㉠ 추진축 : 회전력 전달
㉡ 자재 이음 : 구동 회전 각도 변화
㉢ 슬립 이음 : 길이 변화

37 공기 현가 장치의 특징에 속하지 않는 것은?

① 스프링 정수가 자동적으로 조정되므로 하중 증감에 관계없이 고유 진동수를 거의 일정하게 유지할 수 있다.
② 고유 진동수를 높일 수 있으므로 스프링 효과를 유연하게 할 수 있다.
③ 공기 스프링 자체에 감쇠성이 있으므로 작은 진동을 흡수하는 효과가 있다.
④ 하중 증감에 관계없이 차체 높이를 일정하게 유지하며 앞뒤 · 좌우의 기울기를 방지할 수 있다.

해설 공기식 현가 장치의 특성
㉠ 하중 증감에 관계없이 차체 높이를 항상 일정하게 유지하며 앞뒤 · 좌우의 기울기를 방지할 수 있다.
㉡ 스프링 정수가 자동적으로 조정되므로 하중의 증감에 관계없이 고유 진동수를 거의 일정하게 유지할 수 있다.
㉢ 고유 진동수를 낮출 수 있으므로 스프링 효과를 유연하게 할 수 있다.
㉣ 공기 스프링 자체에 감쇠성이 있으므로 작은 진동을 흡수하는 효과가 있다.

38 클러치가 미끄러지는 원인으로 틀린 것은?

① 페달 자유 간극 과대
② 마찰면의 경화, 오일 부착
③ 클러치 압력 스프링 쇠약, 절손
④ 압력판 및 플라이휠 손상

해설 클러치가 미끄러지는 원인
㉠ 크랭크 축 뒤 오일실 마모로 오일이 누유될 때

㉡ 클러치판에 오일이 묻었을 때
㉢ 압력 스프링이 약할 때
㉣ 클러치판이 마모되었을 때
㉤ 클러치 페달의 자유 간극이 작을 때
㉥ 압력판, 플라이휠의 손상

39

변속기의 변속비가 1.5, 링기어의 잇수 36, 구동피니언의 잇수 6인 자동차를 오른쪽 바퀴만을 들어서 회전하도록 하였을 때 오른쪽 바퀴의 회전수[rpm]는? (단, 추진축의 회전수 = 2,100 [rpm])

① 350 ② 450
③ 600 ④ 700

해설 한쪽 바퀴 회전수(N_w)

$$N_w = \frac{\text{추진축 회전수}}{\text{종감속비}} \times 2 - \text{다른 쪽 바퀴 회전수}$$
$$= \frac{2{,}100}{\frac{36}{6}} \times 2 - 0 = 700\,[\text{rpm}]$$

40

수동 변속기에서 싱크로 메시(synchro mesh) 기구의 기능이 작용하는 시기는?

① 클러치 페달을 놓을 때 ② 클러치 페달을 밟을 때
③ 변속 기어가 물릴 때 ④ 변속 기어가 물려 있을 때

해설 싱크로 메시 : 싱크로 메시 기구는 변속기어가 물릴 때 주축 기어와 부축 기어의 회전 속도를 동기시켜 원활한 치합이 이루어지게 하는 장치이다.

41

자동 변속기에서 밸브 보디에 있는 매뉴얼 밸브의 역할은?

① 변속 단수의 위치를 컴퓨터로 전달한다.
② 오일 압력을 부하에 알맞은 압력으로 조정한다.
③ 차속이나 엔진 부하에 따라 변속 단수를 결정한다.
④ 변속 레버의 위치에 따라 유로를 변경한다.

ANSWER / 36 ③ 37 ② 38 ① 39 ④ 40 ③ 41 ④

해설 밸브 보디의 역할 : 매뉴얼 밸브는 자동 변속기를 장착한 자동차에서 변속 레버의 조작을 받아 변속 레인지를 결정하는 밸브 보디의 구성 요소이다. 즉, 변속 레버의 움직임에 따라 PRND 등의 각 레인지로 변환하여 유로를 변경한다.

42 자동 변속기 차량에서 토크 컨버터 내에 있는 스테이터의 기능은?

① 터빈의 회전력을 감소시킨다.
② 터빈의 회전력을 증대시킨다.
③ 바퀴의 회전력을 감소시킨다.
④ 펌프의 회전력을 증대시킨다.

해설 토크 컨버터의 스테이터는 작동 유체(오일)의 흐름 방향을 변환시키며, 터빈의 회전력(토크)을 증대시킨다.

43 다음 중 브레이크 드럼이 갖추어야 할 조건과 관계가 없는 것은?

① 방열이 잘 되어야 한다.
② 강성과 내마모성이 있어야 한다.
③ 동적 · 정적 평형이 되어야 한다.
④ 무거워야 한다.

해설 브레이크 드럼의 구비 조건
㉠ 정적 · 동적 평형이 잡혀 있을 것
㉡ 슈와 마찰면에 내마멸성이 있을 것
㉢ 방열이 잘 될 것
㉣ 강성이 있을 것
㉤ 무게가 가벼울 것

44 브레이크액의 특성으로서 장점이 아닌 것은?

① 높은 비등점
② 낮은 응고점
③ 강한 흡습성
④ 큰 점도 지수₩

해설 브레이크액의 특성
㉠ 비점은 높고, 빙점은 낮을 것
㉡ 금속이나 고무를 부식시키지 않을 것

㉢ 온도 변화가 많아도 점도는 항상 일정할 것
㉣ 공기 중의 수분 흡습성이 낮을 것
㉤ 내부 마찰이 작고, 적당한 윤활성이 있을 것
㉥ 고온에서도 안정성이 있고, 장기간 사용하여도 특성이 변하지 않을 것
㉦ 침전물을 발생시키지 않을 것

45 조향 장치가 갖추어야 할 조건 중 적당하지 않은 사항은?

① 적당한 회전 감각이 있을 것
② 고속 주행에서도 조향 핸들이 안정될 것
③ 조향 휠의 회전과 구동 휠의 선회차가 클 것
④ 선회 시 저항이 작고 선회 후 복원성이 좋을 것

해설 조향 장치의 구비 조건
㉠ 조향 조작이 주행 중의 충격에 영향받지 않을 것
㉡ 조작이 쉽고 방향 전환이 원활할 것
㉢ 고속 주행에서도 조향 핸들이 안전할 것
㉣ 회전 반경이 작아서 좁은 곳에서도 방향 전환이 용이할 것
㉤ 조향 핸들의 회전과 바퀴 선회의 차가 크지 않을 것

46 킹핀 경사각과 함께 앞바퀴에 복원성을 주어 직진 위치로 쉽게 돌아오게 하는 앞바퀴 정렬과 관련이 가장 큰 것은?

① 캠버 ② 캐스터
③ 토 ④ 셋백

해설 캐스터
㉠ 킹핀 경사각과 함께 앞바퀴에 복원성을 주어 직진 위치로 쉽게 돌아오게 한다.
㉡ 조향 바퀴(앞바퀴)에 직진성을 부여한다.

47 스프링의 진동 중 스프링 위 질량의 진동과 관계없는 것은?

① 바운싱 ② 피칭
③ 휠 트램프 ④ 롤링

ANSWER 42 ② 43 ④ 44 ③ 45 ③ 46 ② 47 ③

해설 스프링의 진동

㉠ 바운싱 : Z축을 중심으로 한 병진 운동(차체의 전체가 아래 · 위로 진동)
㉡ 피칭 : Y축을 중심으로 한 회전 운동(차체의 앞과 뒤쪽이 아래 · 위로 진동)
㉢ 롤링 : X축을 중심으로 한 회전 운동(차체가 좌우로 흔들리는 회전운동)
㉣ 요잉 : Z축을 중심으로 한 회전 운동(차체의 뒤폭이 좌 · 우 회전하는 진동)

48 요철이 있는 노면을 주행할 경우 스티어링 휠에 전달되는 충격을 무엇이라 하는가?

① 시미 현상
② 웨이브 현상
③ 스카이 훅 현상
④ 킥백 현상

해설 ① 시미 현상 : 타이어의 동적 불평형으로 인한 바퀴의 좌우 진동 현상
② 웨이브 현상 : 타이어가 고속 회전을 하면 변형된 부분이 환원이 되기도 전에 반복되는 변형으로, 타이어 트레드가 물결 모양으로 떠는 현상
③ 스카이 훅 현상 : 자동차 주행 시 가장 안정된 자세는 새가 날개를 펴고 지면에 착지할 때의 경우로, 이 자세가 스카이 훅이다.
④ 킥백 현상 : 요철이 있는 노면 주행 시 스티어링 휠에 전달되는 충격

49 타이어의 뼈대가 되는 부분으로서, 공기 압력을 견디어 일정한 체적을 유지하고 또 하중이나 충격에 따라 변형하여 완충 작용을 하는 것은?

① 트레드
② 비드부
③ 브레이커
④ 카커스

해설 타이어의 구조

㉠ 비드 : 타이어가 림에 접촉하는 부분으로, 타이어가 빠지는 것을 방지하기 위해 몇 줄의 피아노선을 넣어 놓은 것
㉡ 브레이커 : 트레드와 카커스 사이에서 분리를 방지하고 노면에서의 완충 작용을 하는 것
㉢ 트레드 : 노면과 직접 접촉하는 부분으로, 제동력 및 구동력과 옆방향 미끄럼 방지, 승차감 향상 등의 역할을 하는 것
㉣ 카커스 : 고무로 피복된 코드를 여러 겹 겹친 층이며, 타이어의 뼈대가 되는 부분으로, 공기 압력을 견디어 일정한 체적을 유지하고 하중이나 충격에 따라 변형하여 완충 작용을 하는 것
㉤ 사이드 월 : 타이어의 옆부분으로 승차감을 유지시키는 역할을 하며 각종 정보를 표시하는 부분

50 흡기관로에 설치되어 칼만 와류 현상을 이용하여 흡입 공기량을 측정하는 것은?

① 대기압 센서
② 스로틀 포지션 센서
③ 공기 유량 센서
④ 흡기 온도 센서

해설 센서의 기능

㉠ 흡기온 센서 : 흡입 공기 온도를 검출하는 일종의 저항기[부특성(NTC) 서미스터]로, 연료 분사량을 보정한다.

㉡ 스로틀 포지션 센서 : 스로틀 밸브의 개도를 검출하여 엔진 운전 모드를 판정하여 가속과 감속 상태에 따른 연료 분사량을 보정한다.

㉢ 대기압 센서 : 외부의 대기압을 측정하여 연료 분사량 및 점화 시기를 보정한다.

㉣ 공기량 센서 : 흡입 관로에 설치되며 공기량을 계측하여 기본 연료 분사 시간과 점화 시기를 결정한다.

51 다음 중 전자 제어 제동 장치(ABS)의 구성 요소로 틀린 것은?

① 하이드로릭 유니트
② 크랭크 앵글 센서
③ 휠 스피드 센서
④ 컨트롤 유니트

해설 전자 제어 제동 장치(ABS)의 구성 부품

㉠ 휠 스피드 센서 : 차륜의 회전 상태 검출

㉡ 전자 제어 컨트롤 유니트(ECU) : 휠 스피드 센서의 신호를 받아 ABS 제어

㉢ 하이드로릭 유니트 : ECU의 신호에 따라 휠 실린더에 공급되는 유압 제어

㉣ 프로포셔닝 밸브 : 제동 시 뒷바퀴가 조기에 고착되지 않도록 뒷바퀴의 유압 제어

52 그림과 같은 마스터 실린더의 푸시 로드에는 몇 [kg_f]의 힘이 작용하는가?

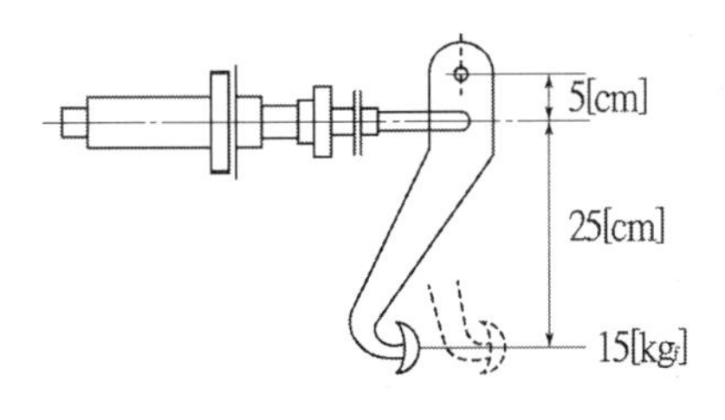

① 75
② 90
③ 120
④ 140

ANSWER 48 ④ 49 ④ 50 ③ 51 ② 52 ②

해설 지렛대 비$=(25+5):5=6:1$

푸시 로드의 작용 힘 =지렛대 비×페달 밟는 힘

$=6\times15[kg_f]=90[kg_f]$

53 **자동차가 24 [km/h]의 속도에서 가속하여 60 [km/h]의 속도를 내는데 5[s]초 걸렸다. 평균 가속도 [m/s^2]는?**

① 10 ② 5

③ 2 ④ 1.5

해설

$$가속도 = \frac{나중\ 속도 - 처음\ 속도}{걸린\ 시간} = \frac{(60-24)\times1{,}000}{3{,}600\times5} = 2\ [m/s^2]$$

54 **어떤 물체가 초속도 10 [m/s]로 마루면을 미끄러진다면 몇 [m]를 진행하고 멈추는가? (단, 물체와 마루면 사이의 마찰 계수 = 0.5)**

① 0.51 ② 5.1

③ 10.2 ④ 20.4

해설

$$제동\ 거리\ S = \frac{v^2}{2\mu g} = \frac{10^2}{2\times0.5\times9.8} = 10.2\ [m]$$

여기서, V : 초속도 [m/s]

μ : 마찰 계수

g : 중력 가속도(9.8 [m/s^2])

55 **변속기의 변속비(기어비)를 구하는 식은?**

① 엔진의 회전수를 추진축의 회전수로 나눈다.

② 부축의 회전수를 엔진의 회전수로 나눈다.

③ 입력축의 회전수를 변속단 카운터 축의 회전수로 곱한다.

④ 카운터 기어 잇수를 변속단 카운터 기어 잇수로 곱한다.

해설

$$변속비 = \frac{엔진\ 회전수}{추진축\ 회전수} = \frac{출력축\ 기어\ 잇수}{입력축\ 기어\ 잇수}$$

56 자동 변속기에서 유성 기어 캐리어를 한 방향으로만 회전하게 하는 것은?

① 원웨이 클러치 ② 프론트 클러치
③ 리어 클러치 ④ 엔드 클러치

해설 자동 변속기 클러치의 종류

㉠ 프론트 클러치 : 구동판은 드럼 내면의 스플라인에 설치하고, 피동판은 선 기어 구동축 스플라인에 설치하여 유압에 의해 연결되어 링 기어를 구동하거나 차단한다.
㉡ 리어 클러치 : 유압에 의해 피스톤이 작동되면 다판 클러치가 작동하여 토크 컨버터 터빈과 연결되어 있는 입력축으로부터의 구동력을 포워드 선기어에 전달한다.
㉢ 엔드 클러치 : 유압에 의해 피스톤이 작동하면 다판 클러치가 작동하여 토크 컨버터 터빈과 연결되어 있는 입력축으로부터의 구동력을 유성 기어 캐리어에 전달한다.
① 유성 기어 캐리어를 한쪽 방향으로만 회전하도록 하는 것은 원웨이 클러치(일방향 클러치, 프리휠)이다.

57 클러치 디스크의 런아웃이 클 때 나타날 수 있는 현상으로 가장 적합한 것은?

① 클러치의 단속이 불량해진다.
② 클러치 페달의 유격에 변화가 생긴다.
③ 주행 중 소리가 난다.
④ 클러치 스프링이 파손된다.

해설 런아웃(run-out)이란 디스크 평면이 휘어진 상태를 말하며, 클러치의 런아웃이 크면 클러치 단속이 불량해지고, 연결 시 떨림이 발생한다.

58 동력 조향 장치 정비 시 안전 및 유의 사항으로 틀린 것은?

① 자동차 하부에서 작업할 때는 시야 확보를 위해 보안경을 벗는다.
② 공간이 좁으므로 다치지 않게 주의한다.
③ 제작사의 정비 지침서를 참고하여 점검 · 정비한다.
④ 각종 볼트 너트는 규정 토크로 조인다.

해설 차량 밑에서 작업하는 경우, 즉 클러치나 변속기 등을 떼어 낼 때에는 반드시 보안경을 착용한다.

ANSWER / 53 ③ 54 ③ 55 ① 56 ① 57 ① 58 ①

59 전동식 전자 제어 동력 조향 장치에서 토크 센서의 역할은?

① 차속에 따라 최적의 조향력을 실현하기 위한 기준 신호로 사용된다.
② 조향 휠을 돌릴 때 조향력을 연산할 수 있도록 기본 신호를 컨트롤 유니트에 보낸다.
③ 모터 작동 시 발생되는 부하를 보상하기 위한 보상 신호로 사용된다.
④ 모터 내의 로터 위치를 검출하여 모터 출력의 위상을 결정하기 위해 사용된다.

해설 전자 제어 동력 조향 장치(MDPS)에서 토크 센서는 비접촉 광학식 센서를 주로 사용하며, 조향 핸들을 돌려 조향 칼럼을 통해 래크와 피니언 그리고 바퀴를 돌릴 때 발생하는 토크(휠 조작력)를 측정하여 컴퓨터로 입력시킨다.

60 전자 제어 동력 조향 장치의 특성으로 틀린 것은?

① 공전과 저속에서 핸들 조작력이 작다.
② 중속 이상에서는 차량 속도에 감응하여 핸들 조작력을 변화시킨다.
③ 차량 속도가 고속이 될수록 큰 조작력을 필요로 한다.
④ 동력 조향 장치이므로 조향 기어는 필요없다.

해설 전자 제어 동력 조향 장치의 특성
㉠ 앞바퀴 시미 현상이 감소한다.
㉡ 저속 시 휠 조작력을 적게 한다.
㉢ 고속 시 조작력을 크게 한다.
㉣ 중속 이상에서 차량 속도에 감응하여 핸들 조작력을 변화시킨다.

61 다음 중 자동차 앞차륜 독립 현가 장치에 속하지 않는 것은?

① 트레일링 암 형식(trailling arm type)
② 위시본 형식(wishbone type)
③ 맥퍼슨 형식(macpherson type)
④ SLA 형식(Short Long Arm type)

해설 앞차륜 독립 현가 장치에는 위시본형, 더블 위시본형, 맥퍼슨형, SLA 형식 등이 있으며, 후륜 구동 방식 현가 장치에는 트레일링 암형, 세미 트레일링 암형으로 나누어진다.

62 전차륜 정렬에 관계되는 요소가 아닌 것은?

① 타이어의 이상 마모를 방지한다.
② 정지 상태에서 조향력을 가볍게 한다.
③ 조향 핸들의 복원성을 준다.
④ 조향 방향의 안정성을 준다.

해설 앞바퀴 정렬(얼라이먼트)의 역할
㉠ 조향 핸들의 조작을 작은 힘으로 할 수 있게 한다.
㉡ 조향 조작이 확실하고 안정성을 준다.
㉢ 타이어 마모를 최소화한다.
㉣ 조향 핸들에 복원성을 준다.

63 추진축 스플라인부의 마모가 심할 때의 현상으로 가장 적절한 것은?

① 차동기의 드라이브 피니언과 링기어의 치합이 불량하게 된다.
② 차동기의 드라이브 피니언 베어링의 조임이 헐겁게 된다.
③ 동력을 전달할 때 충격 흡수가 잘 된다.
④ 주행 중 소음을 내고 추진축이 진동한다.

해설 추진축의 스플라인부가 마모되면 주행 중 소음을 내고 추진축이 진동한다.

64 다음 중 앞차축 현가 장치에서 맥퍼슨형의 특징이 아닌 것은?

① 위시본형에 비하여 구조가 간단하다.
② 로드 홀딩이 좋다.
③ 엔진 룸의 유효 공간을 넓게 할 수 있다.
④ 스프링 아래 중량을 크게 할 수 있다.

해설 맥퍼슨 형식의 특징
㉠ 구조가 간단하고 고장이 작으며 정비가 쉽다
㉡ 스프링 아래 질량이 작아 로드홀딩이 좋다.
㉢ 엔진 룸의 유효 공간을 넓게 할 수 있다.
㉣ 진동 흡수율이 커 승차감이 좋다.

ANSWER / 59 ② 60 ④ 61 ① 62 ② 63 ④ 64 ④

65 드럼식 브레이크에서 브레이크슈의 작동 형식에 의한 분류에 해당하지 않는 것은?

① 3리딩 슈 형식
② 리딩 트레일링슈 형식
③ 서보 형식
④ 듀오 서보식

해설 브레이크슈의 작동 형식에 의한 분류
㉠ 서보 브레이크
• 2앵커 브레이크
• 앵커 링크 단동
• 2리딩 슈 복동
• 2리딩 슈
㉡ 넌서보 브레이크 : 리딩 트레일링 슈 형식

66 브레이크 장치에서 슈 리턴 스프링의 작용에 해당되지 않는 것은?

① 오일이 휠 실린더에서 마스터 실린더로 되돌아가게 한다.
② 슈와 드럼 간의 간극을 유지해준다.
③ 페달력을 보강해준다.
④ 슈의 위치를 확보한다.

해설 브레이크슈 리턴 스프링은 페달을 놓으면 오일이 휠 실린더에서 마스터 실린더로 되돌아가게 하며, 슈의 위치를 확보하여 슈와 드럼의 간극을 유지해 준다.

67 자동차의 전자 제어 제동 장치(ABS) 특징으로 올바른 것은?

① 바퀴가 로크되는 것을 방지하여 조향 안정성 유지
② 스핀 현상을 발생시켜 안정성 유지
③ 제동 시 한쪽 쏠림 현상을 발생시켜 안정성 유지
④ 제동 거리를 증가시켜 안정성 유지

해설 ABS의 설치 목적
㉠ 제동 거리를 단축시킨다.
㉡ 미끄러짐을 방지하여 차체 안정성을 유지한다.
㉢ ECU에 의해 브레이크를 컨트롤하여 조종성을 확보한다.
㉣ 앞바퀴의 잠김 방지에 따른 조향 능력 상실을 방지한다.
㉤ 뒷바퀴의 잠김을 방지하여 차체 스핀에 의한 전복을 방지한다.

68 공기 브레이크 장치에서 앞바퀴로 압축 공기가 공급되는 순서는?

① 공기 탱크 – 퀵 릴리스 밸브 – 브레이크 밸브 – 브레이크 챔버
② 공기 탱크 – 브레이크 챔버 – 브레이크 밸브 – 브레이크 슈
③ 공기 탱크 – 브레이크 밸브 – 퀵 릴리스 밸브 – 브레이크 챔버
④ 브레이크 밸브 – 공기 탱크 – 퀵 릴리스 밸브 – 브레이크 챔버

해설 공기 브레이크는 브레이크를 밟으면 공기 탱크의 압축 공기가 브레이크 밸브와 퀵 릴리스 밸브를 거쳐서 브레이크 챔버로 유입된다. 이때 공기의 압력이 기계적 힘으로 변하여 푸시로드를 밀면 캠이 움직여 브레이크슈를 확장하여 브레이크가 작동하며 제동이 가능하게 된다.

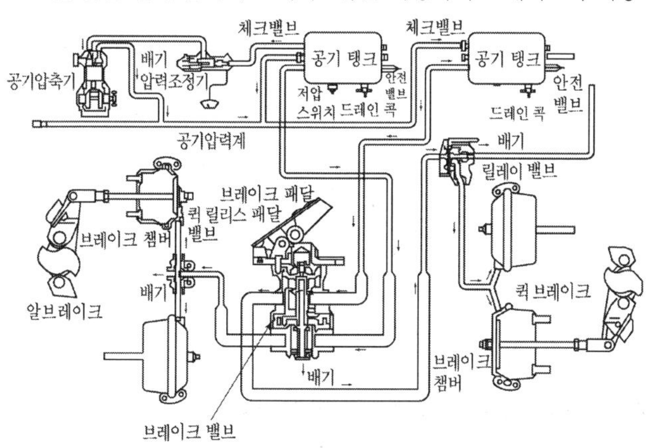

69 토크 컨버터의 토크 변환율은?

① 0.1 ~ 1배　② 2 ~ 3배
③ 4 ~ 5배　④ 6 ~ 7배

해설 토크 컨버터 : 유체 클러치의 개량형으로, 동력 전달 효율은 97 ~ 98 [%]이고, 토크컨버터의 토크 변환율은 2 ~ 3 : 1이다.

70 마스터 실린더 푸시 로드에 작용하는 힘이 120 [kg_f]이고, 피스톤 단면적이 3 [cm^2]일 때 발생 유압 [kg_f/cm^2]은?

① 30　② 40
③ 50　④ 60

ANSWER 65 ① 66 ③ 67 ① 68 ③ 69 ② 70 ②

해설
$$압력[kg_f/cm^2] = \frac{하중(W)}{단면적(A)}$$
$$= \frac{120}{3} = 40[kg_f/cm^2]$$

71 기관 rpm이 3,570이고, 변속비가 3.5, 종감속비가 3일 때 오른쪽 바퀴가 420 [rpm] 이면 왼쪽 바퀴 회전수[rpm]는?

① 340
② 1,480
③ 2.7
④ 260

해설 한쪽 바퀴 회전수(N_w)

$$N_w = \frac{추진축\ 회전수}{종감속비} \times 2 - 다른\ 쪽\ 바퀴\ 회전수$$
$$= \frac{3,570}{35 \times 3} \times 2 - 420 = 260[rpm]$$

72 사이드 슬립 시험기 사용 시 주의 사항 중 틀린 것은?

① 시험기의 운동 부분은 항상 청결하여야 한다.
② 시험기에 대하여 직각 방향으로 진입시킨다.
③ 시험기의 답판 및 타이어에 부착된 수분 · 기름 · 흙 등을 제거한다.
④ 답판 위에서 차속이 빠르면 브레이크를 사용하여 차속을 맞춘다.

해설 사이드 슬립 시험기 사용시 주의 사항
㉠ 차량을 시험기에 대하여 직각 방향으로 진입시킨다.
㉡ 시험기의 운동부는 항상 청결하여야 한다.
㉢ 시험기와 타이어에 수분 · 기름 등의 이물질을 제거한 후 시험한다.
㉣ 차량이 답판을 통과할 때 핸들에서 손을 뗀 상태로 서서히 멈추지 않고 통과한다.

73 자동차 현가 장치에 사용하는 토션 바 스프링에 대하여 틀린 것은?

① 단위 무게에 대한 에너지 흡수율이 다른 스프링에 비해 크며 가볍고 구조도 간단하다.
② 스프링의 힘은 바의 길이 및 단면적에 반비례한다.
③ 구조가 간단하고 가로 또는 세로로 자유로이 설치할 수 있다.
④ 진동의 감쇠 작용이 없어 쇽업소버를 병용하여야 한다.

해설 토션 바 스프링의 특징

㉠ 스프링 장력은 토션 바의 길이와 단면적으로 결정된다.
㉡ 구조가 간단하고 단위 중량당 에너지 흡수율이 크다.
㉢ 좌 · 우가 구분되며, 쇽업쇼버를 병용하여야 한다.
㉣ 현가 장치의 높이를 조절할 수 없다.

74 전자 제어 동력 조향 장치와 관계없는 센서는?

① 일사 센서
② 차속 센서
③ 스로틀 포지션 센서
④ 조향각 센서

해설 동력 조향 장치의 입력 센서

㉠ 스로틀 포지션 센서 : 운전자의 가속페달 밟는 정도를 검출한다.
㉡ 차속 센서 : 차량의 속도를 검출하여 ECU로 입력한다.
㉢ 조향각 센서 : 조향 속도를 측정하여 파워 스티어링의 catch up 현상을 보상한다.
④ 일사 센서는 일사량(햇빛)을 감지하여 AUTO A/C 및 차 실내 온도 측정 등의 작동에 관계된다.

75 전자 제어식 동력 조향 장치(EPS)의 관련된 설명으로 틀린 것은?

① 저속 주행에서는 조향력을 가볍게 고속 주행에서는 무겁게 되도록 한다.
② 저속 주행에서는 조향력을 무겁게 고속 주행에서는 가볍게 되도록 한다.
③ 제어 방식에서 차속 감응과 엔진 회전수 감응 방식이 있다.
④ 급조향 시 조향 방향으로 잡아당기는 현상을 방지하는 효과가 있다.

해설 전자 제어 파워 스티어링(ESP)의 작용

㉠ 조향 핸들의 조작력은 저속에서는 가볍고, 고속에서는 무거워야 한다.
㉡ 기관 회전수에 따라 조향력을 변화시키는 회전수 감응식이 있다.
㉢ 차량 속도가 고속이 될수록 조향 조작력이 커진다.
㉣ 차속에 따라 조향력을 변화시키는 차속 감응식이 있다.
㉤ 급조향을 할 때 조향 방향으로 잡아당기는 현상을 방지하는 효과가 있다.

ANSWER / 71 ④ 72 ④ 73 ③ 74 ① 75 ②

76 유압식 동력 조향 장치의 구성 요소로 틀린 것은?

① 브레이크 스위치
② 오일 펌프
③ 스티어링 기억 박스
④ 압력 스위치

해설 브레이크 스위치는 동력 조향 장치와 무관하다.

77 동력 전달 장치에서 추진축이 진동하는 원인으로 가장 거리가 먼 것은?

① 요크 방향이 다르다.
② 밸런스 웨이트가 떨어졌다
③ 중간 베어링이 마모되었다.
④ 플랜지부를 너무 조였다.

해설 추진축에 진동이 생기는 원인
㉠ 요크 방향이 다르거나 밸런스 웨이트가 떨어졌다.
㉡ 중간 베어링 및 십자축 베어링이 마모되었다.
㉢ 플랜지부가 풀렸거나 추진축이 휘었다.

78 구동 바퀴가 자동차를 미는 힘을 구동력이라 하며 이때 구동력의 단위는?

① kg_f
② $kg_f \cdot m$
③ PS
④ $kg_f \cdot m/s$

해설 단위
㉠ kg_f : 힘(구동력)의 단위
㉡ $kg_f \cdot m$: 일의 단위
㉢ ps, $kg_f \cdot m/s$: 일률(마력)의 단위

79 변속기의 1단 감속비가 4 : 1이고 종감속 기어의 감속비는 5 : 1일 때 감속비는?

① 0.8 : 1
② 1.25 : 1
③ 20 : 1
④ 30 : 1

해설 총감속비＝변속비×종감속비
＝4×5＝20

80 자동 변속기 오일 펌프에서 발생한 라인 압력을 일정하게 조정하는 밸브는?

① 체크 밸브 ② 거버너 밸브
③ 매뉴얼 밸브 ④ 레귤레이터 밸브

해설 레귤레이터 밸브는 오일 펌프에서 발생한 라인의 압력을 일정하게 조정하는 역할을 한다.

81 전자 제어 현가 장치에서 입력 신호가 아닌 것은?

① 브레이크 스위치 ② 감쇠력 모드 전환 스위치
③ 스로틀 포지션 센서 ④ 대기압 센서

해설 전자 제어 현가 장치의 요소

㉠ 전자 제어 현가 장치의 입력 요소
- 차고센서
- 조향 핸들 각속도 센서
- G(중력 가속도) 센서
- 인히비터 스위치
- 차속센서
- TPS
- 고압 및 저압 스위치
- 전조등 릴레이
- 도어 스위치
- 제동등 스위치
- 공전 스위치(ISA, ISC 등)

㉡ 전자 제어 현가 장치의 출력 요소
- 스텝 모터(엑츄에이터)
- 유량 변환 밸브
- 앞뒤 공기 공급 밸브
- 앞뒤 공기 배출 밸브
- 공기 압축기와 릴레이
- 리턴 펌프 릴레이
- 전자 제어 현가 장치 계기판 모드 표시

ANSWER / 76 ① 77 ④ 78 ① 79 ③ 80 ④ 81 ④

82 전자 제어 제동 장치(ABS)에서 ECU로부터 신호를 받아 각 휠 실린더의 유압을 조절하는 구성품은?

① 유압 모듈레이터　　② 휠 스피드 센서
③ 프로포셔닝 밸브　　④ 앤티 롤 장치

해설 유압 모듈레이터는 ECU로부터 신호를 받아 각 휠 실린더의 유압을 증감 · 감압 · 유지 등으로 조절한다.

83 스프링 정수가 2 [kg_f/mm]인 자동차 코일 스프링을 3 [cm]로 압축하려면 필요한 힘 [kg_f]은?

① 6　　② 60
③ 600　　④ 6,000

해설

$$\text{스프링 상수}(k) = \frac{W[\mathrm{kg_f}]}{l[\mathrm{mm}]}$$

$$k \times l = 2[\mathrm{kg_f/mm}] \times 30[\mathrm{mm}] = 60[\mathrm{kg_f}]$$

여기서, W : 힘
l : 길이 [mm]
k : 스프링 상수 [kg_f/mm]

84 사용 중인 라디에이터에 물을 넣으니 총 14 [L]가 들어갔다. 이 라디에이터와 동일 제품의 신품 용량은 20 [L]라고 하면 이 라디에이터 코어 막힘은 몇 [%]인가?

① 20　　② 25
③ 30　　④ 35

해설

$$\text{코어 막힘률} = \frac{\text{신품 용량} - \text{사용품 용량}}{\text{신품 용량}} \times 100[\%]$$

$$= \frac{20 - 14}{20} \times 100 = 30[\%]$$

85 브레이크 장치의 유압 회로에서 발생하는 베이퍼록의 원인이 아닌 것은?

① 긴 내리막길에서 과도한 브레이크 사용
② 비점이 높은 브레이크액을 사용했을 때
③ 드럼과 라이닝의 끌림에 의한 가열
④ 브레이크슈 리턴 스프링의 쇠손에 의한 잔압 저하

해설 베이퍼록 발생 원인
㉠ 긴 내리막길에서 과도한 브레이크 사용
㉡ 비점이 낮은 브레이크 오일을 사용하였을 때
㉢ 드럼과 라이닝의 끌림에 의한 가열
㉣ 브레이크 슈 리턴 스프링의 쇠손에 의한 잔압 저하
㉤ 브레이크 슈 라이닝 간극이 너무 작을 때
㉥ 불량 오일을 사용하거나 다른 오일의 혼용

86 전자 제어 자동 변속기에서 변속단 결정에 가장 중요한 역할을 하는 센서는?

① 스로틀 포지션 센서 ② 공기 유량 센서
③ 레인 센서 ④ 산소 센서

해설 변속 시기 결정에 가장 중요한 역할을 하는 것은 스로틀 포지션 센서이다.

87 기관 최고 출력이 70 [PS]인 자동차가 직진하고 있을 때 변속기 출력축의 회전수가 4,800 [rpm], 종감속비가 2.4이면 뒤 액슬의 회전 속도 [rpm]는?

① 1,000 ② 2,000
③ 2,500 ④ 3,000

해설

$$\text{후차축 회전수} = \frac{\text{엔진 회전수}}{\text{종감속비}}$$

$$\therefore \text{ 액슬축 회전수} = \frac{4{,}800\,[\text{rpm}]}{2.4} = 3{,}000\,[\text{rpm}]$$

88 앞바퀴를 위에서 아래로 보았을 때 앞쪽이 뒤쪽보다 좁게 되어져 있는 상태를 무엇이라 하는가?

① 킹핀(king-pin) 경사각 ② 캠버(camber)
③ 토인(toe in) ④ 캐스터(caster)

해설 ① 토인 : 앞바퀴를 위에서 아래로 보았을 때 앞쪽이 뒤쪽보다 좁게 되어져 있는 상태
② 토 아웃 : 앞바퀴를 위에서 아래로 보았을 때 앞쪽이 뒤쪽보다 넓게 되어져 있는 상태
③ 캠버 : 앞바퀴를 앞에서 보았을 때 위쪽이 안쪽으로 들어가거나 나간 상태
④ 캐스터 : 앞바퀴를 옆에서 보았을 때 앞이나 뒤로 기울어진 상태

ANSWER / 82 ① 83 ② 84 ③ 85 ② 86 ① 87 ② 88 ③

89 브레이크슈의 리턴 스프링에 관한 설명으로 거리가 먼 것은?

① 리턴 스프링이 약하면 휠 실린더 내의 잔압이 높아진다.
② 리턴 스프링이 약하면 드럼을 과열시키는 원인이 될 수도 있다.
③ 리턴 스프링이 강하면 드럼과 라이닝의 접촉이 신속히 해제된다.
④ 리턴 스프링이 약하면 브레이크슈의 마멸이 촉진될 수 있다.

해설 브레이크슈 리턴 스프링은 페달을 놓으면 오일이 휠 실린더에서 마스터 실린더로 되돌아가게 하며, 슈의 위치를 확보하여 슈와 드럼의 간극을 유지해 준다. 그리고 리턴 스프링이 약하면 휠 실린더 내의 잔압이 낮아진다.

90 공기 브레이크의 구성 부품이 아닌 것은?

① 공기 압축기
② 브레이크 챔버
③ 퀵 릴리스 밸브
④ 브레이크 휠 실린더

해설 휠 실린더는 유압식 브레이크의 구성 부품이다.

91 클러치 페달을 밟을 때 무겁고, 자유 간극이 없다면 나타나는 현상으로 거리가 먼 것은?

① 연료 소비량이 증대된다.
② 기관이 과냉된다.
③ 주행 중 가속 페달을 밟아도 차가 가속되지 않는다.
④ 등판 성능이 저하된다.

해설 클러치가 미끄러질 때의 영향
㉠ 연료 소비량이 커진다.
㉡ 등판성능이 떨어지고 클러치 디스크의 타는 냄새가 난다.
㉢ 클러치에서 소음이 발생하며 기관이 과열한다.
㉣ 자동차의 증속이 잘 되지 않는다.

92 수동 변속기 차량에서 클러치의 필요 조건으로 틀린 것은?

① 회전 관성이 커야 한다.
② 내열성이 좋아야 한다.
③ 방열이 잘 되어 과열되지 않아야 한다.
④ 회전 부분의 평형이 좋아야 한다.

해설 클러치의 구비 조건
㉠ 회전 관성이 작을 것
㉡ 동력 전달이 확실하고 신속할 것
㉢ 방열이 잘 되어 과열되지 않을 것
㉣ 회전 부분의 평형이 좋을 것
㉤ 동력 차단 시 신속하고 확실할 것

93 조향 장치에서 차륜 정렬의 목적으로 틀린 것은?

① 조향 휠의 조작 안정성을 준다.
② 조향 휠의 주행 안정성을 준다.
③ 타이어의 수명을 연장시켜 준다.
④ 조향 휠의 복원성을 경감시킨다.

해설 앞바퀴 정렬(얼라이 먼트)의 역할
㉠ 조향 핸들의 조작을 작은 힘으로 할 수 있게 한다.
㉡ 조향 조작이 확실하고 안정성을 준다.
㉢ 타이어 마모를 최소화한다.
㉣ 조향 핸들에 복원성을 준다.

94 자동 변속기에서 차속 센서와 함께 연산하여 변속시기를 결정하는 주요 입력 신호는?

① 캠축 포지션 센서 ② 스로틀 포지션 센서
③ 유온 센서 ④ 수온 센서

해설 자동 변속기에서 변속은 변속 레버 위치, 스로틀의 개도, 자동차 속도에 의해 이루어진다.

95 종감속 기어의 감속비가 5 : 1일 때 링기어가 2회전하려면 구동 피니언은 몇 회전하는가?

① 12회전 ② 10회전
③ 5회전 ④ 1회전

ANSWER / 89 ① 90 ④ 91 ② 92 ① 93 ④ 94 ② 95 ②

해설

$$\text{링기어 회전수} = \frac{\text{피니언 회전수}}{\text{종감속비}}$$

$$\text{피니언 회전수} = \text{종감속비} \times \text{링기어 회전수} = 5 \times 2 = 10\text{회전}$$

96 유압식 동력 조향 장치에서 주행 중 핸들이 한쪽으로 쏠리는 원인으로 틀린 것은?

① 토인 조정 불량
② 좌우 타이어의 이종 사양
③ 타이어 편 마모
④ 파워 오일 펌프 불량

해설 주행 중 조향 핸들이 한쪽 방향으로 쏠리는 원인

㉠ 브레이크 라이닝 간극 조정이 불량하다.
㉡ 휠이 불평형하다.
㉢ 쇽업쇼버의 작동이 불량하다.
㉣ 타이어 공기 압력이 불균일하다.
㉤ 앞바퀴 정렬(얼라이먼트)이 불량하다.
㉥ 한쪽 휠 실린더의 작동이 불량하다.
㉦ 좌우 타이어의 이종 사양을 사용하였다.
④ 파워 오일 펌프 불량 시 핸들이 수동으로 작동하게 되어 핸들이 무거워진다.

97 주행 저항 중 자동차의 중량과 관계없는 것은?

① 구름 저항
② 구배 저항
③ 가속 저항
④ 공기 저항

해설 주행 저항에서 차량의 중량과 관계있는 저항

㉠ 구름 저항
㉡ 가속 저항
㉢ 구배 저항
④ 공기 저항은 자동차가 주행할 때 받는 저항으로, 자동차의 앞면 투영 면적과 관계있다.

98 유압식 동력 조향 장치에서 안전밸브(safety check valve)의 기능은?

① 조향 조작력을 가볍게 하기 위한 것이다.
② 코너링 포스를 유지하기 위한 것이다.
③ 유압이 발생하지 않을 때 수동 조작으로 대처할 수 있도록 하는 것이다.
④ 조향 조작력을 무겁게 하기 위한 것이다.

해설 유압식 동력 조향 장치에서 안전 체크 밸브(safety check valve)는 갑작스러운 엔진의 정지, 오일 펌프 고장 등으로 파워스티어링 오일 펌프에서 유압이 발생하지 않을 때 수동으로 작동이 가능하게 해준다.

99 주행 중 가속 페달 작동에 따라 출력 전압의 변화가 일어나는 센서는?

① 공기 온도 센서
② 수온 센서
③ 유온 센서
④ 스로틀 포지션 센서

해설 센서의 역할

㉠ 크랭크 포지션 센서 : 기관의 회전 속도와 크랭크축의 위치를 검출하며, 연료 분사 순서와 분사 시기 및 기본 점화 시기에 영향을 주며, 고장이 나면 기관이 정지된다.
㉡ 스로틀 포지션 센서 : 스로틀 밸브의 개도를 검출하여 엔진 운전 모드를 판정하여 가속과 감속 상태에 따른 연료 분사량을 보정한다.
㉢ 유온 센서 : 현재 오일 온도를 감지하여 ECU로 보낸다.
㉣ 맵 센서 : 흡입 공기량을 매니홀드의 유입된 공기 압력을 통해 간접적으로 측정하여 ECU에서 계산한다.
㉤ 노크 센서 : 엔진의 노킹을 감지하여 이를 전압으로 변환해서 ECU로 보내 이 신호를 근거로 점화 시기를 변화시킨다.
㉥ 흡기온 센서 : 흡입 공기 온도를 검출하는 일종의 저항기[부특성(NTC) 서미스터]로 연료 분사량을 보정한다.
㉦ 대기압 센서 : 외부의 대기압을 측정하여 연료 분사량 및 점화 시기를 보정한다.
㉧ 공기량 센서 : 흡입 관로에 설치되며 공기량을 계측하여 기본 연료 분사 시간과 점화 시기를 결정한다.
㉨ 수온 센서 : 냉각수 온도를 측정하고, 냉간 시 점화 시기 및 연료 분사량 제어를 한다.

100 전자 제어 현가 장치의 장점으로 틀린 것은?

① 고속 주행 시 안정성이 있다.
② 조향 시 차체가 쏠리는 경우가 있다.
③ 승차감이 좋다.
④ 지면으로부터의 충격을 감소한다.

해설 전자 제어 현가 장치의 장점(ECS)

㉠ 고속 주행 시 안전성이 있다.
㉡ 충격을 감소시켜 승차감이 좋다.

ANSWER / 96 ④ 97 ④ 98 ③ 99 ④ 100 ②

㉢ 고속 주행 시 차체 높이를 낮추어 공기 저항을 작게 한다.
㉣ 조종 안정성을 향상시킨다.
㉤ 스프링 상수 및 댐핑력을 제어한다.
㉥ 굴곡 심한 노면 주행 시 흔들림이 작다.
㉦ 노면으로부터 차의 높이를 조정한다.
㉧ 급제동 시 노즈 다운(nose down)을 방지한다.

101 수동 변속기 내부 구조에서 싱크로메시(synchro –mesh) 기구의 작용은?

① 배력 작용 ② 가속 작용
③ 동기 치합 작용 ④ 감속 작용

해설 싱크로메시 기구는 기어 변속 시 싱크로메시 기구를 이용하여 기어가 물릴 때 동기 치합(물림) 작용을 한다.

102 자동 변속기에서 토크 컨버터 내부의 미끄럼에 의한 손실을 최소화하기 위한 작동 기구는?

① 댐퍼 클러치 ② 다판 클러치
③ 일방향 클러치 ④ 롤러 클러치

해설 댐퍼 클러치는 토크 컨버터 내부에서 고속 회전할 때 터빈과 펌프를 기계적으로 직결시켜 슬립 손실을 최소화한다.

103 ABS(Anti-lock Brake System)의 구성 요소 중 휠의 회전 속도를 감지하여 컨트롤 유닛으로 신호를 보내주는 것은?

① 휠 스피드 센서 ② 하이드로릭 유닛
③ 솔레노이드 밸브 ④ 어큐물레이터

해설 **휠 스피드 센서의 작용** : 바퀴의 회전 속도를 톤휠과 센서의 자력선 변화로 감지하여 이를 전기적 신호(교류 펄스)로 바꾸어 ABS 컨트롤 유닛(ECU)으로 보낸다. 바퀴가 고정(lock, 잠김)되는 것을 검출한다.

※ 전자 제어 제동 장치(ABS)의 구성 부품
㉠ 휠 스피드 센서 : 차륜의 회전 상태를 검출
㉡ 전자 제어 컨트롤 유닛(ECU) : 휠 스피드 센서의 신호를 받아 ABS를 제어
㉢ 하이드로릭 유닛 : ECU의 신호에 따라 휠 실린더에 공급되는 유압 제어
㉣ 프로포셔닝 밸브 : 제동 시 뒷바퀴가 조기에 고착되지 않도록 뒷바퀴의 유압 제어

104 유압식 동력 조향 장치에서 사용되는 오일 펌프 종류가 아닌 것은?

① 베인 펌프 ② 로터리 펌프
③ 슬리퍼 펌프 ④ 벤딕스 기어 펌프

해설 동력 조향 장치에 사용되는 오일 펌프의 종류
㉠ 베인
㉡ 로터리
㉢ 슬리퍼
㉣ 기어 펌프

105 드럼 방식의 브레이크 장치와 비교했을 때 디스크 브레이크의 장점은?

① 자기 작동 효과가 크다. ② 오염이 잘 되지 않는다.
③ 패드의 마모율이 낮다. ④ 패드의 교환이 용이하다.

해설 디스크 브레이크
㉠ 장점
• 디스크가 대기 중에 노출되어 회전하므로 방열성이 커 제동 성능이 안정된다.
• 자기 작동 작용이 없어 고속에서 반복적으로 사용하여도 제동력 변화가 작다.
• 부품의 평형이 좋아 한쪽만 제동되는 경우가 없다.
• 디스크에 물이 묻어도 회복이 빠르다.
• 구조가 간단하고 부품수가 적어 차량의 무게가 경감되며 패드 교환이 쉽다.
• 페이드 현상이 잘 일어나지 않는다.
㉡ 단점
• 마찰 면적이 작아 패드를 압착하는 힘이 커야 한다.
• 자기 작동 작용이 없어 페달 밟는 힘이 커야 한다.
• 패드의 강도가 커야 하며, 패드의 마멸이 빠르다.
• 디스크에 이물질이 쉽게 부착된다.

106 전자 제어 현가 장치에서 감쇠력 제어 상황이 아닌 것은?

① 고속 주행하면서 좌회전할 경우
② 정차 시 뒷좌석에 많은 사람이 탑승한 경우
③ 정차 중 급출발할 경우
④ 고속 주행 중 급제동한 경우

ANSWER 101 ③ 102 ① 103 ① 104 ④ 105 ④ 106 ②

해설 감쇠력 제어(완충 장치 제어)는 고속 주행하면서 좌회전할 경우, 정차 중 급출발할 경우, 고속 주행 중 급제동한 경우에 하게 되고, 뒷좌석에 사람이 많이 탑승한 경우에는 차고 제어를 한다.

107 주행 중 브레이크 드럼과 슈가 접촉하는 원인에 해당하는 것은?

① 마스터 실린더의 리턴 포트가 열려 있다.
② 슈의 리턴 스프링이 소손되어 있다.
③ 브레이크액의 양이 부족하다.
④ 드럼과 라이닝의 간극이 과대하다.

해설 브레이크 드럼과 슈의 접촉 원인
㉠ 슈의 리턴 스프링이 소손 되었을 때
㉡ 드럼과 라이닝의 간극이 작을 때
㉢ 브레이크 마스터 실린더 작동 불량
㉣ 브레이크 마스터 실린더 리턴 포트 막힘

108 마스터 실린더의 푸시로드에 작용하는 힘이 120 [kg_f], 피스톤의 면적 4 [cm^2]일 때 유압 [kg_f/cm^2]은?

① 20　　② 30
③ 40　　④ 50

해설
$$\text{압력}\,[kg_f/cm^2] = \frac{\text{하중}[W]}{\text{단면적}[A]} = \frac{120[kg_f]}{4[cm^2]} = 30[kg_f/cm^2]$$

109 브레이크의 파이프 내 공기가 유입되었을 때 나타나는 현상으로 옳은 것은?

① 브레이크액이 냉각된다.
② 브레이크 페달의 유격이 커진다.
③ 마스터 실린더에서 브레이크액이 누설된다.
④ 브레이크가 지나치게 급히 작동한다.

해설 브레이크 파이프 내 공기 유입 시 브레이크 페달을 밟을수록 공기가 압축되어 페달의 유격이 커지게 되고, 제동 성능에 영향을 미친다.

110 **제어 밸브와 동력 실린더가 일체로 결합된 것으로, 대형 트럭이나 버스 등에서 사용되는 동력 조향 장치는?**

① 조합형 ② 분리형
③ 혼성형 ④ 독립형

해설 동력 조향 장치
㉠ 일체형 : 조향 기어, 동력 실린더, 제어 밸브가 모두 기어박스 내 설치되어 있는 것
㉡ 링키지 조합형 : 동력 실린더와 제어 밸브가 일체형으로 설치되어 있는 것
㉢ 링키지 분리형 : 조향 기어, 동력 실린더, 제어 밸브가 모두 분리되어 설치되어 있는 것

111 **브레이크 장치에 관한 설명으로 틀린 것은?**

① 브레이크 작동을 계속 반복하면 드럼과 슈에 마찰열이 축적되어 제동력이 감소되는 것을 페이드 현상이라 한다.
② 공기 브레이크에서 제동력을 크게 하기 위해서는 언로더 밸브를 조절한다.
③ 브레이크 페달의 리턴 스프링 장력이 약해지면 브레이크 풀림이 늦어진다.
④ 마스터 실린더의 푸시로드 길이를 길게 하면 라이닝이 수축하여 잘 풀린다.

해설 브레이크 장치에서 마스터 실린더의 푸시로드 길이를 길게 하면 브레이크 오일의 리턴이 불량하여 라이닝이 팽창하여 잘 풀리지 않는다.

112 **자동 변속기 차량에서 토크 컨버터 내부의 오일 압력이 부족한 이유 중 틀린 것은?**

① 오일 펌프 누유 ② 오일 쿨러 막힘
③ 입력축의 실링 손상 ④ 킥다운 서브 스위치 불량

해설 토크 컨버터의 압력이 부적당한 이유는 오일 펌프의 누유, 오일 쿨러 막힘, 입력축 실링 손상 등이며, 킥다운 서보 스위치가 불량하면 변속 시 충격이 발생한다.

113 **유효 반지름이 0.5 [m]인 바퀴가 600 [rpm]으로 회전할 때 차량의 속도 [km/h]는 얼마인가?**

① 약 10.987 ② 약 25
③ 약 50.92 ④ 약 113.4

ANSWER / 107 ② 108 ② 109 ② 110 ① 111 ④ 112 ④ 113 ④

해설 차속 $= \frac{\pi DN}{60} \times 3.6$

$= \frac{3.14 \times 600 \times 1}{60} \times 3.6 = 113.4[\text{km/h}]$

여기서, D : 타이어 직경[m], L : 바퀴 회전수[rpm]

114 제동 장치에서 편제동의 원인이 아닌 것은?

① 타이어 공기압 불평형
② 마스터 실린더 리턴 포트의 막힘
③ 브레이크 패드의 마찰 계수 저하
④ 브레이크 디스크에 기름 부착

해설 편제동의 원인
㉠ 타이어 공기압의 불평형
㉡ 브레이크 패드의 마찰 계수 저하로 인한 불평형
㉢ 한쪽 브레이크 디스크에 기름 부착
㉣ 한쪽 브레이크 디스크 마모량 과다
㉤ 한쪽 휠 실린더 고착
㉥ 한쪽 캘리퍼 및 휠 실린더 리턴 불량
② 마스터 실린더 리턴 포트가 막힐 경우 브레이크 오일이 작동 후 리턴되지 못하므로 브레이크 전체가 풀리지 않는 원인이 된다.

115 다음 중 전동식 전자 제어 조향 장치 구성품으로 틀린 것은?

① 오일 펌프 ② 모터
③ 컨트롤 유닛 ④ 조향각 센서

해설 전동식 전자 제어 조향 장치(MDPS)는 유압 제어 장치가 없이 모터로 조향 동력을 발생하므로 오일 펌프가 필요없고, 환경 친화적이다.

116 유압식 동력 전달 장치의 주요 구성부 중 최고 유압을 규제하는 릴리프 밸브가 있는 곳은?

① 동력부 ② 제어부
③ 안전 점검부 ④ 작동부

해설 동력 조향 장치의 구성

㉠ 동력 : 오일 펌프 – 유압을 발생
㉡ 작동 : 동력 실린더 – 조향 보조력을 발생
㉢ 제어부 : 제어 밸브 – 오일 경로를 변경
※ 릴리프 밸브는 유압을 발생하는 오일 펌프에 설치되어, 오일 펌프의 압력이 규정 이상으로 올라가는 것을 방지한다.

117 수동 변속기 정비 시 측정할 항목이 아닌 것은?

① 주축 엔드 플레이
② 주축의 휨
③ 기어의 직각도
④ 슬리브와 포크의 간극

해설 변속기 정비 시 측정 항목

㉠ 주축 엔드플레이
㉡ 주축의 휨
㉢ 싱크로메시 기구
㉣ 기어의 백래시
㉤ 부축의 엔드 플레이
㉥ 슬리브와 포크의 간극 등

118 변속기 내부에 설치된 증속 장치에 대한 설명으로 틀린 것은?

① 기관의 회전 속도를 일정 수준 낮추어도 주행 속도를 그대로 유지한다.
② 출력과 회전수의 증대로 윤활유 및 연료 소비량이 증가한다.
③ 기관의 회전 속도가 같으면 증속 장치가 설치된 자동차 속도가 더 빠르다.
④ 기관 수명이 길어지고 운전이 정숙하게 된다.

해설 증속 장치(over drive)는 기관의 회전 속도를 일정 수준 낮추어도 주행 속도를 그대로 유지하고, 엔진의 여유동력을 이용하므로 연료 소비량이 적어지며, 기관의 수명이 길어지고 운전이 정숙하게 된다. 또 기관의 회전 속도가 같으면 증속 장치가 설치된 자동차 주행 속도가 더 빠르다.

ANSWER / 114 ② 115 ① 116 ① 117 ③ 118 ②

119 앞바퀴의 옆 흔들림에 따라서 조향 휠의 회전축 주위에 발생하는 진동을 무엇이라 하는가?

① 시미 ② 휠 플러터
③ 바우킹 ④ 킥업

해설 앞바퀴 흔들림 현상

㉠ 시미 현상 : 타이어의 동적 불평형으로 인한 바퀴의 좌우 진동 현상
㉡ 웨이브 현상 : 타이어가 고속 회전을 하면 변형된 부분이 환원이 되기도 전에 반복되는 변형으로, 타이어 트레드가 물결 모양으로 떠는 현상
㉢ 스카이 훅 현상 : 자동차 주행 시 가장 안정된 자세는 새가 날개를 펴고 지면에 착지할 때의 경우인데, 이 자세가 스카이 훅이다.
㉣ 킥 백 현상 : 요철이 있는 노면을 주행 시 스티어링 휠에 전달되는 충격현상이다.

120 다음 중 전자 제어 제동 장치(ABS)의 구성 요소가 아닌 것은?

① 휠 스피드 센서 ② 하이드롤릭 모터
③ 프리뷰 센서 ④ 하이드롤릭 유닛

해설 전자 제어 제동 장치(ABS)의 구성 부품

㉠ 휠 스피드 센서 : 차륜의 회전 상태를 검출
㉡ 전자 제어 컨트롤 유닛(ECU) : 휠 스피드 센서의 신호를 받아 ABS를 제어
㉢ 하이드롤릭 유닛 : ECU의 신호에 따라 휠 실린더에 공급되는 유압 제어
㉣ 프로포셔닝 밸브 : 제동 시 뒷바퀴가 조기에 고착되지 않도록 뒷바퀴의 유압을 제어
③ 프리뷰 센서는 전자 제어 현가 장치(ECS)에 사용되는 센서이다.

121 브레이크 계통을 정비한 후 공기 빼기 작업을 하지 않아도 되는 경우는?

① 브레이크 파이프나 호스를 떼어 낸 경우
② 브레이크 마스터 실린더에 오일을 보충한 경우
③ 베이퍼 록 현상이 생긴 경우
④ 휠 실린더를 분해 수리한 경우

해설 브레이크 관련 부품을 점검 · 정비한 경우 브레이크 라인에 공기가 유입되어 제동불량 등의 문제가 발생하므로, 필히 공기 빼기 작업과 함께 오일을 보충하여야 한다. 하지만 단순히 오일만 보충한 경우에는 브레이크 라인에 공기가 유입되지 않기 때문에 공기 빼기 작업을 하지 않는다.

122 사이드 슬립 테스터의 지시값이 4 [m/km]일 때 1 [km] 주행에 대한 앞바퀴의 슬립량은?

① 4 [mm]
② 4 [cm]
③ 40 [cm]
④ 4 [m]

해설 사이드 슬립 테스터의 4 [m/km]는 자동차가 1 [km] 주행할 때 IN 또는 OUT으로 4 [m] 슬립되는 것을 의미하고, 만약 4 [mm/m]라고 표시되는 시험기는 1 [m] 주행에 4 [mm] 슬립되는 것을 의미한다.

123 종감속 장치에서 하이포이드 기어의 장점으로 틀린 것은?

① 기어 이의 물림률이 크기 때문에 회전이 정숙하다.
② 기어의 편심으로 차체의 전고가 높아진다.
③ 추진축의 높이를 낮게 할 수 있어 거주성이 향상된다.
④ 이면의 접촉 면적이 증가되어 강도를 향상시킨다.

해설 하이포이드 기어의 특징
㉠ 스파이럴 베벨 기어의 구동 피니언을 편심시킨 형식이다.
㉡ FR 방식에서는 추진축의 높이를 낮게 할 수 있어 차실 바닥이 낮다.
㉢ 중심 높이를 낮출 수 있어 안정성이 커진다.
㉣ 다른 기어보다 구동 피니언을 크게 만들 수 있어 강도가 증대된다.
㉤ 기어 물림률이 크고, 회전이 정숙하다.
㉥ 하이포이드 기어 전용 오일을 사용한다.
㉦ 제작이 어렵다.

124 전자 제어 현가 장치에서 사용하는 센서에 속하지 않는 것은?

① 차속 센서
② 스로틀 포지션 센서
③ 차고 센서
④ 냉각수 온도 센서

해설 전자 제어 현가 장치 요소
㉠ 전자 제어 현가 장치(ECS)의 입력 요소
- 차고 센서
- 조향 핸들 각속도 센서
- G(중력 가속도) 센서
- 인히비터 스위치

ANSWER / 119 ① 120 ③ 121 ② 122 ④ 123 ② 124 ④

- 차속 센서
- TPS
- 고압 및 저압 스위치
- 뒤 압력 센서
- 제동등 스위치
- 공전 스위치 등

㉡ 전자 제어 현가 장치(ECS)의 출력 요소
- 스텝 모터
- 유량 변환 밸브
- 앞 · 뒤 공기 공급 밸브
- 앞 · 뒤 공기 배출 밸브
- ECS 모드 표시등 등

125 타이어의 표시 235 55R 19에서 55는 무엇을 나타내는가?

① 편평비 ② 림 경
③ 부하 능력 ④ 타이어의 폭

해설 타이어 호칭 기호
㉠ 235 : 타이어 폭
㉡ 55 : 편평비
㉢ R : 레이디얼 타이어
㉣ 19 : 림의 지름

126 자동 변속기의 유압 제어 기구에서 매뉴얼 밸브의 역할은?

① 선택 레버의 움직임에 따라 P, R, N, D 등의 각 레인지로 변환 시 유로 변경
② 오일 펌프에서 발생한 유압을 차속과 부하에 알맞은 압력으로 조정
③ 유성 기어를 차속이나 엔진 부하에 따라 변환
④ 각 단 위치에 따른 포지션을 컴퓨터로 전달

해설 매뉴얼 밸브는 변속 레버의 움직임에 따라 P, R, N, D 등의 각 레인지로 변환 시 유로를 변경하는 역할을 한다.

127 **다음 중 유압식 브레이크 정비에 대한 설명으로 틀린 것은?**

① 패드는 안쪽과 바깥쪽을 세트로 교환한다.
② 패드는 좌 · 우 어느 한쪽이 교환 시기가 되면 좌 · 우 동시에 교환한다.
③ 패드 교환 후 브레이크 페달을 2 ~ 3회 밟아준다.
④ 브레이크액은 공기와 접촉 시 비등점이 상승하여 제동 성능이 향상된다.

해설 브레이크 라인에 공기가 유입되면 제동력이 약화되거나 제동이 되지 않는 경우가 발생하므로, 브레이크액에 공기가 혼입되어서는 안 된다.

128 **수동 변속기 내부에서 싱크로나이저 링의 기능이 작용하는 시기는?**

① 변속기 내에서 기어가 빠질 때
② 변속기 내에서 기어가 물릴 때
③ 클러치 페달을 밟을 때
④ 클러치 페달을 놓을 때

해설 싱크로나이저 링은 기어 변속 시(물릴 때) 동기시켜 변속을 원활하게 해주는 역할을 한다.

129 **수동 변속기 차량에서 클러치의 구비 조건으로 틀린 것은?**

① 동력 전달이 확실하고 신속할 것
② 방열이 잘 되어 과열되지 않을 것
③ 회전 부분의 평형이 좋을 것
④ 회전 관성이 클 것

해설 클러치의 구비 조건
㉠ 회전 관성이 작을 것
㉡ 동력 전달이 확실하고 신속할 것
㉢ 방열이 잘 되어 과열되지 않을 것
㉣ 회전 부분의 평형이 좋을 것
㉤ 동력을 차단할 경우 신속하고 확실할 것
㉥ 내열성이 좋을 것

ANSWER / 125 ① 126 ① 127 ④ 128 ② 129 ④

130 선회 주행 시 자동차가 기울어짐을 방지하는 부품으로 옳은 것은?

① 너클 암 ② 섀클
③ 타이로드 ④ 스테빌라이저

해설 스테빌라이저는 독립 현가 방식의 차량이 선회 시 발생하는 롤링(좌우 진동) 현상을 감소시키고, 차량의 평형을 유지시키며, 차체 기울어짐을 방지하기 위하여 설치한다.

131 마스터 실린더의 내경이 2 [cm], 푸시로드에 100 [kg_f]의 힘이 작용하면 브레이크 파이프에 작용하는 유압 [kg_f/cm^2]은?

① 약 25 ② 약 32
③ 약 50 ④ 약 200

해설

$$\text{압력}[kg_f/cm^2] = \frac{\text{하중}[W]}{\text{단면적}[A]} = \frac{W}{\frac{\pi}{4}D^2}$$

$$P = \frac{W}{A} = \frac{100[kg_f]}{0.785 \times 2^2} = 31.847[kg_f/cm^2]$$

132 빈번한 브레이크 조작으로 인해 온도가 상승하여 마찰 계수 저하로 제동력이 떨어지는 현상은?

① 베이퍼 록 현상 ② 페이드 현상
③ 피칭 현상 ④ 시미 현상

해설 브레이크 현상에 따른 설명

㉠ 페이드 현상 : 브레이크의 작동을 계속 반복하면 드럼과 슈의 마찰열이 상승 및 축적되어 라이닝(패드)의 마찰 계수가 저하되어 제동력이 감소되는 것이다.

㉡ 베이퍼 록(vaper lock) 현상 : 브레이크의 잦은 사용이나 끌림 등에 의한 라이닝(패드) 마찰열이 브레이크 파이프 등의 브레이크 회로에 전달되어, 브레이크 회로 내에 기포가 발생되어 공기가 차게 되며 브레이크 페달의 압력 전달이 저하 또는 불가능하게 되는 현상이다.

133 기계식 주차 레버를 당기기 시작(0 [%])하여 완전 작동(100 [%])할 때까지의 범위 중 주차 가능 범위로 옳은 것은?

① 10~20 [%] ② 15~30 [%]
③ 50~70 [%] ④ 80~90 [%]

해설 주차 레버의 안전 주차 가능 범위는 전체의 50 ~ 70 [%]이다.

134 **링 기어 중심에서 구동 피니언을 편심시킨 것으로 추진축의 높이를 낮게 할 수 있는 종감속 기어는?**

① 직선 베벨 기어
② 스파이럴 베벨 기어
③ 스퍼 기어
④ 하이포이드 기어

해설 하이포이드 기어는 링 기어 중심보다 구동 피니언 기어의 중심을 낮게 편심 시켜(10~20 [%]) 추진축의 높이를 낮게 할 수 있어 무게 중심이 낮아진다.

135 **자동 변속기의 토크 컨버터에서 작동 유체의 방향을 변환시키며 토크 증대를 위한 것은?**

① 스테이터
② 터빈
③ 오일 펌프
④ 유성 기어

해설 토크 컨버터

㉠ 유체 클러치의 개량형으로 동력 전달 효율은 97 ~ 98 [%]이고, 토크 컨버터의 토크 변환율은 2 ~ 3 : 1이다.
㉡ 토크 컨버터에서 작동 유체의 방향을 변환시키고 토크를 증대시키는 것은 스테이터이다.

136 **제3의 브레이크(감속 제동 장치)로 틀린 것은?**

① 엔진 브레이크
② 배기 브레이크
③ 와전류 브레이크
④ 주차 브레이크

해설 브레이크 분류

㉠ 제1브레이크 : 풋 브레이크
㉡ 제2브레이크 : 주차 브레이크
㉢ 제3브레이크 : 엔진 브레이크, 배기 브레이크, 와전류 브레이크 등

ANSWER / 130 ④ 131 ② 132 ② 133 ③ 134 ④ 135 ① 136 ④

137 타이어의 스탠딩 웨이브 현상에 대한 내용으로 옳은 것은?

① 스탠딩 웨이브를 줄이기 위해 고속 주행 시 공기압을 10 [%] 정도 줄인다.
② 스탠딩 웨이브가 심하면 타이어 박리 현상이 발생할 수 있다.
③ 스탠딩 웨이브는 바이어스 타이어보다 레디얼 타이어에서 많이 발생한다.
④ 스탠딩 웨이브 현상은 하중과 무관하다.

해설 스탠딩 웨이브

㉠ 차량의 고속 주행시 노면과의 충격에 의해 타이어가 마치 물결 모양으로 정지한 것처럼 보이는 현상으로, 심하면 타이어 박리 현상이 발생할 수 있다.

㉡ 스탠딩 웨이브 방지법

- 저속 운행한다.
- 자동차의 하중을 작게 한다.
- 타이어 공기압을 높인다(10 ~ 15 [%]).
- 강성이 큰 레이디얼 타이어를 사용한다.

138 우측으로 조향을 하고자 할 때 앞바퀴의 내측 조향각이 45°, 외측 조향각이 42°이고 축간 거리는 1.5 [m], 킹핀과 바퀴 접지면까지 거리가 0.3 [m]일 경우 최소 회전 반경은? (단, sin30° = 0.5, sin42° = 0.67, sin45° = 0.71)

① 약 2.41　　② 약 2.54
③ 약 3.30　　④ 약 5.21

해설 최소 회전 반경 $R = \dfrac{L}{\sin\alpha} + r$

$$= \frac{1.5}{\sin 42^\circ} + 0.3 = 2.54\,[\text{m}]$$

여기서, α : 외측 바퀴 회전각도(°)
L : 축거리 [m]
r : 타이어 중심과 킹핀과의 거리 [m]

139 자동 변속기의 제어 시스템을 입력과 제어, 출력으로 나누었을 때 출력 신호는?

① 차속 센서　　② 유온 센서
③ 펄스 제너레이터　　④ 변속 제어 솔레노이드

해설 자동 변속기의 신호

㉠ 자동 변속기 입력 신호

- 인히비터 스위치

- 유온 센서
- 브레이크 스위치
- 입력측 속도 센서(펄스 제네레이터-A)
- 출력측 속도 센서(펄스 제네레이터-B) 등

㉡ 자동 변속기 출력 신호
- DCCSV(댐퍼클러치 솔레노이드 밸브)
- 자기 진단
- 변속 제어 솔레노이드 밸브
- A/T 제어 릴레이 등

140 차륜 정렬 측정 및 조정을 해야 할 이유와 거리가 먼 것은?

① 브레이크의 제동력이 약할 때
② 현가 장치를 분해 · 조립했을 때
③ 핸들이 흔들리거나 조작이 불량할 때
④ 충돌 사고로 인해 차체에 변형이 생겼을 때

해설 현가 장치 정비 후, 충돌 사고로 인한 차체 변형 시 꼭 앞바퀴 정렬 상태를 점검 및 조정 하여야 하고 브레이크 제동력과 차륜의 정렬과는 관련이 없다.

※ 앞바퀴 정렬(얼라이먼트)의 역할
㉠ 조향 핸들의 조작을 작은 힘으로 할 수 있게 한다.
㉡ 조향 조작이 확실하고 안정성을 준다.
㉢ 타이어 마모를 최소화한다.
㉣ 조향 핸들에 복원성을 준다.

141 전자 제어 제동 시스템(ABS)을 입력 · 제어 출력으로 나누었을 때 입력이 아닌 것은?

① 스피드 센서
② 모터 릴레이
③ 브레이크 스위치
④ 축전지 전원

해설 ABS 입력은 휠 스피드센서, 브레이크 스위치 ABS 출력은 하이드롤릭 유닛(유압 조정기)로 나뉘며 ABS의 설치 목적은 다음과 같다.
㉠ 제동 거리를 단축시킨다.
㉡ 미끄러짐을 방지하여 차체 안정성을 유지한다.
㉢ ECU에 의해 브레이크를 컨트롤하여 조종성을 확보한다.

ANSWER / 137 ② 138 ② 139 ④ 140 ① 141 ②

㉣ 앞바퀴의 잠김 방지에 따른 조향 능력 상실을 방지한다.
㉤ 뒷바퀴의 잠김을 방지하여 차체 스핀에 의한 전복을 방지한다.
※ 전자 제어 제동 장치(ABS)의 구성 부품
㉠ 휠 스피드 센서 : 차륜의 회전상태 검출
㉡ 전자 제어 컨트롤 유닛(ECU) : 휠 스피드 센서의 신호를 받아 ABS 제어
㉢ 하이드롤릭 유닛 : ECU의 신호에 따라 휠 실린더에 공급되는 유압을 제어
㉣ 프로포셔닝 밸브 : 제동 시 뒷바퀴가 조기에 고착되지 않도록 뒷바퀴의 유압 제어

142 조향 장치의 동력 전달 순서로 옳은 것은?

① 핸들-타이로드-조향 기어 박스-피트먼 암
② 핸들-섹터 축-조향 기어 박스-피트먼 암
③ 핸들-조향 기어 박스-섹터 축-피트먼 암
④ 핸들-섹터 축 - 조향 기어 박스-타이로드

해설 조향 장치의 동력 전달 순서 : 핸들 > 조향 기어 박스 > 섹터 축 > 피트먼 암 > 릴레이 로드 > 타이 로드 > 너클 > 바퀴

143 기관의 회전수가 2,400 [rpm]이고, 총감속비가 8 : 1, 타이어 유효 반경이 25 [cm]일 때 자동차의 시속 [km/h]은?

① 약 14 ② 약 18
③ 약 21 ④ 약 28

해설

$$시속\ V = \frac{\pi DN}{R_t \times R_f} \times \frac{60}{1,000}$$

$$= \frac{3.14 \times 0.5 \times 2,400}{8} \times \frac{60}{1,000} = 28.26\,[\text{km/h}]$$

여기서, D : 타이어 직경 [m]
N : 엔진 회전수 [rpm]
R_t : 변속비
R_f : 종감속비

144 자동차 주행 시 차량 후미가 좌 · 우로 흔들리는 현상은?

① 바운싱 ② 피칭
③ 롤링 ④ 요잉

해설 ① 바운싱 : Z축을 중심으로 한 병진 운동(차체의 전체가 아래 · 위로 진동)
② 피칭 : Y축을 중심으로 한 회전 운동(차체의 앞과 뒤쪽이 아래 · 위로 진동)
③ 롤링 : X축을 중심으로 한 회전 운동(차체가 좌우로 흔들리는 회전 운동)
④ 요잉 : Z축을 중심으로 한 회전 운동(차체의 뒤폭이 좌 · 우 회전하는 진동)

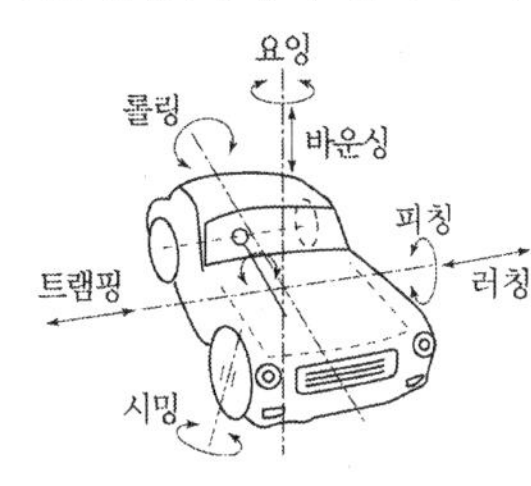

145 브레이크에 페이드 현상이 일어났을 때 운전자가 취할 응급 처치로 가장 옳은 것은?

① 자동차의 속도를 조금 올려준다.
② 자동차를 세우고 열이 식도록 한다.
③ 브레이크를 자주 밟아 열을 발생시킨다.
④ 주차 브레이크를 대신 사용한다.

해설 페이드 현상
㉠ 브레이크의 작동을 계속 반복하면 드럼과 슈의 마찰열이 상승 및 축적되어 라이닝(패드)의 마찰 계수가 저하 되어 제동력이 감소되는 것이다.
㉡ 페이드 현상 발생 시 자동차를 세우고 열을 식히도록 한다.

146 다음 중 자동 변속기 유압 시험 시 주의 사항이 아닌 것은?

① 오일 온도가 규정 온도에 도달되었을 때 실시한다.
② 유압 시험은 냉간, 중간, 열간 등 온도를 3단계로 나누어 실시한다.
③ 측정하는 항목에 따라 유압이 클 수 있으므로 유압계 선택에 주의한다.
④ 규정 오일을 사용하고, 오일량을 정확히 유지하고 있는지 여부를 점검한다.

해설 자동 변속기 유압 시험 시 주의 사항
㉠ 측정 시 항목에 따라 유압이 높을 수 있으므로 유압에 맞는 유압계를 선택한다.
㉡ 오일 온도가 적정 온도(70~80 [℃])에서 시험한다.
㉢ 규정 오일 사용 및 오일량을 정확히 유지하여 점검한다.

ANSWER / 142 ③ 143 ④ 144 ④ 145 ② 146 ②

147 다음 중 수동 변속기 기어의 2중 결합을 방지하기 위해 설치한 기구는?

① 앵커 블록
② 시프트 포크
③ 인터록 기구
④ 싱크로나이저 링

해설
• 록킹 볼 : 기어가 빠지는 것을 방지한다.
• 인터 록 : 기어의 2중 물림을 방지한다.

148 유압식 브레이크는 무슨 원리를 이용한 것인가?

① 뉴턴의 법칙
② 파스칼의 원리
③ 베르누이의 정리
④ 아르키메데스의 원리

해설 밀폐된 용기 내 액체를 가득 채우고 압력을 가하면 모든 방향으로 같은 압력이 작용하는 원리로 유압 브레이크는 파스칼의 원리를 이용한 장치이다.

149 다음 중 전자 제어 현가 장치(ECS) 입력 신호가 아닌 것은?

① 휠 스피드 센서
② 차고 센서
③ 조향 휠 각속도 센서
④ 차속 센서

해설 전자 제어 현가 장치(ECS)의 입력 요소
㉠ 차고 센서
㉡ 조향 핸들 각속도 센서
㉢ G(중력 가속도) 센서
㉣ 인히비터 스위치
㉤ 차속 센서
㉥ TPS
㉦ 고압 및 저압 스위치
㉧ 뒤 압력 센서
㉨ 제동등 스위치
㉩ 공전 스위치 등

150 제동 장치에서 디스크 브레이크의 형식으로 적합한 것은?

① 앵커핀형
② 2리딩형
③ 유니서보형
④ 플로팅 캘리퍼형

해설 브레이크슈의 작동 형식에 의한 분류

㉠ 서보 브레이크
- 2앵커 브레이크
- 앵커 링크 단동
- 2리딩 슈 복동
- 2리딩 슈

㉡ 넌서보 브레이크 : 리딩 트레일링 슈 형식

※ 디스크 브레이크는 플로팅(부동) 캘리퍼형과 대형 피스톤형이 있다.

151 자동차의 앞바퀴 정렬에서 토(toe) 조정은 무엇으로 하는가?

① 와셔의 두께　② 시임의 두께
③ 타이로드의 길이　④ 드래그 링크의 길이

해설 토의 조정 시 조향 너클에 부착된 타이로드 엔드의 풀림 방지 너트 분해 후 타이로드의 길이를 가감하여 조정한다.

152 레이디얼타이어 호칭이 '175 / 70 SR 14'일 때 '70'이 의미하는 것은?

① 편평비　② 타이어 폭
③ 최대 속도　④ 타이어 내경

해설 타이어 호칭 기호

㉠ 235 : 타이어 폭
㉡ 55 : 편평비
㉢ R : 레이디얼 타이어
㉣ 19 : 림의 지름

153 자동차의 무게 중심 위치와 조향 특성과의 관계에서 조향각에 의한 선회 반지름보다 실제 주행하는 선회 반지름이 작아지는 현상은?

① 오버 스티어링　② 언더 스티어링
③ 파워 스티어링　④ 뉴트럴 스티어링

ANSWER / 147 ③ 148 ② 149 ① 150 ④ 151 ③ 152 ① 153 ①

해설 자동차의 선회 특성

㉠ 오버 스티어링 : 자동차의 주행 중 선회 시 조향 각도를 일정히 하여도 선회 반지름이 작아지는 현상
㉡ 언더 스티어링 : 자동차의 주행 중 선회 시 조향 각도를 일정히 하여도 선회 반지름이 커지는 현상
㉢ 뉴트럴 스티어링 : 자동차의 조향각만큼 정상적으로 선회
㉣ 리버스 스티어링 : 차속 증가와 함께 언더 스티어링에서 오버 스티어링으로 되는 현상

154 **클러치 마찰면에 작용하는 압력이 300 [N], 클러치 판의 지름이 80 [cm], 마찰 계수 0.3일 때 기관의 전달 회전력은 약 몇 [N · m]인가?**

① 36 ② 56
③ 62 ④ 72

해설 전달 회전력$(T) = u \cdot P \cdot r$[N · m]
$= 300[N] \times 0.4[m] \times 0.3$
$= 36[N \cdot m]$

여기서, u : 마찰 계수
P : 압력[N]
r : 클러치 반경 [m]

155 **다음 중 유압식 동력 조향 장치의 구성 요소가 아닌 것은?**

① 유압 펌프 ② 유압 제어 밸브
③ 동력 실린더 ④ 유압식 리타더

해설 유압식 동력 조향 장치

㉠ 동력 장치 : 파워 오일 유압 펌프 – 유압을 발생
㉡ 작동 장치 : 동력 실린더 – 보조력을 발생
㉢ 제어 장치 : 제어 밸브 – 오일 통로를 변경

156 **다음 중 진공식 브레이크 배력 장치의 설명으로 틀린 것은?**

① 압축 공기를 이용한다.
② 흡기 다기관의 부압을 이용한다.
③ 기관의 진공과 대기압을 이용한다.
④ 배력 장치가 고장나면 일반적인 유압 제동 장치로 작동된다.

해설 압축 공기를 이용하여 브레이크 작용을 하는 것은 공기식 제동 장치이다.

157 축거가 1.2 [m]인 자동차를 왼쪽으로 완전히 꺾을 때 오른쪽 바퀴의 조향각이 30°이고 왼쪽 바퀴의 조향 각도가 45°일 때 차의 최소 회전 반경 [m]은? (단, r값은 무시)

① 1.7 ② 2.4
③ 3.0 ④ 3.6

해설 최소 회전 반경 $R = \dfrac{L}{\sin\alpha} + r$

$= \dfrac{12}{\sin 30^\circ} = 2.4$ [m]

여기서, α : 외측 바퀴 회전 각도°
L : 축거 [m]
r : 타이어 중심과 킹핀과의 거리 [m]

158 십자형 자재 이음에 대한 설명 중 틀린 것은?

① 십자축과 2개의 요크로 구성되어 있다.
② 주로 후륜 구동식 자동차의 추진축에 사용된다.
③ 롤러 베어링을 사이에 두고 축과 요크가 설치되어 있다.
④ 자재 이음과 슬립 이음 역할을 동시에 하는 형식이다.

해설 십자형 자재 이음은 중심 부분 십자축과 2개의 요크로 구성되고, 십자축과 요크는 니들 롤러 베어링을 사이에 두고 연결되어 있으며, 후륜 구동 방식 자동차의 추진축으로 사용된다.
④ 슬립 이음의 역할을 하는 것은 슬립 조인트이다.

159 수동 변속기의 필요성으로 틀린 것은?

① 회전 방향을 역으로 하기 위해
② 무부하 상태로 공전 운전할 수 있게 하기 위해
③ 발진 시 각 부에 응력의 완화와 마멸을 최대화하기 위해
④ 차량 발진 시 중량에 의한 관성으로 인해 큰 구동력이 필요하기 때문에

ANSWER / 154 ① 155 ④ 156 ① 157 ② 158 ④ 159 ③

해설 수동 변속기의 필요성
㉠ 회전 방향을 역으로 하기 위함이다(후진을 가능하게 한다).
㉡ 정차 시 기관의 공전 운전을 가능하게 한다.
㉢ 무부하 상태로 공전 운전을 할 수 있도록 한다(기관을 무부하 상태로 한다).
㉣ 차량 발진 시 관성으로 인해 큰 구동력이 필요하기 때문이다.
㉤ 기관 회전력을 변환시켜 바퀴에 전달한다.

160 자동변속기의 변속을 위한 가장 기본적인 정보에 속하지 않은 것은?

① 차량 속도
② 변속기 오일양
③ 변속 레버 위치
④ 변속 부하(스로틀 개도)

해설 변속 기본 요소
㉠ 기관의 부하(스로틀 개도)
㉡ 차량 속도
㉢ 운전자의 의지(변속 레버 위치)

161 다음 중 전자 제어 제동 장치(ABS)의 적용 목적이 아닌 것은?

① 차량의 스핀 방지
② 차량의 방향성 확보
③ 휠 잠김(lock) 유지
④ 차량의 조종성 확보

해설 ABS의 설치 목적
㉠ 제동 거리를 단축시킨다.
㉡ 미끄러짐을 방지하여 차체 안정성을 유지한다.
㉢ ECU에 의해 브레이크를 컨트롤하여 조종성을 확보한다.
㉣ 앞바퀴의 잠김 방지에 따른 조향 능력 상실을 방지한다.
㉤ 뒷바퀴의 잠김을 방지하여 차체 스핀에 의한 전복을 방지한다.
㉥ 휠의 잠김을 방지한다.

162 전자 제어 조향 장치에서 차속 센서의 역할은?

① 공전 속도 조절
② 조향력 조절
③ 공연비 조절
④ 점화 시기 조절

해설 차속 센서는 주행 속도에 따른 신호를 컨트롤 유닛(ECU)에 입력하며, 컨트롤 유닛은 차속 센서 신호에 따라 조향력을 고속에서는 무겁게, 저속에서는 가볍게 조절하게 된다.

163 클러치 부품 중 플라이휠에 조립되어 플라이휠과 함께 회전하는 부품은?

① 클러치 판　　② 변속기 입력축
③ 클러치 커버　　④ 릴리스 포크

해설 클러치 구성 부품

㉠ 클러치 커버 : 클러치 기구를 지지하고 있는 커버로, 플라이휠에 장착되어 있으며, 클러치 스프링의 힘을 압력판에 전달하는 역할을 한다.

㉡ 클러치 디스크(클러치판) : 클러치 압력판과 플라이휠 사이에 설치되어 변속기 입력축 스플라인에 끼워진다.

㉢ 변속기 입력축 : 클러치판에 연결되어 기관의 동력이 변속기로 전달된다.

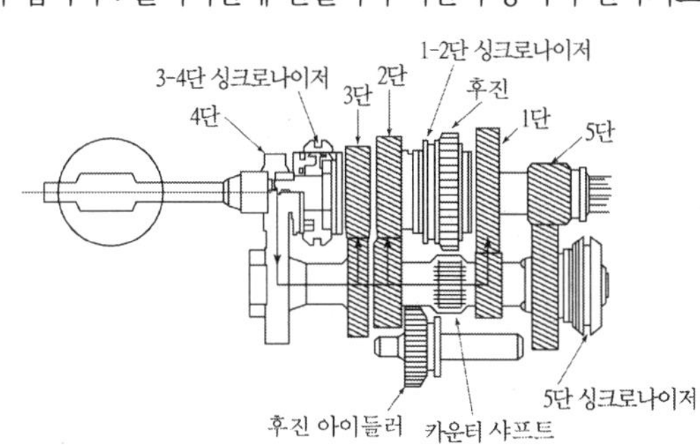

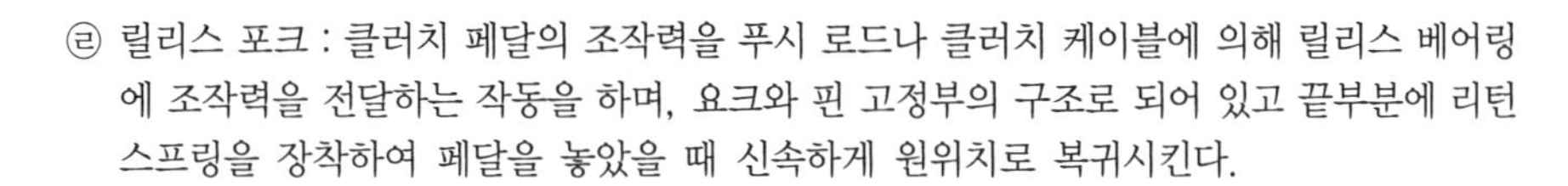
㉣ 릴리스 포크 : 클러치 페달의 조작력을 푸시 로드나 클러치 케이블에 의해 릴리스 베어링에 조작력을 전달하는 작동을 하며, 요크와 핀 고정부의 구조로 되어 있고 끝부분에 리턴 스프링을 장착하여 페달을 놓았을 때 신속하게 원위치로 복귀시킨다.

164 배력 장치가 장착된 자동차에서 브레이크 페달의 조작이 무겁게 되는 원이 아닌 것은?

① 푸시 로드의 부트가 파손되었다.
② 진공용 체크 밸브의 작동이 불량하다.
③ 릴레이 밸브 피스톤의 작동이 불량하다.
④ 하이드로릭 피스톤 컵이 손상되었다.

해설 하이드로백(배력장치) 설치 차량에서 브레이크 페달 조작이 무거운 원인

㉠ 진공용 체크 밸브 작동 불량
㉡ 릴레이 밸브 피스톤의 작동 불량
㉢ 하이드로릭 피스톤의 작동 불량
㉣ 진공 파이프 각 접속 부분에서 진공 누설
㉤ 진공 및 공기 밸브의 작동 불량

ANSWER / 160 ② 161 ③ 162 ② 163 ③ 164 ①

165 유압식 클러치에서 동력 차단이 불량한 원인 중 가장 거리가 먼 것은?

① 페달의 자유 간극 없음
② 유압 라인의 공기 유입
③ 클러치 릴리스 실린더 불량
④ 클러치 마스터 실린더 불량

해설 클러치 페달의 자유 간극이 없으면 클러치 소모가 심해져 미끄러지게 된다.

166 자동차의 축간 거리가 2.2 [m], 외측 바퀴의 조향각이 30°이다. 이 자동차의 최소 회전 반지름 [m]은 얼마인가? (단, 바퀴의 접지면 중심과 킹핀과의 거리는 30 [cm]임)

① 3.5
② 4.7
③ 7
④ 9.4

해설 최소 회전 반경 $R = \frac{L}{\sin\alpha} + r$

$$= \frac{2.2}{\sin 30°} + 0.3 = 4.7\,[\text{m}]$$

여기서, α : 외측 바퀴 회전 각도 [°]
L : 축거 [m]
r : 타이어 중심과 킹핀과의 거리 [m]

167 전자 제어 현가 장치에 사용되고 있는 차고 센서의 구성 부품으로 옳은 것은?

① 에어 챔버와 서브 탱크
② 발광 다이오드와 유화 카드뮴
③ 서모 스위치
④ 발광 다이오드와 광트랜지스터

해설 차고 센서는 차고의 변화에 따른 차체와 액슬의 위치를 발광 다이오드(LED, 발광기)와 광트랜지스터(수광기)로 검출하는 역할을 한다.

168 브레이크 파이프에 잔압 유지와 직접적인 관련이 있는 것은?

① 브레이크 페달
② 마스터 실린더 2차 컵
③ 마스터 실린더 체크 밸브
④ 푸시 로드

해설 유압 브레이크에서 잔압을 유지하게 한다는 것은 브레이크를 밟지 않아도 리턴 스프링이 항상 체크 밸브를 작동(밀고)하고 있어 회로 내 잔류 압력을 유지시키는 것이다. 잔압을 유지시키는 부품은 마스터 실린더의 체크 밸브와 복귀 스프링이다.

169 조향휠을 1회전하였을 때 피트먼암이 60° 움직였다. 조향 기어비는 얼마인가?

① 12 : 1
② 6 : 1
③ 6.5 : 1
④ 13 : 1

해설

$$\text{조향 기어비} = \frac{\text{핸들 회전 각도}}{\text{피트먼암 회전 각도}} = \frac{360}{60} = 6$$

∴ 6 : 1

170 주행 중 조향 핸들이 한쪽으로 쏠리는 원인과 가장 거리가 먼 것은?

① 바퀴 허브 너트를 너무 꽉 조였다.
② 좌 · 우의 캠버가 같지 않다.
③ 컨트롤 암(위 또는 아래)이 휘었다.
④ 좌 · 우의 타이어 공기압이 다르다.

해설 주행 중 조향 핸들이 한쪽으로 쏠리는 원인

㉠ 휠의 불평형
㉡ 컨트롤 암(아래 또는 위)이 휘었을 때
㉢ 쇽업쇼버의 작동 불량
㉣ 앞바퀴 얼라이먼트가 불량할 때
㉤ 브레이크 라이닝 간극 조정이 불량할 때
㉥ 좌 · 우 타이어 공기압 불균형
㉦ 한쪽 휠 실린더 작동 불량

171 타이어의 구조 중 노면과 직접 접촉하는 부분은?

① 트레드
② 카커스
③ 비드
④ 숄더

해설 타이어의 구조

㉠ 비드 : 타이어가 림에 접촉하는 부분으로, 타이어가 빠지는 것을 방지하기 위해 몇 줄의 피아노선을 넣어 놓은 것
㉡ 브레이커 : 트레드와 카커스 사이에서 분리를 방지하고 노면에서의 완충 작용을 하는 것

ANSWER / 165 ① 166 ② 167 ④ 168 ③ 169 ② 170 ① 171 ①

㉢ 트레드 : 노면과 직접 접촉하는 부분으로, 제동력 및 구동력과 옆방향 미끄럼 방지, 승차감 향상 등의 역할을 하는 것

㉣ 카커스 : 고무로 피복된 코드를 여러 겹 겹친 층이며, 타이어의 뼈대가 되는 부분으로 공기 압력을 견디어 일정한 체적을 유지하고 하중이나 충격에 따라 변형하여 완충 작용을 하는 것

㉤ 사이드 월 : 타이어의 옆부분으로, 승차감을 유지시키는 역할을 하며 각종 정보를 표시하는 부분

172 추진축의 슬립 이음은 어떤 변화를 가능하게 하는가?

① 축의 길이　② 드라이브 각
③ 회전 토크　④ 회전 속도

해설
- 추진축 : 회전력 전달
- 자재 이음 : 구동 회전 각도 변화
- 슬립 이음 : 길이 변화

173 전자 제어식 제동 장치(ABS)에서 제동 시 타이어 슬립률이란 무엇인가?

① (차륜 속도－차체속도)/차체 속도×100 [%]
② (차체 속도－차륜속도)/차체 속도×100 [%]
③ (차체 속도－차륜속도)/차륜 속도×100 [%]
④ (차륜 속도－차체속도)/차륜 속도×100 [%]

해설 ABS에서 타이어 슬립률이란 자동차(차체) 속도와 바퀴(차륜) 속도와의 차이를 말하며, 식은 다음과 같다.

$$\text{타이어 슬립률} = \frac{\text{차체 속도} - \text{차륜 속도}}{\text{차체 속도}} \times 100[\%]$$

174 자동 변속기 차량에서 시동이 가능한 변속 레버 위치는?

① P, N　② P, D
③ 전구간　④ N, D

해설 인히비터 스위치(P,N 스위치)의 기능
㉠ 변속 레버 P 또는 N 레인지에서 시동이 가능하게 한다.
㉡ 변속 레버 D 또는 L 레인지에서 시동을 불가능하게 한다.
㉢ 변속 레버 R 레인지에서 후진등을 점등시킨다.

175 다음 중 승용 자동차에서 주제동 브레이크에 해당되는 것은?

① 디스크 브레이크 ② 배기 브레이크
③ 엔진 브레이크 ④ 와전류 리타더

해설 감속 브레이크(제3브레이크, 보조 브레이크)의 종류
㉠ 엔진 브레이크
㉡ 배기 브레이크
㉢ 와전류 브레이크

176 자동차가 고속으로 선회할 때 차체가 기울어지는 것을 방지하기 위한 장치는?

① 타이로드 ② 토인
③ 프로포셔닝 밸브 ④ 스테빌라이저

해설 스테빌라이저는 독립 현가 방식의 차량 앞쪽 로워암 등에 부착되며 선회 시 발생하는 롤링(rolling, 좌우 진동) 현상을 감소시키고, 차량의 평형을 유지시키며 차체의 기울어짐을 방지하기 위하여 설치한다.

177 자동 변속기 오일의 구비 조건으로 틀린 것은?

① 기포 발생이 없고 방청성이 있을 것
② 점도 지수의 유동성이 좋을 것
③ 내열 및 내산화성이 좋을 것
④ 클러치 접속 시 충격이 크고 미끄럼이 없는 적절한 마찰 계수를 가질 것

해설 자동 변속기 오일의 요구 조건
㉠ 내열 및 내산화성이 좋을 것
㉡ 고착 방지성과 내마모성이 있을 것
㉢ 기포가 발생하지 않고, 저온 유동성이 좋을 것
㉣ 점도 지수가 크고, 방청성이 있을 것
㉤ 미끄럼이 없는 적절한 마찰 계수를 가질 것

ANSWER / 172 ① 173 ② 174 ① 175 ① 176 ④ 177 ④

178 차량 총중량이 3.5[ton] 이상인 화물 자동차 등의 후부 안전판 설치 기준에 대한 설명으로 틀린 것은?

① 너비는 자동차 너비의 100[%] 미만일 것
② 가장 아랫부분과 지상과의 간격은 550[mm] 이내일 것
③ 처량 수직 방향의 단면 최소 높이는 100[mm] 이하일 것
④ 모서리부의 곡률 반경은 2.5[mm] 이상일 것

해설 차량 총중량이 3.5[ton] 이상인 화물 자동차 · 특수 자동차 및 연결 자동차는 포장 노면 위에서 공차 상태로 측정하였을 때에 다음의 기준에 적합한 후부 안전판을 설치하여야 한다.

㉠ 너비는 자동차 너비의 100[%] 미만일 것
㉡ 가장 아랫부분과 지상과의 간격은 550[mm] 이내일 것
㉢ 차량 수직 방향의 단면 최소 높이는 100[mm] 이상일 것
㉣ 모서리부의 곡률 반경은 2.5[mm] 이상일 것
㉤ 후부 안전판의 양 끝부분과 가장 넓은 뒷축의 좌우 외측타이어 바깥면간의 간격은 각각 100[mm] 이내일 것
㉥ 지상으로부터 3[m] 이하의 높이에 있는 차체 후단으로부터 차량길이 방향의 안쪽으로 400[mm] 이내에 설치할 것. 단, 자동차의 구조상 400[mm] 이내에 설치가 곤란한 자동차의 경우에는 그러하지 아니하다.

179 LPG 자동차의 장점 중 맞지 않는 것은?

① 연료비가 경제적이다.
② 가솔린 차량에 비해 출력이 높다.
③ 연소실 내의 카본 생성이 낮다.
④ 점화 플러그의 수명이 길다.

해설 LPG의 장점 및 단점

㉠ 장점
- 베이퍼록 현상이 일어나지 않는다.
- 혼합기가 가스 상태로 실린더에 공급되기 때문에 일산화탄소(CO)의 배출량이 적다.
- 황분 함유량이 적기 때문에 오일의 오손이 작다.
- 가스 상태로 실린더에 공급되기 때문에 미연소가스에 의한 오일의 희석이 작다.
- 가솔린 연료보다 옥탄가가 높고 연소 속도가 느리기 때문에 노킹이 작다.
- 가솔린 연료보다 가격이 저렴하기 때문에 경제적이다.
- 가솔린 기관에 비해 연소실 내 카본 생성이 적다.

㉡ 단점
- 겨울철 또는 장시간 정차 시 증발 잠열로 인해 시동이 어렵다.
- 연료의 보급이 불편하고 트렁크의 공간이 좁다.
- LPG 연료 봄베 탱크를 고압 용기로 사용하기 때문에 차량의 중량이 무겁다.

180 동력 전달 장치에서 추진축의 스플라인부가 마멸되었을 때 생기는 현상은?

① 완충 작용이 불량하게 된다.
② 주행 중에 소음이 발생한다.
③ 동력 전달 성능이 향상된다.
④ 총감속 장치의 결합이 불량하게 된다.

해설 스플라인 이음은 큰 회전력을 전달하기 위해 사용되며 마멸되었을 때는 주행 중에 추진축이 진동하며 소음이 발생하게 된다.

181 엔진의 회전수가 4,500[rpm]일 때 2단위 변속비가 1.5일 경우 변속기 출력축의 회전수 [rpm]는 얼마인가?

① 1,500
② 2,000
③ 2,500
④ 3,000

해설 $N_s = \frac{N_e}{r_t} = \frac{4,500}{1.2} = 3,000[\mathrm{rpm}]$

182 다음 중 현가 장치에 사용되는 판 스프링에서 스팬의 길이 변화를 가능하게 하는 것은?

① 섀클
② 스팬
③ 행거
④ U 볼트

해설 판 스프링 부품의 특징

㉠ 스팬 : 스프링 아이와 아이 사이의 거리
㉡ U볼트 : 스프링을 차축에 설치하기 위한 볼트
㉢ 섀클
- 스프링의 압축 인장 시 길이 방향으로 늘어나는 것을 보상하는 부분
- 판 스프링을 차체에 결합하는 장치
- 스팬의 변화를 가능하게 해주는 것

183 앞바퀴 정렬의 종류가 아닌 것은?

① 토인
② 캠버
③ 섹터암
④ 캐스터

ANSWER 178 ③ 179 ② 180 ② 181 ④ 182 ① 183 ③

해설 앞바퀴 정렬

㉠ 종류
- 캠버(camber)
- 캐스터(caster)
- 토인(ton-in)
- 킹 핀 경사각(조향축 경사각 : king pin inclination)
- 선회 시 토 아웃(toe-out on turning)

㉡ 역할
- 조향 핸들의 조작을 작은 힘으로 할 수 있게 한다.
- 조향 조작이 확실하고 안정성을 준다.
- 타이어 마모를 최소화한다.
- 조향 핸들에 복원성을 준다.

184 다음 자동 변속기에서 스톨 테스트의 요령 중 틀린 것은?

① 사이드 브레이크를 잠근 후 풋 브레이크를 밟고 전진 기어를 넣고 실시한다.
② 사이드 브레이크를 잠근 후 풋 브레이크를 밟고 후진 기어를 넣고 실시한다.
③ 바퀴에 추가로 버팀목을 넣고 실시한다.
④ 풋 브레이크는 놓고 사이드 브레이크만 당기고 실시한다.

해설 **스톨 테스트(stall test) 시험 방법**

㉠ 뒷바퀴 양쪽에 고임목을 받친다.
㉡ 엔진을 워밍업시킨다.
㉢ 주차 브레이크를 당기고, 브레이크 페달을 완전히 밟는다.
㉣ 선택 레버를 'D'에 위치시킨 다음 액셀러레이터 페달을 완전히 밟고 엔진 rpm을 측정한다 (스톨 테스트는 반드시 5[s] 이상 하지 않는다).
㉤ R 레인지에서도 동일하게 실시한다.
㉥ **규정값** : 2,000 ~ 2,400[rpm]

185 유압식 제동 장치에서 적용되는 유압의 원리는?

① 뉴턴의 원리
② 파스칼의 원리
③ 벤투리관의 원리
④ 베르누이의 원리

해설 유압식 제동 장치는 파스칼의 원리를 이용한 것이다.

※ **파스칼의 원리** : 밀폐된 공간의 액체 한 곳에 압력을 가하면 가해진 압력과 같은 크기의 압력이 각 부에 전달된다.

186 전자 제어 현가 장치의 장점에 대한 설명으로 가장 적합한 것은?

① 굴곡이 심한 노면을 주행할 때 흔들림이 작은 평행한 승차감 실현
② 차속 및 조향 상태에 따라 적절한 조향
③ 운전자가 희망하는 쾌적 공간을 제공해 주는 시스템
④ 운전자의 의지에 따라 조향 능력을 유지해 주는 시스템

해설 ECS

㉠ 운전자의 선택, 노면 상태, 주행 조건 등에 따라 각종 센서와 엑추에이터 등을 통해 쇽업소버 스프링의 감쇠력 변화를 컴퓨터에서 자동으로 조절하여 승차감을 좋게 하는 전자 제어 시스템이다.

㉡ ECS의 특징
- 고속 주행 시 차체 높이를 낮추어 공기 저항을 적게 하고 승차감을 향상시킨다.
- 불규칙 노면 주행할 때 감쇠력을 조절하여 자동차 피칭을 방지해 준다.
- 험한 도로 주행 시 스프링을 강하게 하여 쇽 업소버 및 원심력에 대한 롤링을 없앤다.
- 급제동 시 노스 다운을 방지해 준다.
- 안정된 조향 성능과 적재 물량에 따른 안정된 차체의 균형을 유지시킨다.
- 하중이 변해도 차는 수평을 전자 제어 유지한다.
- 도로의 조건에 따라서 바운싱을 방지해 준다.

187 다음 중 수동 변속기의 클러치 역할로 거리가 가장 먼 것은?

① 엔진과의 연결을 차단하는 일을 한다.
② 변속기로 전달되는 엔진의 토크를 필요에 따라 단속한다.
③ 관성 운전 시 엔진과 변속기를 연결하여 연비 향상을 도모한다.
④ 출발 시 엔진의 동력을 서서히 연결하는 일을 한다.

해설 클러치는 엔진과 변속기 사이에 설치되어 있으며(기관 플라이 휠 뒷면에 부착되어 있다), 동력 전달 장치로 전달되는 기관의 동력을 단속(연결 및 차단)하는 장치이다.

188 주행 중 제동 시 좌우 편제동의 원인으로 거리가 가장 먼 것은?

① 드럼의 편 마모
② 휠 실린더 오일 누설
③ 라이닝 접촉 불량, 기름 부착
④ 마스터 실린더의 리턴 구멍 막힘

ANSWER / 184 ④ 185 ② 186 ① 187 ③ 188 ④

해설 편제동의 원인

㉠ 타이어 공기압의 불평형
㉡ 브레이크 패드의 마찰 계수 저하로 인한 불평형
㉢ 한쪽 브레이크 디스크에 기름 부착
㉣ 한쪽 브레이크 디스크 마모량 과다
㉤ 한쪽 휠 실린더 고착
㉥ 한쪽 캘리퍼 및 휠 실린더 리턴 불량
※ 마스터 실린더 리턴 포트가 막힐 경우 브레이크 오일이 작동 후 리턴되지 못하므로 브레이크 전체가 풀리지 않는 원인이 된다.

189 동력 조향 장치(power steering system)의 장점으로 틀린 것은?

① 조향 조작력을 작게 할 수 있다.
② 앞바퀴의 시미 현상을 방지할 수 있다.
③ 조향 조작이 경쾌하고 신속하다.
④ 고속에서 조향력이 가볍다.

해설 동력식 조향 장치의 장점 및 단점

장점	단점
㉠ 조향 조작력이 작다(2~3 [kg] 정도). ㉡ 조향 조작이 경쾌하고 신속하다. ㉢ 조향 핸들의 시미(shimmy)를 방지할 수 있다. ㉣ 노면에서 받는 충격 및 진동을 흡수한다. ㉤ 조향 조작력에 관계없이 조향 기어비를 선정할 수 있다.	㉠ 구조가 복잡하다. ㉡ 가격이 비싸다. ㉢ 고장 시 정비가 어렵다.

※ 전자 제어 동력 조향 장치(EPS)의 요구 조건
㉠ 정차, 저속 주행 시 조향 조작력이 작을 것
㉡ 고속이 될수록 조향 조작력이 클 것
㉢ 앞바퀴의 시미(떨림) 현상을 감소시킬 것
㉣ 노면에서 발생하는 충격을 흡수할 것
㉤ 직진 안정감과 미세한 조향 감각이 보장될 것
㉥ 긴급 조향 시 신속한 조향 반응이 보장될 것

190 스프링의 무게 진동과 관련된 사항 중 거리가 먼 것은?

① 바운싱(bouncing) ② 피칭(pitching)
③ 휠 트램프(wheel tramp) ④ 롤링(rolling)

해설 스프링 위 질량의 진동(차체의 진동)

㉠ 바운싱(bouncing : 상하 진동) : 자동차의 축 방향과 평행 운동을 하는 고유진동이다.
㉡ 롤링(rolling : 좌 · 우 방향의 회전 진동) : 자동차가 X축을 중심으로 하여 회전 운동을 하는 고유 진동이다.
㉢ 피칭(pitching : 앞 · 뒤 방향의 회전 진동) : 자동차가 Y축을 중심으로 하여 회전 운동을 하는 고유 진동이다. 즉, 자동차가 앞 · 뒤로 숙여지는 진동이다.
㉣ 요잉(yawing : 좌 · 우 옆방향의 미끄럼 진동) : 자동차가 Z축을 중심으로 하여 회전운동을 하는 고유 진동이다.

191 타이어의 구조에 해당되지 않는 것은?

① 트레드 ② 브레이커
③ 카커스 ④ 압력판

해설 타이어의 구조

㉠ 비드 : 타이어가 림에 접촉하는 부분으로, 타이어가 빠지는 것을 방지하기 위해 몇 줄의 피아노선을 넣어 놓은 것
㉡ 브레이커 : 트레드와 카커스 사이에서 분리를 방지하고 노면에서의 완충 작용을 하는 것
㉢ 트레드 : 노면과 직접 접촉하는 부분으로, 제동력 및 구동력과 옆방향 미끄럼 방지, 승차감 향상 등의 역할을 하는 것
㉣ 카커스 : 고무로 피복된 코드를 여러 겹 겹친 층이며, 타이어의 뼈대가 되는 부분으로 공기 압력을 견디어 일정한 체적을 유지하고 하중이나 충격에 따라 변형하여 완충 작용을 하는 것
㉤ 사이드 월 : 타이어의 옆부분으로 승차감을 유지시키는 역할을 하며 각종 정보를 표시하는 부분

192 자동차 변속기 오일의 주요 기능이 아닌 것은?

① 동력 전달 작용 ② 냉각 작용
③ 충격 전달 작용 ④ 윤활 작용

ANSWER / 189 ④ 190 ③ 191 ④ 192 ③

해설 변속기 오일의 주요 기능
㉠ 동력 전달 작용
㉡ 냉각 작용
㉢ 윤활 작용
㉣ 충격 흡수 작용
※ 자동 변속기 오일의 요구 조건
㉠ 내열 및 내산화성이 좋을 것
㉡ 고착 방지성과 내마모성이 있을 것
㉢ 기포가 발생하지 않고, 저온 유동성이 좋을 것
㉣ 점도 지수가 크고, 방청성이 있을 것
㉤ 미끄럼이 없는 적절한 마찰 계수를 가질 것

193 제동 배력 장치에서 진공식은 어떤 것을 이용하는가?

① 대기 압력만을 이용
② 배기가스 압력만을 이용
③ 대기압과 흡기 다기관 부압의 차이를 이용
④ 배기가스와 대기압과의 차이를 이용

해설 진공 배력 방식(하이드로 백)은 흡기 다기관의 부압과 대기압의 압력 차를 이용하는 방식이다.

194 차량 총중량 5,000[kgf]의 자동차가 20[%]의 구배길을 올라갈 때 구배 저항(Rg)은?

① 2,500[kgf]
② 2,000[kgf]
③ 1,710[kgf]
④ 1,000[kgf]

해설

$$R_{(구배저항)}[\text{kgf}] = W\tan\theta = \frac{W \cdot G}{100}$$

$$= \frac{5{,}000 \times 20}{100} = 1{,}000[\text{kgf}]$$

여기서, W : 분력(차량 총중량)[kg]
θ : 구배 각도
G : 구배[%]

195 **주행 중 브레이크 작동 시 조향 핸들이 한쪽으로 쏠리는 원인으로 거리가 가장 먼 것은?**

① 휠 얼라이먼트 조정이 불량하다.
② 좌우 타이어의 공기압이 다르다.
③ 브레이크 라이닝의 좌우 간극이 불량하다.
④ 마스터 실린더의 체크 밸브의 작동이 불량하다.

해설 주행 중 조향 핸들이 한쪽 방향으로 쏠리는 원인
㉠ 브레이크 라이닝 간극 조정 불량
㉡ 휠의 불평형
㉢ 쇽업소버 작동 불량
㉣ 타이어 공기 압력의 불균형
㉤ 앞바퀴 정열(얼라이먼트)의 불량
㉥ 좌 · 우 축거가 다르다
※ 체크 밸브는 마스터 실린더와 휠 실린더 사이의 잔압 유지, 잔압(0.6 ~ 0.8[kg/cm^2])을 두는 목적은 브레이크 작동을 신속하게 하고 베이퍼록 방지, 휠 실린더의 오일 누출 방지, 유압 회로 내에 공기가 침입하는 것을 방지하는 장치이다.

196 **자동차가 주행하면서 선회할 때 조향 각도를 일정하게 유지해도 선회 반지름이 커지는 현상은?**

① 오버 스티어링 ② 언더 스티어링
③ 리버스 스티어링 ④ 토크 스티어링

해설 조향 이론
㉠ 언더 스티어링(Under Steering, US) : 자동차가 일정한 반경으로 선회를 할 때 선회 반경이 정상 선회 반경보다 커지는 현상이다.
㉡ 오버 스티어링(Over Steering, OS) : 자동차가 일정한 반경으로 선회를 할 때 선회 반경이 정상의 선회 반경보다 작아지는 현상이다.
㉢ 뉴트럴 스티어링(Neutral Steering, NS) : 자동차가 일정한 반경으로 선회를 할 때 선회 반경이 일정하게 유지되는 현상이다.
㉣ 코너링 포스(cornering force) : 자동차가 선회를 할 때 타이어는 실제 전진 방향에 어떤 각도를 두고 전진하기 때문에 타이어의 접지면이 옆방향으로 찌그러져서 그 탄성 복원력이 발생된다. 이때 발생한 탄성 복원력의 분력 중 자동차의 진행 방향과 직각인 방향의 복원력을 코너링 포스라고 한다.

ANSWER / 193 ③ 194 ④ 195 ④ 196 ②

197 선회할 때 조향 각도를 일정하게 유지하여도 선회 반경이 작아지는 현상은?

① 오버 스티어링 ② 언더 스티어링
③ 다운 스티어링 ④ 어퍼 스티어링

해설 조향 이론

㉠ 언더 스티어링(Under Steering ; US) : 자동차가 일정한 반경으로 선회를 할 때 선회 반경이 정상의 선회 반경보다 커지는 현상이다.

㉡ 오버 스티어링(Over Steering ; OS) : 자동차가 일정한 반경으로 선회를 할 때 선회 반경이 정상의 선회 반경보다 작아지는 현상이다.

㉢ 뉴트럴 스티어링(Neutral Steering ; NS) : 자동차가 일정한 반경으로 선회를 할 때 선회 반경이 일정하게 유지되는 현상이다.

㉣ 코너링 포스(Cornering Force) : 자동차가 선회할 때 타이어는 실제 전진 방향에 어떤 각도를 두고 전진하기 때문에 타이어의 접지면이 옆방향으로 찌그러져서 그 탄성 복원력이 발생된다. 이때 발생한 탄성 복원력의 분력 중 자동차의 진행 방향과 직각인 방향의 복원력을 코너링 포스라고 한다.

198 동력 인출 장치에 대한 설명이다. ( ) 안에 맞는 것은?

동력 인출 장치는 농업 기계에서 ( )의 구동용으로도 사용되며, 변속기 측면에 설치되어 ( )의 동력을 인출한다.

① 작업 장치, 주축상 ② 작업 장치, 부축상
③ 주행 장치, 주축상 ④ 주행 장치, 부축상

해설 동력 인출 장치(PTO)는 농업 기계에서 작업 장치의 구동용으로 사용되며 변속기 측면에 설치되어 부축상의 동력을 인출하여 주행과는 관계없이 다른 용도에 이용하기 위한 장치이다.

199 다음 중 자동 변속기에서 유체 클러치를 바르게 설명한 것은?

① 유체의 운동 에너지를 이용하여 토크를 자동적으로 변환하는 장치
② 기관의 동력을 유체 운동 에너지로 바꾸어 이 에너지를 다시 동력으로 바꿔서 전달하는 장치
③ 자동차의 주행 조건에 알맞은 변속비를 얻도록 제어하는 장치
④ 토크 컨버터의 슬립에 의한 손실을 최소화하기 위한 작동 장치

해설 유체 클러치는 유체를 이용하여 기관 동력을 유체 운동 에너지로 바꾸고 이 에너지를 다시 동력을 바꿔서 변속기로 전달하는 장치이다.

200 **유압식 전자 제어 파워 스티어링 ECU의 입력 요소가 아닌 것은?**

① 차속 센서 ② 스로틀 포지션 센서
③ 크랭크축 포지션 센서 ④ 조향각 센서

해설 유압식 전자 제어 파워스티어링은 차속, 스로틀 포지션, 조향각 센서의 신호에 따라 조향 조작력을 조절하며, 크랭크 축 포지션 센서는 엔진 ECU에 입력되는 센서이다.

201 **휠얼라이먼트 요소 중 하나인 토인의 필요성과 거리가 가장 먼 것은?**

① 조향 바퀴에 복원성을 준다.
② 주행 중 토 아웃이 되는 것을 방지한다.
③ 타이어의 슬립과 마멸을 방지한다.
④ 캠버와 더불어 앞바퀴를 평행하게 회전시킨다.

해설 토인

㉠ 정의 : 앞바퀴를 위에서 보았을 때 양쪽 바퀴의 중심선 거리가 앞쪽이 뒤쪽보다 작게 되어 있는 상태를 말한다.

㉡ 토인의 필요성
- 조향 링키지 마멸에 의해 토 아웃되는 것을 방지한다.
- 바퀴의 사이드 슬립과 타이어의 마멸을 방지한다.
- 앞바퀴를 평행하게 회전시킨다.

202 **마스터 실린더의 푸시 로드에 작용하는 힘이 150[kgf]이고, 피스톤의 면적이 3[cm^2]일 때 단위 면적당 유압[kgf/cm^2]은?**

① 10 ② 50
③ 150 ④ 450

해설

$$\text{압력}[kg/cm^2] = \frac{\text{하중}}{\text{단면적}} = \frac{150}{3} = 50[kgf/cm^2]$$

$\therefore 50[kgf/cm^2]$

ANSWER / 197 ① 198 ② 199 ② 200 ③ 201 ① 202 ②

203 다음 중 클러치의 릴리스 베어링으로 사용되지 않는 것은?

① 앵귤러 접촉형 ② 평면 베어링형
③ 볼 베어링형 ④ 카본형

해설 릴리스 베어링의 종류
㉠ 앵귤러 접촉형
㉡ 카본형
㉢ 볼 베어링형

204 자동 변속기에서 일정한 차속으로 주행 중 스로틀 밸브 개도를 갑자기 증가시키면 시프트 다운(감속 변속)되어 큰 구동력을 얻을 수 있는 것은?

① 스톨 ② 킥 다운
③ 킥 업 ④ 리프트 풋 업

해설 킥 다운은 일정 차속으로 주행 중 가속 페달을 급격히 밟으면 스로틀 밸브 개도가 증가하게 되고 이때 현재 변속 단수보다 한 단계 낮은 단수로 감속 변속되어 큰 구동력을 얻을 수 있게 하는 것이다.

205 시동 OFF 상태에서 브레이크 페달을 여러 차례 작동 후 브레이크 페달을 밟은 상태에서 시동을 걸었는데 브레이크 페달이 내려가지 않는다면 예상되는 고장 부위는?

① 주차 브레이크 케이블 ② 앞바퀴 캘리퍼
③ 진공 배력 장치 ④ 프로포셔닝 밸브

해설 진공 배력 장치(하이드로 백)은 흡기 다기관의 진공을 사용하므로 시동 OFF 상태에서 여러 차례 브레이크를 밟은 후 브레이크 페달을 밟은 상태에서 시동을 걸었을 때 내려가야 정상이다.

206 구동 피니언의 잇수가 15, 링기어의 잇수가 58일 때 종감속비는 약 얼마인가?

① 2.58 ② 3.87
③ 4.02 ④ 2.94

해설
$$\text{종감속비} = \frac{\text{링기어 잇수}}{\text{구동 피니언 기어 잇수}} = \frac{58}{15} = 3.87$$

207 현가 장치가 갖추어야 할 기능이 아닌 것은?

① 승차감의 향상을 위해 상하 움직임에 적당한 유연성이 있어야 한다.
② 원심력이 발생되어야 한다.
③ 주행 안정성이 있어야 한다.
④ 구동력 및 제동력 발생 시 적당한 강성이 있어야 한다.

해설 현가 장치의 기능
㉠ 승차감 향상을 위해 상하 움직임에 적당한 유연성이 있어야 한다.
㉡ 회전등의 원심력에 대해 저항력이 있어야 한다.
㉢ 주행 안전성이 있어야 한다.
㉣ 구동력 및 제동력 발생 시 적당한 강성이 있어야 한다.

208 여러 장을 겹쳐 충격 흡수 작용을 하도록 한 스프링은?

① 토션바 스프링
② 고무 스프링
③ 코일 스프링
④ 판 스프링

해설 판 스프링 : 여러 장의 금속 강판을 여러 장 겹쳐 노면의 충격 흡수 작용을 하도록 장치이다.

209 자동차에서 제동 시의 슬립비를 표시한 것으로 맞는 것은?

① (자동차 속도－바퀴 속도) / 자동차 속도×100[%]
② (자동차 속도－바퀴 속도) / 바퀴 속도×100[%]
③ (바퀴 속도－자동차 속도) / 자동차 속도×100[%]
④ (바퀴 속도－자동차 속도) / 바퀴 속도×100[%]

해설 $\text{슬립비} = \frac{\text{자동차 속도} - \text{바퀴 속도}}{\text{자동차 속도}} \times 100[\%]$

210 조향 핸들이 1회전하였을 때 피트먼암이 40° 움직였다. 조향 기어의 비는?

① 9 : 1
② 0.9 : 1
③ 45 : 1
④ 4.5 : 1

ANSWER / 203 ② 204 ② 205 ③ 206 ② 207 ② 208 ④ 209 ① 210 ①

해설 조향 기어비 $= \frac{\text{핸들 회전 각도}}{\text{피트먼암 회전 각도}}$

$= \frac{360}{40} = 9$

211 수동 변속기에서 클러치(clutch)의 구비 조건으로 틀린 것은?

① 동력을 차단할 경우에는 차단이 신속하고 확실할 것
② 미끄러지는 일 없이 동력을 확실하게 전달할 것
③ 회전 부분의 평형이 좋을 것
④ 회전 관성이 클 것

해설 클러치의 구비 조건
㉠ 동력 차단이 신속하고 확실할 것
㉡ 동력 전달이 확실하고 신속할 것
㉢ 방열이 잘 되고, 과열되지 않을 것
㉣ 회전 부분 평형이 좋을 것
㉤ 회전 관성이 작을 것
㉥ 내열성이 좋을 것
※ 클러치가 미끄러지는 원인
㉠ 크랭크축 오일실 마모
㉡ 클러치판 오일이 묻었을 때
㉢ 클러치 압력 스프링이 약할 때
㉣ 클러치판의 마모 및 경화
㉤ 클러치 페달의 자유 간극이 작을 때

212 자동차가 커브를 돌 때 원심력이 발생하는데 이 원심력을 이겨내는 힘은?

① 코너링 포스 ② 릴레이 밸브
③ 구동 토크 ④ 회전 토크

해설 ㉠ 코너링 포스 : 조향 시 타이어에서 조향 방향으로 작용하는 힘으로, 선회 시 발생하는 원심력을 이겨내는 힘이다.
㉡ 언더 스티어링 : 선회 시 조향 각도를 일정하게 하여도 선회 반지름이 커지는 현상(뒷바퀴 반지름이 커짐)이다.
㉢ 오버 스티어링 : 선회 시 조향 각도를 일정하게 하여도 선회 반지름이 작아지는 현상(뒷바퀴 반지름이 작아짐)이다.

213 공기식 제동 장치의 구성 요소로 틀린 것은?

① 언로더 밸브　② 릴레이 밸브
③ 브레이크 챔버　④ EGR 밸브

해설 EGR 밸브는 배기가스 재순환 장치로서, 질소산화물(NOx)을 저감시키는 장치이다.

214 추진축의 자재 이음은 어떤 변화를 가능하게 하는가?

① 축의 길이　② 회전 속도
③ 회전축의 각도　④ 회전 토크

해설 **추진축**(propeller shaft) : 추진축은 주로 후륜 구동 차량에 사용되고, 강한 비틀림과 고속 회전을 견디도록 속이 빈 강관으로 되어 있으며, 평형을 유지하기 위한 평형추와 길이 변화에 대응하기 위한 슬립 조인트가 설치되어 있다.

㉠ 자재 이음(universal joint) : 자재 이음은 각도를 가진 2개의 축 사이에 각도 변화가 가능한 동력을 전달할 때 사용하며 십자형 자재 이음, 트러리언 자재 이음, 플렉시블 이음, 등속도 자재 이음 등이 있다.

㉡ 슬립 이음(slip joint) : 축의 길이 변화를 가능하게 하여, 스플라인을 통해 연결한다. 즉, 뒤차축의 상하 운동에 의한 길이 변화를 가능하게 해준다.

215 중 · 고속 주행 시 연료 소비율의 향상과 기관의 소음을 줄일 목적으로 변속기의 입력 회전수보다 출력 회전수를 빠르게 하는 장치는?

① 클러치 포인트　② 오버 드라이브
③ 히스테리시스　④ 킥 다운

해설 오버 드라이브(over drive) : 증속 구동 장치라고도 하며, 기관의 여유 출력을 이용하여 변속기 입력 회전 속도를 출력 회전 속도보다 빠르게 하여 중 · 고속 주행에서 연료 소비율을 향상시키고 기관의 소음을 줄이는 역할을 한다.

216 전자 제어 현가 장치의 출력부가 아닌 것은?

① TPS　② 지시등, 경고등
③ 액추에이터　④ 고장 코드

ANSWER / 211 ④ 212 ① 213 ④ 214 ③ 215 ② 216 ①

해설 전자 제어 현가 장치에서 TPS, 차량 속도 센서 등은 신호를 입력해주는 입력부이고 출력부는 공기 공급 밸브, 공기 배출 밸브, 지시등 및 경고등, 고장 코드, 액추에이터(스텝 모터 등)이다.

217 휠 얼라인먼트를 사용하여 점검할 수 있는 것으로 가장 거리가 먼 것은?

① 토(toe)
② 캠버
③ 킹핀 경사각
④ 휠 밸런스

해설 휠 얼라인먼트 점검 요소 : 토(toe), 캠버, 킹핀 경사각
④ 휠 밸런스는 휠 밸런스 기기로 점검한다.

218 전동식 동력 조향 장치(MDPS : Motor Driven Power Steering)의 제어 항목이 아닌 것은?

① 과부하 보호 제어
② 아이들-업 제어
③ 경고등 제어
④ 급가속 제어

해설 전동식 동력 조향 장치(MDPS : Motor Driven Power Steering)의 제어 항목
㉠ 과부하 보호 제어
㉡ 아이들-업 제어
㉢ 경고등 제어
㉣ 모터 구동 전류 제어
㉤ 보상 제어

219 클러치 작동 기구 중에서 세척유로 세척해서는 안 되는 것은?

① 릴리스 포크
② 클러치 커버
③ 릴리스 베어링
④ 클러치 스프링

해설 릴리스 베어링은 대부분 영구 주유식인 오일리스 베어링으로 세척유로 세척하면 안 된다.

220 ABS의 구성품 중 휠 스피드 센서의 역할은?

① 바퀴의 록(lock) 상태 감지
② 차량의 과속 억제
③ 브레이크 유압 조정
④ 라이닝의 마찰 상태 감지

해설 휠 스피드 센서는 ABS 장착 차량의 각 바퀴마다 설치되어 톤휠과 센서의 자력선 변화로 감지하여 바퀴의 회전 속도를 전기적 신호(교류 펄스)로 변화시켜 ABS ECU로 보내는 역할을 하고, ABS ECU는 이 신호를 토대로 바퀴의 록(lock) 상태를 감지하거나 바퀴의 회전수를 알 수 있게 된다.

221 조향 유압 계통에 고장이 발생되었을 때 수동 조작을 이행하는 것은?

① 밸브 스풀
② 볼 조인트
③ 유압 펌프
④ 오리피스

해설 고장이 발생되었을 때 수동 조작을 할 수 있게 하는 것을 페일 세이프(fail safe) 기능이라 하며 조향 유압 계통에서는 밸브 스풀이 페일 세이프 기능을 하게 된다.

222 공기 브레이크에서 공기압을 기계적 운동으로 바꾸어 주는 장치는?

① 릴레이 밸브
② 브레이크 슈
③ 브레이크 밸브
④ 브레이크 챔버

해설 브레이크 챔버는 공기의 압력을 기계적 운동으로 바꾸어 주는 장치이며, 브레이크 페달을 밟게 되면 챔버로 공기의 압력이 전달되고 푸시 로드는 캠을 밀어주어 브레이크 슈를 작동하게 된다.

223 자동 변속기의 장점이 아닌 것은?

① 기어 변속이 간단하고, 엔진 스톨이 없다.
② 구동력이 커서 등판 발진이 쉽고, 등판 능력이 크다.
③ 진동 및 충격 흡수가 크다.
④ 가속성이 높고, 최고 속도가 다소 낮다.

해설 자동 변속기의 장점
㉠ 기어 변속이 간단하고, 엔진 스톨이 없다.
㉡ 구동력이 커서 등판 발진이 쉽고, 등판 능력이 크다.
㉢ 진동 및 충격 흡수가 크다.
㉣ 과부하로 인한 기관의 소비가 작으므로 기관의 수명이 길어진다(수동 변속기 변속시기 늦음 등).

ANSWER / 217 ④ 218 ④ 219 ③ 220 ① 221 ① 222 ④ 223 ④

ⓜ 가 · 감속이 원활하여 승차감이 좋다.
ⓑ 연비가 불량하다.

224 다음 중 전자 제어 동력 조향 장치(EPS)의 종류가 아닌 것은?

① 속도 감응식
② 전동 펌프식
③ 공압 충격식
④ 유압 반력 제어식

해설 전자 제어 동력 조향 장치(EPS)의 종류는 ①, ②, ④ 외에 밸브 특성에 따라 제어하는 밸브 특성 제어식이 있다.

225 자동 변속기에서 토크 컨버터 내의 록업 클러치(댐퍼클러치)의 작동 조건으로 거리가 먼 것은?

① 'D' 레인지에서 일정 차속(약 70[km/h] 정도)
② 냉각수 온도가 충분히(약 75[℃] 정도) 올랐을 때
③ 브레이크 페달을 밟지 않을 때
④ 발진 및 후진 시

해설 제1속 및 후진에서는 댐퍼 클러치가 작동하지 않는다.

226 다음에서 스프링의 진동 중 스프링 위 질량의 진동과 관계없는 것은?

① 바운싱(bouncing)
② 피칭(pitching)
③ 휠 트램프(wheel tramp)
④ 롤링(rolling)

해설 스프링 위 질량 진동
㉠ 바운싱 : Z축을 중심으로 한 병진 운동(차체의 전체가 아래 · 위로 진동)
㉡ 피칭 : Y축을 중심으로 한 회전 운동(차체의 앞과 뒤쪽이 아래 · 위로 진동)
㉢ 롤링 : X축을 중심으로 한 회전 운동(차체가 좌우로 흔들리는 회전 운동)
㉣ 요잉 : Z축을 중심으로 한 회전 운동(차체의 뒤폭이 좌 · 우 회전하는 진동)

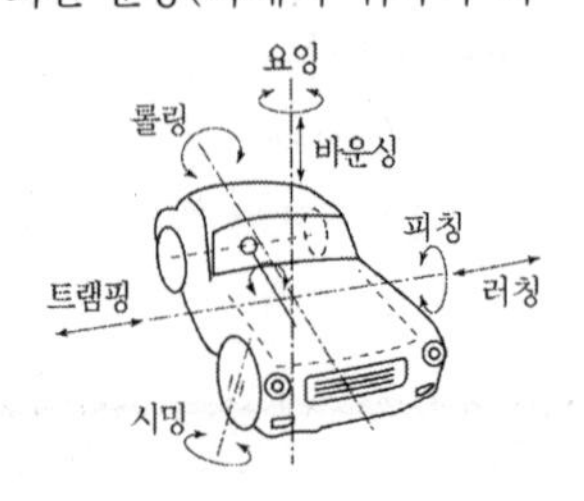

227 변속 장치에서 동기 물림 기구에 대한 설명으로 옳은 것은?

① 변속하려는 기어와 메인 스플라인과의 회전수를 같게 한다.
② 주축 기어의 회전 속도를 부축 기어의 회전 속도 보다 빠르게 한다.
③ 주축 기어와 부축 기어의 회전수를 같게 한다.
④ 변속하려는 기어와 슬리브와의 회전수에는 관계없다.

해설 동기 물림 기구는 싱크로메시 기구라고도 불리며, 변속하려는 기어와 메인 스플라인의 회전수를 같게 하여 변속을 원활하게 한다.

228 자동차로 서울에서 대전까지 187.2[km]를 주행하였다. 출발 시간은 오후 1시 20분, 도착 시간은 오후 3시 8분이었다면 평균 주행 속도[km/h]는?

① 약 126.5
② 약 104
③ 약 156
④ 약 60.78

해설 속도$=\frac{\text{주행 거리}}{\text{주행 시간}}$

주행시간$=\frac{108}{60}=1.8$

∴ 속도$=\frac{187.2}{1.8}=104$[km/h]

229 그림과 같은 브레이크 페달에 100[N]의 힘을 가하였을 때 피스톤의 면적이 5[cm^2]라고 하면 작동 유압[kPa]은?

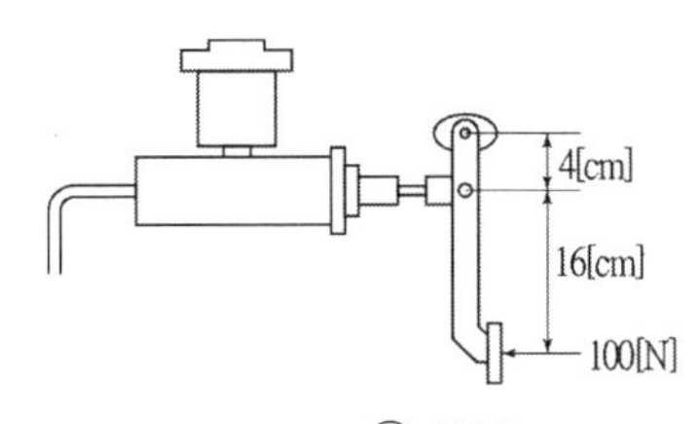

① 100
② 500
③ 1,000
④ 5,000

해설 지렛대비$=4:20$ (전체 길이)$=1:5$

푸시 로드에 작용하는 힘=지렛대비×페달을 밟는 힘

$=5\times100=500$[N]

ANSWER / 223 ④ 224 ③ 225 ④ 226 ③ 227 ① 228 ② 229 ③

$$\text{유압} = \frac{\text{힘}}{\text{단면적}} = \frac{500[N]}{5[cm^2]} = 100[N/cm^2]$$

$1[N=1/9.8[kgf], 1[kgf/cm^2]=100[kPa]$

$$\therefore \frac{100}{9.8} \times 100 = 1,020[kPa]$$

230 유압 브레이크는 무슨 원리를 응용한 것인가?

① 아르키메데스의 원리
② 베르누이의 원리
③ 아인슈타인의 원리
④ 파스칼의 원리

해설 유압식 브레이크는 파스칼의 원리를 응용한 것이며, 파스칼의 원리는 밀폐된 용기 내에 액체를 가득 채우고 압력을 가하면 모든 방향으로 같은 압력이 작용한다는 원리를 말한다.

231 주행 중 자동차의 조향휠이 한쪽으로 쏠리는 원인과 가장 거리가 먼 것은?

① 타이어 공기 압력 불균일
② 바퀴 얼라인먼트의 조정 불량
③ 쇽업소버의 파손
④ 조향휠 유격 조정 불량

해설 주행 중 조향 핸들이 한쪽 방향으로 쏠리는 원인
㉠ 브레이크 라이닝 간극 조정이 불량하다.
㉡ 휠이 불평형하다.
㉢ 쇽업소버의 작동이 불량하다.
㉣ 타이어 공기 압력이 불균일하다.
㉤ 앞바퀴 정렬(얼라이먼트)이 불량하다.
㉥ 한쪽 휠 실린더의 작동이 불량하다.
㉦ 좌우 타이어의 이종 사양을 사용하였다.

232 현가 장치에서 스프링이 압축되었다가 원 위치로 되돌아올 때 작은 구멍(오리피스)을 통과하는 오일의 저항으로 진동을 감소시키는 것은?

① 스테빌라이저
② 공기 스프링
③ 토션 바 스프링
④ 쇽업소버

해설 스프링이 압축되었다가 원 위치로 되돌아올 때 작은 구멍(오리피스)을 통과하는 오일의 저항으로 진동을 감소시키는 것은 쇽업소버(shock absorber)가 하는 역할이며 쇽업소버 스프링과 함께 상하 진동을 억제 또는 부드럽게 하여 승차감을 좋게 하는 역할을 한다.

233 액슬축의 지지 방식이 아닌 것은?

① 반부동식 ② 3/4 부동식
③ 고정식 ④ 전부동식

해설 액슬축 지지 방식
㉠ 3/4 부동식 : 액슬축이 1/4, 하우징이 3/4의 하중 부담
㉡ 반부동식 : 액슬축과 하우징이 반반씩 하중 부담
㉢ 전부동식 : 하우징이 하중을 전부 부담하므로 액슬축은 자유로워 바퀴를 빼지 않고 차축을 탈거 할 수 있음

234 조향 장치가 갖추어야 할 조건으로 틀린 것은?

① 조향 조작이 주행 중의 충격을 작게 받을 것
② 안전을 위해 고속 주행 시 조향력을 작게 할 것
③ 회전 반경이 작을 것
④ 조작 시 방향 전환이 원활하게 이루어질 것

해설 조향 장치의 조건
㉠ 조향 조작이 주행 중의 충격을 작게 받을 것
㉡ 조작이 쉽고, 조작 시 방향 전환이 원활할 것
㉢ 핸들 조작력이 저속 주행 시에는 가볍고, 고속 주행 시는 무거울 것
㉣ 회전 반경이 작을 것
㉤ 주행 중의 충격에 영향을 받지 않을 것

235 동력 조향 장치 정비 시 안전 및 유의 사항으로 틀린 것은?

① 자동차 하부에서 작업할 때는 시야 확보를 위해 보안경을 벗는다.
② 공간이 좁으므로 다치지 않게 주의한다.
③ 제작사의 정비 지침서를 참고하여 점검 · 정비한다.
④ 각종 볼트 너트는 규정 토크로 조인다.

해설 차량의 하부에서 작업할 때는 오일, 흙, 이물질 등으로부터 눈을 보호하고 시야를 확보하기 위해 보안경을 착용하여야 한다.

ANSWER / 230 ④ 231 ④ 232 ④ 233 ③ 234 ② 235 ①

236 유압식 동력 조향 장치와 비교하여 전동식 동력 조향 장치 특징으로 틀린 것은?

① 엔진룸의 공간 활용도가 향상된다.
② 유압 제어를 하지 않으므로 오일이 필요없다.
③ 유압제어 방식에 비해 연비를 향상시킬 수 없다.
④ 유압 제어를 하지 않으므로 오일 펌프가 필요없다.

해설 전동식 동력 조향 장치의 장점
㉠ 연료 소비율이 향상된다.
㉡ 에너지 소비가 작으며, 구조가 간단하다.
㉢ 엔진의 가동이 정지된 때에도 조향 조작력 증대가 가능하다.
㉣ 조향 특성 튜닝이 쉽다.
㉤ 엔진룸 레이아웃(ray-out) 설정 및 모듈화가 쉽다.
㉥ 유압 제어 장치가 없어 환경 친화적이다.

237 전자 제어 현가 장치(ECS)에서 보기의 설명으로 맞는 것은?

조향 휠 각도 센서와 차속 정보에 의해 Roll 상태를 조기에 검출해서 일정 시간 감쇠력을 높여 차량이 선회 주행 시 Roll을 억제하도록 한다.

① 안티 스쿼트 제어
② 안티 다이브 제어
③ 안티 롤 제어
④ 안티 시프트 스쿼트 제어

해설 차량 자세 제어
㉠ 안티 롤 제어 : 선회 시 차량이 기울어지는 롤 상태를 검출하여 롤을 억제
㉡ 안티 스쿼트 제어 : 급출발 시 앞쪽은 들어 올려지고 뒤쪽은 내려가는 현상을 검출하여 스쿼트를 억제
㉢ 안티 시프트 스쿼트 제어 : 변속시 앞 · 뒤쪽이 들어 올려지는 현상을 억제
㉣ 안티 다이브 제어 : 급제동 시 앞쪽은 다운되고, 뒤쪽은 올라가는 현상을 검출하여 다이브를 억제

238 자동 변속기의 유압 제어 회로에 사용하는 유압이 발생하는 곳은?

① 변속기 내의 오일 펌프
② 엔진 오일 펌프
③ 흡기 다기관 내의 부압
④ 매뉴얼 시프트 밸브

해설 자동 변속기 유압 제어 회로에 사용되는 유압은 변속기 내에 있는 오일 펌프에서 발생한다.

239 다음 중 전자 제어 제동 장치(ABS)의 구성 요소가 아닌 것은?

① 휠 스피드 센서
② 전자 제어 유닛
③ 하이드롤릭 컨트롤 유닛
④ 각속도 센서

해설 ABS의 구성 부품
㉠ 휠 스피드 센서 : 차륜의 회전 상태 검출
㉡ 전자 제어 컨트롤 유닛(ABS ECU) : 휠 스피드 센서의 신호를 받아 ABS 제어
㉢ 하이드롤릭 유닛 : ECU의 신호에 따라 휠 실린더에 공급되는 유압 제어
㉣ 프로포셔닝 밸브 : 브레이크를 밟았을 때 뒷바퀴가 조기에 고착되지 않도록 뒷바퀴 유압 제어

240 유성 기어 장치에서 선기어가 고정되고, 링기어가 회전하면 캐리어는?

① 링기어보다 천천히 회전한다.
② 링기어 회전수와 같게 회전한다.
③ 링기어보다 2배 빨리 회전한다.
④ 링기어보다 3배 빨리 회전한다.

해설 유성 기어 장치에서 선기어를 고정하고 링기어를 구동하면 캐리어는 감속하고, 반대로 캐리어를 구동하면 링기어는 증속한다.

241 유압식 브레이크 마스터 실린더에 작용하는 힘이 120[kgf]이고, 피스톤 면적이 3[cm^2]일 때 마스터 실린더내 발생되는 유압[kgf/cm^2]은?

① 50
② 40
③ 30
④ 25

해설 $압력[kgf/cm^2] = \frac{하중}{단면적}$

$= \frac{120}{3} = 40[kgf/cm^2]$

ANSWER / 236 ③ 237 ③ 238 ① 239 ④ 240 ① 241 ②

242 수동 변속기 차량에서 클러치가 미끄러지는 원인은 무엇인가?

① 클러치 페달 자유 간극 과다
② 클러치 스프링의 장력 약화
③ 릴리스 베어링 파손
④ 유압 라인 공기 혼입

해설 클러치가 미끄러지는 원인
㉠ 크랭크축 뒤 오일실 마모로 오일이 누유될 때
㉡ 클러치판에 오일이 묻었을 때
㉢ 압력 스프링이 약할 때
㉣ 클러치판이 마모되었을 때
㉤ 클러치 페달의 자유 간극이 작을 때
㉥ 압력판, 플라이 휠의 손상

243 유압식 브레이크 장치에서 잔압을 형성하고 유지시켜 주는 것은?

① 마스터 실린더 피스톤 1차 컵과 2차 컵
② 마스터 실린더의 체크 밸브와 리턴 스프링
③ 마스터 실린더 오일 탱크
④ 마스터 실린더 피스톤

해설 유압 브레이크에서 잔압을 유지하는 것은 체크 밸브와 리턴 스프링의 역할이며, 체크 밸브의 역할은 다음과 같다.
㉠ 역류 방지
㉡ 잔압 유지
㉢ 베이퍼록 방지
㉣ 재시동성 향상

244 자동 변속 시 차량에서 펌프의 회전수가 120[rpm]이고, 터빈의 회전수가 30[rpm]이라면 미끄럼률[%]은?

① 75　　② 85
③ 95　　④ 105

해설

$$\text{미끄럼률[\%]} = \frac{\text{펌프 회전수} - \text{터빈 회전수}}{\text{펌프 회전수}} \times 100$$

$$= \frac{120 - 30}{120} \times 100 = 75[\%]$$

245 타이어 트레드 패턴의 종류가 아닌 것은?

① 러그 패턴 ② 블록 패턴
③ 리브러그 패턴 ④ 카커스 패턴

해설 트레드
㉠ 노면과 직접 접촉하는 부분으로, 제동력 및 구동력과 옆방향 미끄럼 방지, 승차감 향상 등의 역할을 하는 것
㉡ 타이어 트레드 패턴의 종류
- 러그 패턴
- 리브 패턴
- 리브러그 패턴
- 블록 패턴

246 브레이크슈의 리턴 스프링에 관한 설명으로 거리가 먼 것은?

① 리턴 스프링이 약하면 휠 실린더 내의 잔압이 높아진다.
② 리턴 스프링이 약하면 드럼을 과열시키는 원인이 될 수도 있다.
③ 리턴 스프링이 강하면 드럼과 라이닝의 접촉이 신속히 해제된다.
④ 리턴 스프링이 약하면 브레이크슈의 마멸이 촉진될 수 있다.

해설 브레이크슈의 리턴 스프링이 약하면 휠 실린더 내의 잔압이 낮아지고 휠 실린더의 작동 후 복귀가 불량하여 브레이크슈와의 마찰 시간이 길어져 브레이크슈의 마멸이 촉진되고 드럼이 과열될 수 있다.

247 수동 변속 시 차량의 클러치판은 어떤 축의 스플라인에 조립되어 있는가?

① 추진축 ② 크랭크축
③ 액슬축 ④ 변속 시 입력축

해설 클러치판은 변속기 입력축 스플라인에 끼워져 기관의 동력을 변속기쪽으로 전달한다.

ANSWER / 242 ② 243 ② 244 ① 245 ④ 246 ① 247 ④

248 디스크 브레이크와 비교해 드럼 브레이크의 특성으로 옳은 것은?

① 구조가 간단하다.
② 자기작동 효과가 크다.
③ 페이드 현상이 잘 일어나지 않는다.
④ 브레이크의 편제동 현상이 적다.

해설 자기작동작용(self-energizing action) : 회전 중인 브레이크 드럼에 제동을 걸면 슈는 마찰력에 의하여 드럼과 함께 회전하려는 경향이 생겨 확장력이 커지므로 마찰력이 증대된다. 즉, 드럼의 회전 방향쪽의 슈는 확장력이 커지며 드럼의 회전 반대 방향쪽의 슈는 드럼에서 떨어지려는 경향이 있어 확장력이 감소된다. 이와 같은 작용을 자기작동작용이라고 한다.

249 일반적인 브레이크 오일의 주성분은?

① 경유과 피마자기름
② 알콜과 피마자기름
③ 알콜과 윤활유
④ 윤활유와 경유

해설 브레이크 오일
㉠ 알코올 + 피마자 오일(식물성 오일)
㉡ 마스터 실린더 또는 휠 실린더를 세척시 알코올을 사용할 것

250 어떤 물체가 초속도 10[m/s]로 마루면을 미끄러진다면 약 몇 [m]를 진행하고 멈추는가?

① 5.1
② 10.2
③ 15.5
④ 20.5

해설 제동거리$(L) = \frac{V^2}{2\mu g}$[m]

V : 제동초속도[m/s]

μ : 마찰계수

g : 중력가속도(9.8)

$$\therefore L = \frac{v^2}{2 \times \mu \times g} = \frac{10^2}{2 \times 0.5 \times 9.8} = 10.2[\text{m}]$$

251 전자제어식 자동변속기 제어에 사용되는 센서가 아닌 것은?

① 압력축 속도센서
② 차고 센서
③ 스로틀 포지션 센서
④ 유온 센서

해설 자동변속기 제어에 사용되는 센서

㉠ 입력
- 입력축 속도센서 : 변속기 입력축 속도검출
- 출력축 속도센서 : 변속기 출력축 속도검출
- 인히비터 스위치 : 매뉴얼 레버 상태 입력
- 브레이크 스위치 : 운전자 감속 감지
- 스로틀 포지션 센서 : 운전자의 가속, 감속 정도를 감지

㉡ 출력
- DCCSV : 토크컨버터 내부 댐퍼클러치 유압 조절
- L&R, 2ND, UD, CD 솔레노이드 밸브 : 유압을 통해 해당 기어로 변속 또는 작동

252 **수동변속기에서 클러치의 미끄러지는 원인이 아닌 것은?**

① 플라이 휠 및 압력판이 손상되었다.
② 클러치 페달의 자유간극이 크다.
③ 클러치 디스크의 마멸이 심하다.
④ 클러치 디스크에 오일이 묻었다.

해설 ㉠ 클러치의 미끄러짐 원인(= 동력전달불량)
- 클러치 페달의 자유 유격 과소
- 라이닝(페이싱)의 마모
- 라이닝에 오일 부착
- 클러치 스프링의 장력 감소
- 플라이 휠 및 압력판의 변형 또는 손상
- 클러치 라이닝의 마찰계수 감소
- 압력 스프링이 약화
- 클러치 판에 오일부착

㉡ 클러치의 미끄러짐 발생시 나타나는 현상
- 엔진을 가속시켜도 차량의 속도는 증가하지 않는다.
- 연료소비량이 커진다.
- 등판능력이 저하된다.
- 라이닝이 마찰열로 손상된다(마찰계수의 저하).
- 기관이 과열되기도 한다.

ANSWER / 248 ② 249 ② 250 ② 251 ② 252 ②

253 **자동변속기에서 오일라인압력을 근원으로 하여 오일라인압력 보다 낮은 일정한 압력을 만들기 위한 밸브는?**

① 거버너 밸브
② 리듀싱 밸브
③ 체크 밸브
④ 메뉴얼 밸브

해설 밸브의 종류

㉠ 매뉴얼 밸브 : 운전석 내에 설치된 시프트 레버와 연동하여 작동하는 수동용 밸브이다. 시프트 레버(변속 레버)의 선택 위치에 따라 작동되며 P, R, N, D, L2, L1로 각 레인지를 바꾸어 준다.

㉡ 거버너 밸브 : 주행 속도에 적절한 유압을 만들기 위해 자동 변속기 출력축에 설치되어 있으며 작동은 원심추의 원심력에 의해 회전방향의 바깥쪽으로 이동시켜 밸브를 개폐한다.

㉢ 체크 밸브 : 신속한 재작동을 위해 변속기 오일의 잔압을 유지하고 베이퍼록을 방지한다.

㉣ 리듀싱 밸브 : 오일라인 압력을 근원으로 하여 오일라인압력보다 낮은 일정한 압력을 만들기 위한 감압 밸브

254 **유압식 브레이크를 이용한 원리는 무엇인가?**

① 파스칼의 원리
② 베르누이의 원리
③ 뉴턴의 원리
④ 애커먼 장토의 원리

255 **기관의 습식 라이너(wet type)에 대한 설명 중 틀린 것은?**

① 실링이 파손되면 크랭크 케이스로 냉각수가 들어간다.
② 냉각수와 직접 접촉하지 않는다.
③ 습식 라이너를 끼울 때에는 라이너 바깥 둘레에 비눗물을 바른다.
④ 냉각 효과가 크다.

해설 습식 라이너(wet type liner) : 습식 라이너는 라이너의 바깥 둘레가 물 재킷의 한쪽이 되어 냉각수와 직접 접촉하게 되어 있다. 특징은 다음과 같다.

㉠ 냉각수가 실린더 외벽을 직접 냉각
㉡ 삽입압력 가볍게 때려(눌러)박을 정도(비눗물을 바른 다음 손으로 가볍게)
㉢ 라이너 상부에 플랜지를, 하부에 고무 실링을 2 ~ 3개 정도 둔다.
㉣ 라이너의 두께 5 ~ 8[mm]
㉤ 주로 디젤 기관에 사용

256 빈칸에 알맞은 것은?

> 애커먼 장토의 원리는 조향 각도를 (㉠)로 하고, 선회할 때 선회하는 안쪽 바퀴의 조향각도가 바깥쪽 바퀴의 조향 각도보다 (㉡)되며, (㉢)의 연장선상의 한 점을 중심으로 동심원을 그리면서 선회하여 사이드슬립 방지와 조향핸들 조작에 따른 저항을 감소시킬 수 있는 방식이다.

① ㉠ 최소, ㉡ 크게, ㉢ 앞차축
② ㉠ 최대, ㉡ 크게, ㉢ 뒷차축
③ ㉠ 최소, ㉡ 작게, ㉢ 앞차축
④ ㉠ 최대, ㉡ 작게, ㉢ 뒷차축

257 후축에 9,890[kgf]의 하중이 작용될 때 후축에 4개의 타이어를 장착하였다면 타이어 한 개당 받는 하중은?

① 약 2350[kgf] ② 약 2473[kgf]
③ 약 2570[kgf] ④ 약 3750[kgf]

해설

$$\text{타이어에 걸리는 하중} = \frac{\text{하중}}{\text{타이어 수}}$$

$$= \frac{9890}{4} = \text{약 } 2,472[\text{kgf}]$$

258 유압식 전자제어 동력 조향장치에서 컨트롤유닛(ECU)의 입력 요소는?

① 흡기온도 센서 ② 브레이크 스위치
③ 차속 센서 ④ 휠 스피드 센서

해설 유압식 전자제어 동력 조향장치는 입력되는 차량의 속도에 따라 핸들 조작력을 고속에서는 무겁게, 저속에서는 가볍게 변화시킨다.

259 수동변속기에서 기어변속 시 기어의 2중물림을 방지하기 위한 장치는?

① 록킹 볼 장치 ② 오버드라이브 장치
③ 인터 록 장치 ④ 파킹 볼 장치

ANSWER / 253 ② 254 ① 255 ② 256 ② 257 ② 258 ③ 259 ③

해설 • 록킹 볼 : 기어가 빠지는 것을 방지한다.
• 인터 록 : 기어의 2중 물림을 방지한다.

260 조향장치가 갖추어야 할 조건 중 적당하지 않는 사항은?

① 조향휠의 회전과 구동휠의 선회차가 클 것
② 선회 후 복원성이 있을 것
③ 적당한 회전 감각이 있을 것
④ 고속주행에서도 조향핸들이 안정될 것

해설 조향장치의 구비조건
㉠ 조향 조작이 주행 진동이나 충격에 영향을 받지 않을 것
㉡ 조작이 쉽고 원활할 것
㉢ 회전 반경이 작을 것
㉣ 수명이 길고 정비가 용이할 것
㉤ 선회 후 복원성이 있을 것
㉥ 적당한 회전 감각이 있을 것
㉦ 고속주행 시 조향핸들이 안정될 것

261 ABS 차량에서 4센서 4채널방식의 설명으로 틀린 것은?

① 톤 휠의 회전에 의해 전압이 변한다.
② 휠 속도센서의 출력 주파수는 속도에 반비례한다.
③ ABS 작동 시 각 휠의 제어는 별도로 제어된다.
④ 휠 속도센서는 각 바퀴마다 1개씩 설치된다.

해설 휠 스피드 센서는 ABS 장착 차량의 각 바퀴마다 설치되어 톤휠과 센서의 자력선 변화로 감지하여 바퀴의 회전 속도를 전기적 신호(교류 펄스)로 변화시켜 ABS ECU로 보내는 역할을 하고, ABS ECU는 이 신호를 토대로 바퀴의 록(lock) 상태를 감지하거나 바퀴의 회전수를 알 수 있게 된다. 이때 휠 스피드센서의 출력 주파수는 속도에 비례한다.

262 전자제어 현가장치의 입력 센서가 아닌 것은?

① 임팩트 센서
② 조향 휠 각속도 센서
③ 차고 센서
④ 차속 센서

해설 전자제어 현가장치 차량의 컨트롤 유닛(ECU)으로 입력되는 신호

㉠ 차속 센서 : 스프링 정수 및 감쇠력 제어를 이용하기 위한 주행 속도를 검출한다.
㉡ 차고 센서 : 차량의 높이를 조정하기 위하여 차체와 차축의 위치를 검출한다. 설치는 자동차 앞, 뒤에 설치되어 있다.
㉢ 조향 핸들 각속도 센서 : 차체의 기울기를 방지하기 위해 조향 휠의 작동 속도를 감지하고 자동차 주행 중 급선회 상태를 감지하는 일을 한다.
㉣ 스로틀 위치 센서 : 스프링의 정수와 감쇄력 제어를 위해 급 가감속의 상태를 검출한다.
㉤ 중력 센서(G 센서) : 감쇠력 제어를 위해 차체의 바운싱을 검출한다.
㉥ 전조등 릴레이 : 차고 조절을 위해 전조등의 ON, OFF 여부를 검출한다.
㉦ 발전기 L단자 : 차고 조절을 위해 엔진의 시동 여부를 검출한다.
㉧ 제동등 스위치 : 차고 조절을 위해 제동 여부를 검출한다.
㉨ 도어 스위치 : 차고 조절을 위해 도어 열림 상태 여부를 검출한다.

263 **주행 시 혹은 제동 시 핸들이 한쪽으로 쏠리는 원인으로 거리가 가장 먼 것은?**

① 조향 핸들축의 축 방향 유격이 크다.
② 좌 · 우 타이어의 공기 압력이 같지 않다.
③ 한쪽 브레이크 라이닝 간격 조정이 불량하다.
④ 앞바퀴의 정렬이 불량하다.

264 **기관의 회전수가 3,500[rpm], 제2속의 감속비 1.5, 최종감속비 4.8, 바퀴의 반경이 0.3[m]일 때 차속은? (단, 바퀴의 지면과 미끄럼은 무시한다.)**

① 약 25[km/h] ② 약 40[km/h]
③ 약 55[km/h] ④ 약 60[km/h]

해설 $차속 = \frac{\pi DN}{R_t \times R_f} \times \frac{60}{1,000}$

$\therefore \frac{3.14 \times 0.6 \times 3,500}{1.5 \times 4.8} \times \frac{60}{1,000} = 54.95[km/h]$

ANSWER / 260 ① 261 ② 262 ① 263 ① 264 ③

265 **자동장치에서 차동 피니언과 사이드 기어의 백 래시 조정은?**

① 축받이 차축의 오른쪽 조정심을 가감하여 조정한다.
② 스러스트(thrust) 와셔의 두께를 가감하여 조정한다.
③ 축받이 차축의 왼쪽 조정심을 가감하여 조정한다.
④ 차동 장치의 링기어 조정 장치를 조정한다.

해설 백 래시 : 기어가 맞물렸을 때 사이에 생기는 틈
차동장치의 백 래시 조정은 스러스트 와셔의 두께를 가감하여 조정한다.

266 **전자제어 현가장치의 제어 기능에 해당되는 것이 아닌 것은?**

① 앤티 롤 ② 앤트 스키드
③ 앤티 스쿼트 ④ 앤티 다이브

해설 전자제어 현가장치의 자세제어의 종류

㉠ 앤티 스쿼트 제어(Anti-squat control)
- 급출발 또는 급가속할 때 차체의 앞쪽은 들리고, 뒤쪽이 낮아지는 노스업(nose-up) 현상을 제어하는 것이다.
- 스로틀 위치센서의 신호와 초기 주행속도를 검출하여 급출발 또는 급가속 여부를 판정한다.
- 노스업(스쿼트) 방지를 위해 쇽업소버의 감쇠력을 증가시킨다.

㉡ 앤티 다이브 제어(Anti-dive control)
- 주행 중 급제동시 차체 앞쪽 쏠림(노스다운 현상 : nose down)을 제어하는 것이다.
- 브레이크 오일 압력 스위치로 유압을 검출하여 쇽업소버의 감쇠력을 증가시킨다.

㉢ 앤티 롤링 제어 : 선회시 자동차의 좌우 방향으로 작용하는 횡가속도를 G센서로 감지하여 제어하는 것이다.

㉣ 앤티 바운싱 제어 : 자동차 차체의 바운싱을 G센서로 검출하고 바운싱이 발생하면 쇽업쇼버의 감쇠력은 soft에서 Medium 또는 Hard로 변환된다.

㉤ 앤티 셰이크 제어(Anti-shake control)
- 사람이 자동차에 승하차할 때 하중의 변화에 따라 차체가 흔들리는 것을 셰이크라 한다.
- 자동차의 속도를 감속하여 규정 속도 이하가 되면 컴퓨터는 승하차에 대비해 쇽업소버의 감쇠력을 Hard로 변환시킨다.
- 자동차의 주행속도가 규정값 이상이 되면 쇽업소버의 감쇠력은 초기모드로 된다.

㉥ 주행속도 감응 제어(vehicle speed control) : 자동차가 고속으로 주행할 때에는 차체의 안정성이 결여되기 쉬운 상태이므로 쇽업소버의 감쇠력은 soft에서 Medium이나 hard로 변환된다.

ANSWER / 265 ② 266 ②

03
자동차 전기

01 핵심이론정리

01 전기 전자

1 기초 전기

1. 전기의 개요

(1) 저항의 연결법

① **직렬 연결** : 몇 개의 저항을 직렬로 연결한 방식으로, 저항이 직렬로 있으므로 각 저항에는 같은 전류가 흐른다.
합성 저항 $R = R_1 + R_2 + \cdots + R_n$

② **병렬 연결** : 각 저항을 병렬로 연결한 것으로, 각 저항에는 같은 전압이 걸린다. 자동차의 부품에는 대부분 병렬로 연결되어 같은 12[V](승용차 기준)가 걸리게 된다.

합성 저항 $R = \dfrac{1}{\dfrac{1}{R_1} + \dfrac{1}{R_2} + \cdots + \dfrac{1}{R_n}}$

③ **직 · 병렬 연결** : 직렬 접속과 병렬 접속이 한 회로에 있는 것으로, 합성 저항은 병렬 접속의 합성 저항을 구한 후 직렬회로의 저항과 더하면 된다.

(2) 전압 강하

전기 회로에서 쓰고 있는 전선의 저항이나 회로 접속부의 접속 저항 등에 소비되는 전압으로, 접속이 불량하면 접촉 저항이 크게 되어 전압 강하는 크게 된다. 접촉 저항을 감소시키기 위한 방법은 다음과 같다.

① 굵기를 굵게 한다.

② 길이를 짧게 한다.

③ 접촉 압력을 세게 한다.

④ 접촉 면적을 넓게 한다.

⑤ 공기의 침입을 막는다.

2. 옴의 법칙

(1) 옴의 법칙(ohm's law)

전기 회로에 흐르는 전류 I[A]는 전압 E[V]에 비례하고 저항 R[Ω]에 반비례한다. 이것을 옴의 법칙이라 한다.

즉, $i=\frac{E}{R}[\mathrm{A}]$, $r=\frac{E}{I}[\Omega]$, $E=I\cdot R[\mathrm{V}]$

(2) 키르히호프의 법칙

① **키르히호프의 제1법칙** : 임의의 회로에서 어떤 한 점에 유입한 전류의 총합과 유출한 전류의 총합은 같다는 전류에 대한 법칙이다.

② **키르히호프의 제2법칙** : 임의의 폐회로에 있어서 발생한 기전력의 총합과 각 저항에서의 전압 강하의 총합과 같다는 전압에 대한 법칙이다.

2 기초 전자

1. 반도체(semiconductors)

(1) 반도체의 개요

① 반도체란 실리콘(Si), 게르마늄(Ge), 셀렌(Se)과 같이 도체와 부도체의 중간 성질을 갖는 소자를 말한다.

② 반도체의 종류

㉠ **N(Negative)형 반도체** : 게르마늄(Ge)에 소량의 불순물을 혼합하여 1개의 전자가 남게 하여 전류를 이동시킬 수 있게 하는 반도체로서, ⊖ 전자가 이동하므로 N형 반도체라 한다. 이 경우 과잉 전자가 전류를 흐르게 하였으므로 전류의 캐리어(carrier, 운반자)를 과잉 전자라 하고, 전자를 주는 것을 도너(donor)라 한다.

㉡ **P(Positive)형 반도체** : 게르마늄(Ge)이나 실리콘(Si)과 같은 4가의 소자에 소량의 불순물을 혼합하면 게르마늄과 혼합 시 1개의 전자가 부족해 정공이 생성되게 하여 정공을 이용해서 전류가 흐르게 한 반도체이다. 이 경우 홀(정공)이 전류를 흐르게 하였으므로 전류의 캐리어(carrier, 운반자)를 홀(hole)이라 하고, 전자를 받는 것을 억셉터(acceptor)라 한다.

(2) 실리콘 다이오드(silicon diode)

① P형 반도체와 N형 반도체를 마주 대고 접합한 겹쳐 놓은 다이오드로서, 순방향으로는 전류가 흐르고 역방향으로는 전류가 흐르지 않는다.

② 다이오드의 종류

㉠ **제너 다이오드**(zener diode) : 다이오드는 순방향으로는 전류가 흐르고 역방향으로는 전류가 흐르지 않으나 제너 다이오드는 역방향 전압을 증가시켜 일정한 값에 이르게 되면 역방향으로도 전류가 흐를 수 있는 다이오드이다. 자동차용 교류 발전기의 전압 조정기에 사용한다.

㉡ **발광 다이오드**(LED) : 순방향으로 전류를 흐르게 하였을 때 빛이 발생되는 다이오드이다.

㉢ **포토 다이오드**(photo diode) : 빛에 의해 전자가 궤도를 이탈하여 자유전자가 되어 역방향으로도 전류가 흐르게 되며, 입사 광선이 강할수록 자유 전자수도 증가되어 더욱 많은 전류가 흐르게 된다.

③ **트랜지스터**(transistor) : N형 반도체를 중심으로 양쪽에 P형 반도체를 접합한 PNP형 트랜지스터와 P형 반도체를 중심으로 양쪽에 N형 반도체를 접합한 NPN형 트랜지스터가 있다.

(3) 반도체 소자

① **서미스터**(thermistor) : 서미스터란 온도에 따라 저항값이 변화하는 반도체 소자로써, 온도가 올라가면 저항값이 커지는 정특성 서미스터(PTC : Positive Temperature Coefficient)와 온도가 올라가면 저항값이 낮아지는 부특성 서미스터(NTC : Negative Temperature Coefficient)가 있다.

② **사이리스터**(thyrister, SCR) : 사이리스터는 SCR (Silicon Control Rectifier)이라고도 하며, PNPN 또는 NPNP의 4층 구조로 되어 있다. 단자는 애노드(anode, +), 캐소드(cathode, −) 및 제어단자인 게이트(gate)로 구성되어 있으며 단지 스위칭 작용만 한다. 자동차에서는 축전기 방전식 점화 장치, 와이퍼 회로 등에서 사용한다.

2. 논리 기본 회로

(1) 논리곱 회로(AND)

논리곱 회로는 A, B 스위치 2개를 직렬로 접속한 회로이다.

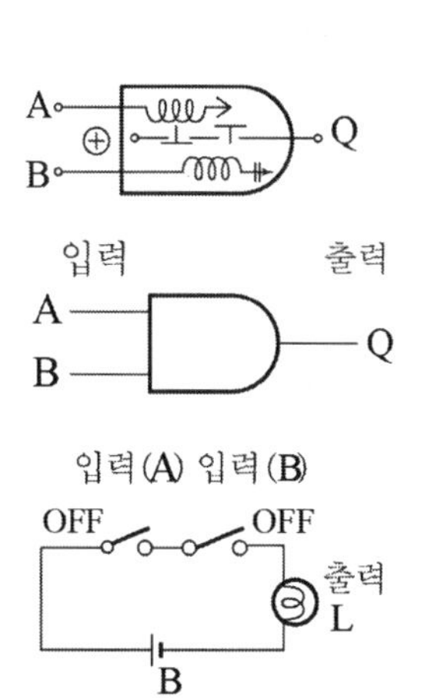

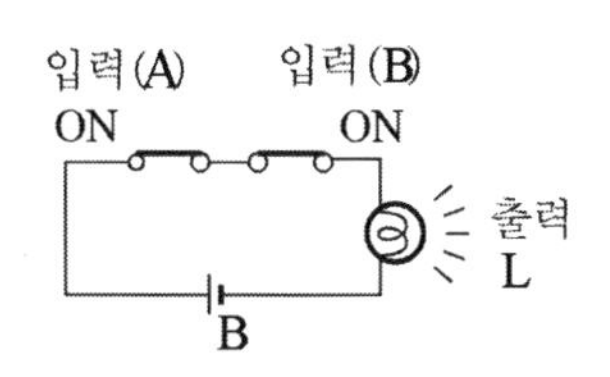

[진리표]

A	B	Q
1	1	1
1	0	0
0	1	0
0	0	0

(2) 논리합 회로(OR)

논리합 회로는 A, B 스위치 2개를 병렬로 접속한 회로이다.

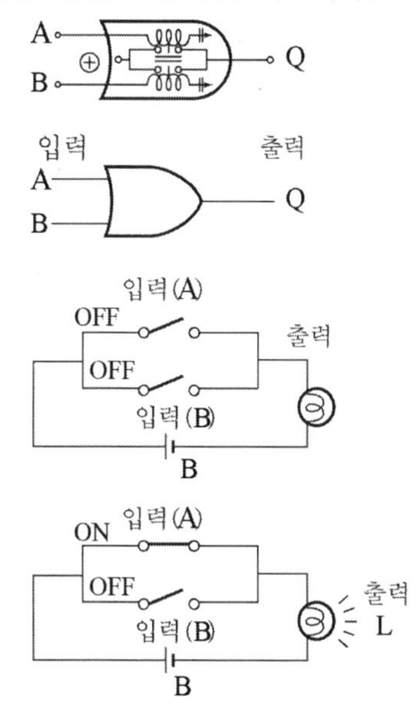

[진리표]

A	B	Q
1	1	1
1	0	1
0	1	1
0	0	0

(3) 부정 회로(NOT)

부정 회로는 그림과 같이 입력 스위치 A와 출력 램프가 병렬로 접속된 회로로, 입력 스위치 A가 OFF일 때는 출력의 램프가 점등되고, 입력 스위치 *A*를 ON 시키면 출력의 램프는 소등된다. 이때 진리표는 다음과 같다.

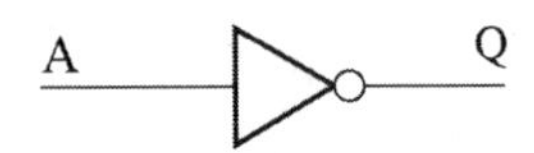

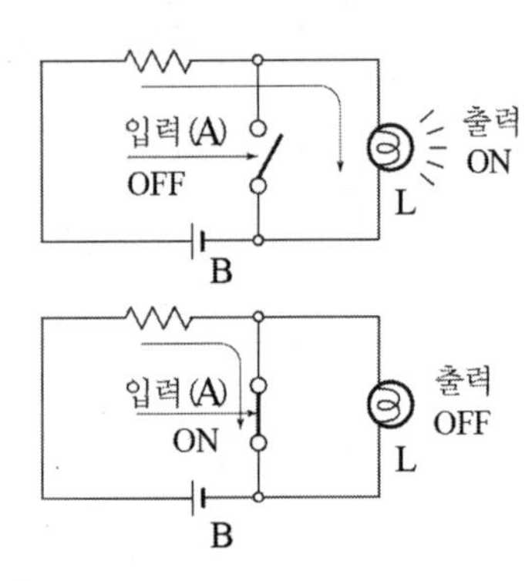

[진리표]

A	Q
1	0
0	1

(4) 부정 논리곱 회로(NAND)

부정 논리곱 회로는 논리곱 회로 뒤에 부정 회로를 접속한 것으로, 입력 스위치 A와 입력 스위치 B가 모두 ON되면 출력은 없다. 또한, 입력 스위치 A 또는 입력 스위치 B 중에서 1개가 OFF되거나 입력 스위치 A와 입력 스위치 B가 모두 OFF되면 출력이 된다.

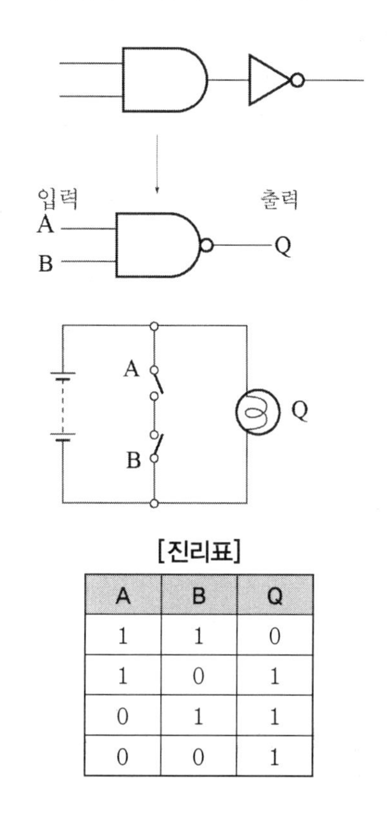

[진리표]

A	B	Q
1	1	0
1	0	1
0	1	1
0	0	1

(5) 부정 논리합 회로(NOR)

부정 논리합 회로는 논리합 회로 뒤에 부정 회로를 접속한 것으로, 입력 스위치 A와 입력 스위치 B가 모두 OFF되어야 출력된다. 또한, 입력 스위치 A 또는 입력 스위치 B중에서 1개가 ON이 되거나 입력 스위치 A와 입력 스위치 B가 모두 ON이 되면 출력은 없다.

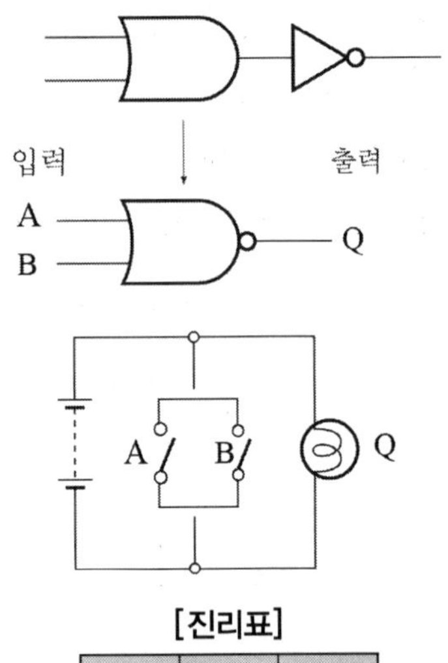

[진리표]

A	B	Q
1	1	0
1	0	0
0	1	0
0	0	1

02 시동 · 점화 및 충전 장치

1 축전지

1. 축전지의 개요

(1) 축전지의 구조

① **단전지**(극판군, 셀, cell) : 단전지는 축전지의 가장 기본 구조로, 셀 또는 극판군이라고도 하며, 내부에는 양극판과 음극판 및 유리매트, 전해액 등이 들어 있다.

② **극판** : 극판은 납과 안티몬으로 구성된 격자에 활물질인 과산화납과 해면 모양의 다공성 납(海綿狀鉛)을 부착하여 양극판과 음극판으로 한다. 양극판은 암갈색, 음극판은 회색을 띠며 축전지를 오래 사용하면 양극판은 결합력이 약해 탈락하고 음극판은 다공성을 상실하는 고장이 발생되어 수명이 줄어들게 된다.

③ 격리판(separator) : 격리판은 양극판과 음극판 사이에 끼워져 단락을 방지하고, 격리판의 홈이 있는 면을 양극판쪽으로 가게 하여, 과산화납에 의한 산화부식을 방지한다.

(2) 축전지의 화학 작용

① 축전지의 충 · 방전 화학식

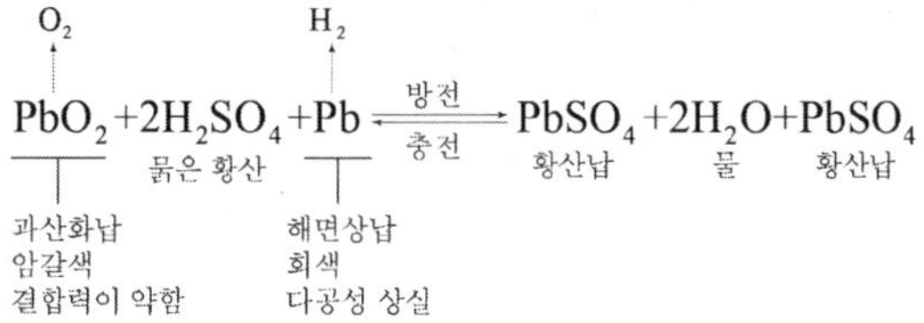

$$PbO_2 + 2H_2SO_4 + Pb \underset{충전}{\overset{방전}{\rightleftharpoons}} PbSO_4 + 2H_2O + PbSO_4$$

O_2 (PbO_2), H_2 (Pb)

PbO_2: 과산화납, 암갈색, 결합력이 약함
$2H_2SO_4$: 묽은 황산
Pb: 해면상납, 회색, 다공성 상실
$PbSO_4$: 황산납
$2H_2O$: 물
$PbSO_4$: 황산납

② 전해액과 비중

㉠ 전해액(electrolyte, $2H_2SO_4$) : 전해액은 증류수에 황산을 혼합하여 희석시킨 무색 · 투명의 묽은 황산으로, 전해액의 비중은 완전 충전 상태일 때 20[℃]를 기준으로 하며, 열대 지방은 1.240, 온대 지방은 1.260, 한대 지방은 1.280을 표준 비용으로 사용한다.

㉡ 비중 : 비중이란 어떤 물질의 질량과 이것과 같은 부피를 가진 표준 물질의 질량과의 비율로, 전해액의 경우 황산 35[%], 물 65[%]의 혼합액으로 물에 대한 황산의 비중은 1.8이다.

㉢ 온도에 의한 비중 변화 : 전해액의 비중은 온도가 높아지면 비중은 낮아지고, 온도가 낮아지면 비중은 높아진다. 그 변화량은 1[℃]마다 0.007씩 변화한다. 이를 식으로 표현하면 다음과 같다.

$$S_{20} = S_t + 0.0007(t - 20)$$

여기서, S_{20} : 표준 온도에서의 비중
S_t : 측정 온도에서의 비중
t : 측정 시 온도[℃]

㉣ 비중에 의한 충전 상태 측정 : 축전지의 비중을 측정하여 남아 있는 전기량을 판단하고, 이를 이용하여 축전지의 방전량을 환산할 수 있다.

$$방전량 = \frac{완전\ 충전\ 시\ 비중 - 측정\ 시\ 비중}{완전\ 충전\ 시\ 비중 - 완전\ 방전\ 시\ 비중} \times 용량[AH]$$

$$방전\ 시간 = \frac{방전량[AH]}{방전\ 전류[A]}$$

③ 축전지의 용량과 방전율

㉠ **축전지의 용량(AH)** : 방전 종지 전압에 도달할 때까지 사용할 수 있는 총전기량을 말한다.

$$축전지\ 용량[AH] = 방전\ 전류[A] \times 방전\ 시간[h]$$

㉡ **방전 종지 전압** : 한 셀(cell)당 1.75[V], 배터리 전압으로는 $1.75 \times 6 = 10.5$[V]이다.

㉢ **자기 방전** : 전해액의 비중이 높을수록, 습도가 높을수록 방전량이 많다.

$$방전율 = \frac{완전\ 충전\ 시\ 비중 - 측정\ 시\ 비중}{완전\ 충전\ 시\ 비중 - 완전\ 방전\ 시\ 비중} \times 100[\%]$$

2. 축전지 충전법 및 이상 현상

(1) 축전지의 충전 시 주의사항

① 급속 충전 전류는 축전지 용량의 1/2로 할 것(수명연장)

② 전해액의 온도가 45[℃]가 넘지 않도록 할 것(폭발 위험)

③ 보충전은 용량의 1/10의 전류로 하며 15일마다 보충할 것(수명 연장)

④ 통풍이 잘 된 곳에서 충전 시간을 짧게 할 것(수명 연장)

(2) 축전지의 이상 현상

① **황산화(설페이션) 현상** : 축전지의 황산화 현상이란 극판에 백색 결정성 황산납($PbSO_4$)이 생성되는 현상으로, 원인은 다음과 같다.

㉠ 전해액 비중이 너무 높거나 낮을 때

㉡ 전해액 이물질 유입 및 장시간 방전시켰을 때

㉢ 불충분한 충전을 반복했을 때

㉣ 배터리 극판이 공기 중에 노출되었을 때

㉤ 축전지를 과방전시켰을 때

② **배터리 충전의 불량 원인**

㉠ 발전기 구동 벨트가 헐겁거나 슬립이 있다.

㉡ 배터리 극판이 황산화되었다.

㉢ 발전기가 고장났다.

㉣ 자동차 전기 사용량이 과다하다.

㉤ 발전기 조정 전압이 낮다.

㉥ 발전기 브러시가 마모되어 슬립링에 접촉이 불량하다.

③ 배터리 과충전 시 발생 현상
   ㉠ 전해액의 온도가 증가한다.
   ㉡ 전해액의 비중이 증가한다.
   ㉢ 가스의 발생이 많아진다.
   ㉣ 배터리 전해액이 부족해진다.
   ㉤ 전해액이 갈색으로 나타난다.
   ㉥ 양극판의 격자가 산화하고, 양극 커넥터가 부풀어 오른다.

2 시동 장치

1. 기동 전동기 일반

(1) 시동 요소 회전력

$$\text{필요 회전력}(F) = \text{회전 저항}(R_s) \times \frac{\text{피니언 잇수}(Z_P)}{\text{링기어 잇수}(Z_r)}$$

(2) 기동 전동기의 종류

① **직권 전동기** : 직권 전동기는 전기자 코일과 계자 코일이 직렬 접속되어 있고 짧은 시간에 큰 회전력을 필요로 하는 장치에 알맞다.

② **분권 전동기** : 분권 전동기는 전기자 코일과 계자 코일이 병렬로 접속되어 있는 것이며 회전 속도가 거의 일정하며 전동기의 회전 속도는 가하는 전압에 비례하고 계자의 세기에 비례한다.

③ **복권 전동기** : 복권식 전동기는 2개의 계자 코일을 하나는 전기자 코일과 직렬로 접속하고, 다른 하나는 병렬과 접속되어 있다. 즉, 직권과 분권의 두 계자 코일을 가진 것이다.

(3) 기동 전동기의 원리

기동 전동기의 회전력 방향을 알기 위한 법칙인 플레밍의 왼손 법칙은 그림과 같이 왼손을 서로 직각이 되도록 펴고 제일 먼저 인지를 자력선 방향에 맞추고 가운데 손가락을 전류의 방향에 맞추어 놓았을 때 엄지손가락이 가리키는 방향으로 전자력이 작용한다는 법칙이다.

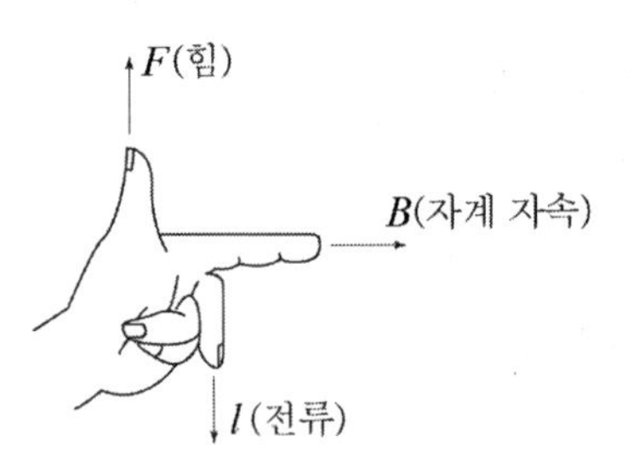

[플레밍의 왼손 법칙]

2. 기동 전동기 작동 및 시험

(1) 전동기 부분

① **전기자(armature)** : 전기자는 기동 전동기의 회전력을 발생하는 회전 부분으로, 전기자 축, 전기자 철심, 전기자 코일, 정류자 등으로 구성되어 있다.

② **계철** : 계자 철심을 지지하는 케이스이며, 자력선의 통로 역할을 한다.

③ **계자 철심** : 계자 코일에 전류가 흐르면 계자 철심은 전자석이 되어 내부에 자계를 형성하며 계자 철심의 수와 극의 수는 같다.

④ **계자 코일** : 계자 코일(field coil)은 전동기의 고정 부분으로 계자 철심에 감겨져 자력을 일으키는 코일이다.

⑤ **브러시(brush)** : 정류자에 접촉되어 전류를 공급하는 탄소 막대이다.

(2) 동력 전달 장치 부분

① 전동기에서 발생한 토크를 기관의 플라이휠에 전달하여 기관을 회전시키는 기구이다.

② 동력 전달 방식의 종류

㉠ **벤딕스식(bendix starter type)** : 벤딕스식은 회전 너트의 원리를 이용한 것으로, 피니언의 관성과 전동기가 무부하 상태에서 고속 회전하는 성질을 이용하여 동력을 전달한다.

㉡ **전기자 섭동식(armature shaft type)** : 전기자 섭동식은 자력선이 통과하는 경로를 가장 짧게 하려는 성질을 이용한 것으로, 피니언과 전기자가 일체로 섭동하여 링기어와 물린다.

㉢ **피니언 섭동식(pinion sliding type)** : 피니언 섭동식은 피니언의 이동과 기동 전동기 스위치(F단자와 B단자) 개폐를 전자력에 의해 자동되며, 현재 가장 많이 사용된다.

㉣ **오버러닝 클러치(over running clutch)** : 관이 시동되면 피니언이 물려 있어도 기관의 회전력이 기동 전동기에 전달되지 않도록 클러치가 장치되어 있으며 이것을 오버러닝 클러치라 한다.

(3) 마그네틱 스위치 부분

① **풀인 코일** : 플런저를 잡아 당기는 코일이다.

② **홀딩 코일** : 플런저를 잡고 있는 코일이다.

3. 기동 전동기의 이상 현상

(1) 기동 전동기는 회전하는데 링기어가 물리지 않는 경우

① 플라이 휠 링기어의 과도한 마모

② 오버러닝 클러치 작동 불량

③ 마그네틱(솔레노이드) 스위치 작동 불량

④ 피니언 기어의 과도한 마모

⑤ 시프트 레버 고정핀의 마모

(2) 기동 전동기 회전의 느린 원인

① 축전지 전압 강하 및 비중 저하

② 축전지 케이블 접촉 불량

③ 전기자 코일 또는 계자 코일의 단락

④ 브러시 스프링 장력 감소

⑤ 정류자와 브러시의 과도한 마모

⑥ 정류자와 브러시 접촉 불량

4. 기동 전동기의 측정 및 시험

(1) 기동 전동기 무부하 시험

① **전압** : 축전지 전압의 90[%] 이상

12[V] × 0.9 = 10.8[V] 이상

② **전류** : 모터 기재된 출력의 90[%] 이하

0.9[kW] 경우

$$I = \frac{P}{E}$$

$$= \frac{900}{12} \times 0.9 = 67.5[A]$$ 이하

(2) 기동전동기 부하 시험(크랭킹 시험)

① 시험 방법

㉠ 시동이 걸리지 않도록 점화 1차 회로를 차단한다.

㉡ 전압과 전류를 측정할 수 있도록 전압계 및 전류계를 장착한다.

㉢ 엔진을 크랭킹하여 측정값을 읽는다(5[s] 이내로 시행).

② 판정

㉠ 전압 강하는 배터리 전압의 20[%] 이상일 것
12[V] × 0.8=9.6[V] 이상)

㉡ 전류는 축전지 용량의 3배 이하일 것
60[AH] × 3=180[A] 이하)

3 점화 장치

1. 점화 장치의 종류

① **접점식 점화 장치** : 배전기에 있는 기계식 접점을 이용하여 1차 전류를 개폐하는 방식이다.

② **트랜지스터 점화 장치** : 트랜지스터의 발달로 현재 대부분 사용하는 방식으로, 이그나이터 방식, 광학 회로, 홀 센서 방식 등이 있다.

③ **DLI 점화 장치**(Condenser Discharge Ignition) : 전자 제어 점화 장치에서 배전 손실이 있는 배전기를 제거하고, 점화 코일에서 직접 배전하는 방식이다.

2. 축전지식 점화 장치의 구성

① **점화 스위치** : 키 스위치를 말하며, 축전지에서 1차 전류 개폐를 위한 것이다.

② **점화 코일** : 고전압을 발생시키는 장치로, 개자로형과 폐자로형이 있다.

㉠ **자기 유도 작용** : 하나의(1차) 코일에 흐르는 전류를 변화시키면서 자속의 변화에 의해 자기 유도 전압(역기전력)이 발생되는 작용을 말한다.

㉡ **상호 유도 작용** : 하나의(1차) 코일에 자속 변화가 인접한(2차) 코일에도 영향을 주어 인접한(2차) 코일에 상호 유도 전압(역기전력)이 발생되는 작용을 말한다.

㉢ **2차 코일 유도 전압**

$$E_2 = \frac{N_2}{N_1} E_1$$

여기서, E_2 : 2차 전압
E_1 : 1차 전압
N_1 : 1차 코일 권수
N_2 : 2차 코일 권수

③ **배전기**

㉠ 엔진의 캠축에 의해 구동되며 크랭크축 회전수의 1/2로 회전한다.

㉡ 점화 1차 전류를 단속하여 2차 코일에 고압을 유도한다.

㉢ 2차 코일의 고압을 점화 순서에 따라 점화 플러그로 분배한다.

㉣ 엔진의 회전 속도에 따라 점화 시기를 조정한다.

④ **드웰각**(dwell angle, cam angle, 캠각) : 드웰각이란 접점식의 캠각을 의미하며, 1차 코일에 전류가 흐르는 통전 시간을 뜻한다.

⑤ **고압 케이블**(high tension cable) : 점화 코일과 각 점화 플러그를 연결하는 고압의 절연 케이블을 말한다.

⑥ **점화 플러그**(spark plug) : 점화 플러그는 전극(electrode), 절연체(insulator), 셀(shell)로 구성되어 있으며 전극은 중심 전극과 접지 전극으로 구성되어 있다.

㉠ **자기 청정 온도** : 점화 플러그는 불완전 연소에 의해 발생하는 카본을 태우기 위해 유지하는 온도를 자기 청정 온도라 한다. 자기 청정 온도는 500 ~ 800[℃] 정도이며 전극부 온도가 너무 낮으면 카본이 많이 끼어 점화 플러그가 오손되고, 너무 높으면 조기 점화의 원인이 된다.

㉡ **열가**(열값, heat range) : 열가란 점화 플러그의 열방출 정도(능력)를 나타내는 것으로, 절연체 아래 부분에서 아래 시일까지의 길이로 열가를 정의한다.

㉢ **점화 플러그에서 불꽃이 발생하지 않는 원인**

ⓐ 점화 코일 불량

ⓑ 파워 TR 불량

ⓒ 고압 케이블 불량

ⓓ ECU 불량

㉣ **점화 플러그 시험** : 절연 시험, 불꽃 시험, 기밀 시험

4 충전 방치

1. 충전 장치 개요

(1) 충전 장치 일반

① 충전 장치의 구비 조건

㉠ 출력 전압이 안정되고, 다른 전기 회로에 영향이 없을 것

㉡ 속도 범위가 넓고, 저속 주행에서도 충전이 가능할 것

㉢ 소형 · 경량이고 출력이 클 것

㉣ 불꽃 발생으로 전파 방해와 전압의 맥동이 없을 것

㉤ 수리 및 정비가 용이하고, 내구성이 클 것

② 발전기의 종류

㉠ 직류 발전기(DC : Direct Current)

㉡ 교류 발전기(AC : Alternate Current)

(2) 발전기의 원리

① 직류 발전기

㉠ **플레밍의 오른손 법칙** : 오른손을 서로 직각이 되도록 펴고 제일 먼저 인지를 자력선 방향에 맞추고 엄지 손가락을 도체의 운동 방향에 맞추어 놓았을 때 가운데 손가락이 가리키는 방향으로 기전력이 발생한다는 법칙이다.

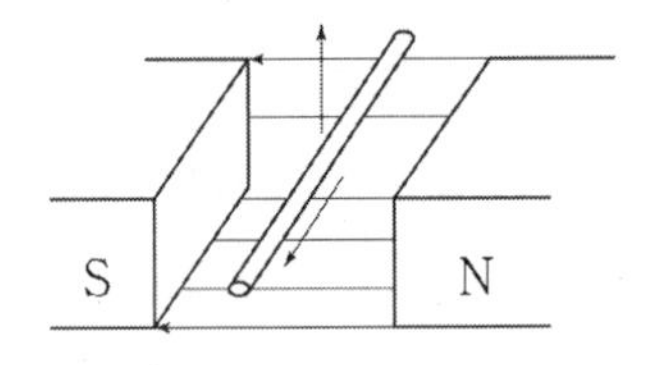

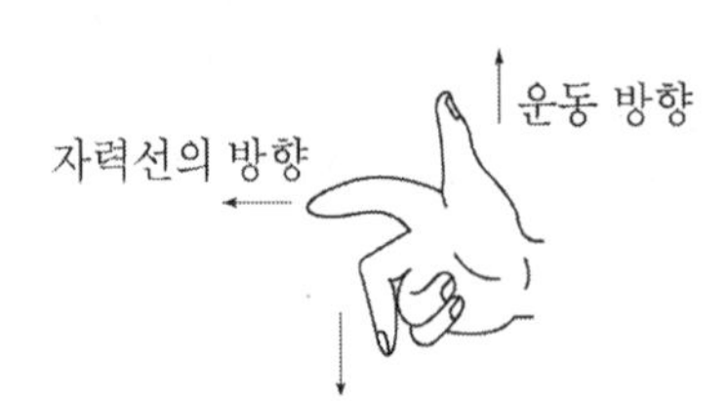

[플레밍의 오른손 법칙]

㉡ **직류 발전기의 단점**

ⓐ 전기자의 허용 회전 속도 범위가 낮다.

ⓑ 기관 공전 시 발전이 어렵다.

ⓒ 정비 및 보수를 자주 하여야 한다.

㉢ **컷아웃 릴레이** : 직류 발전기에서 발전기의 발생전압이 축전지 전압보다 낮을 때 축전지에서 발전기쪽으로 전류가 흐르는 것을 방지하는 역할을 한다.

㉣ **전류 조정기** : 발전기 발생 전류를 제어하여 발전기에서 규정 이상의 전기적 부하가 걸리지 않게 하는 장치이다.

② **교류 발전기(Alternator)**

㉠ **렌츠의 법칙** : 코일에 자석의 N극을 가까이 하면 코일에는 자석과 가까운 쪽에 N극이, 먼 쪽에 S극이 발생하여 자석의 운동을 방해한다. 이때 코일에는 오른손 엄지손가락에 맞는 방향으로 유도 기전력이 발생한다. 멀리하면 반대로 바뀌어 위쪽에는 S극이, 반대편에는 N극이 발생한다. 이와 같이 유도 기전력은 코일 내 자속의 변화를 방해하는 방향으로 발생한다는 렌츠의 법칙을 이용한 것이 교류 발전기이다.

㉡ **교류 발전기의 장점**

ⓐ 크기가 작고 가볍다.

ⓑ 출력 전류의 제어 작용을 하고 조정기의 구조가 간단하다.

ⓒ 내구성이 있고 공회전이나 저속 시에 충전이 가능하다.

ⓓ 브러시의 수명이 길고 불꽃 발생이 작다.

ⓔ 정류자 소손에 의한 고장이 없다.

ⓕ 실리콘 다이오드를 사용하기 때문에 정류 작용이 좋다.

(3) 교류 발전기의 구성

① **로터(rotor)** : 로터(rotro)는 로터 철심(core), 로터 코일(계자 코일), 슬립 링, 로터축으로 구성되며, 로터를 회전시켜 전류를 발생한다.

② **스테이터(stator) 코일의 결선 방법**

㉠ Y **결선**(성형 결선, 스타 결선)

ⓐ A, B, C 각 코일의 한 끝을 한 점(중성점)에 모아 연결시킨 결선 방법으로, A, B, C 각 코일에 발생하는 선간 전압은 상전압보다 $\sqrt{3}$ 배가 더 높다.
선간 전압 = $\sqrt{3}\times$상전압

ⓑ A, B, C의 각 코일에 발생하는 전압을 상전압이라 하고, 전류를 상전류라 한다. 그리고 외부 단자 사이의 전압을 선간 전압이라 하고, 외부 단자에 흐르는 전류를 선전류라 한다.

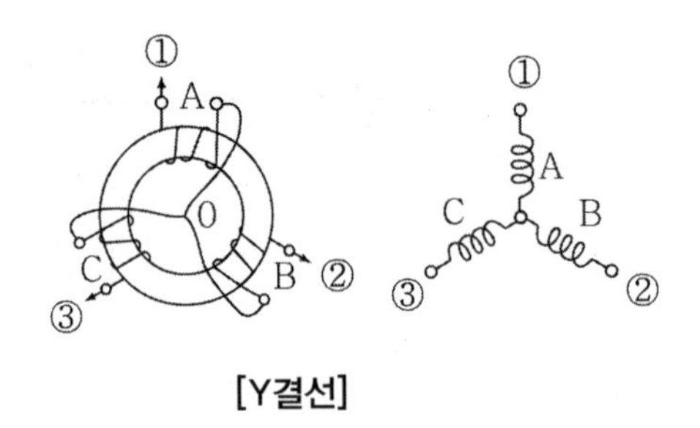

[Y결선]

㉡ △ 결선(삼각 결선, 델타 결선)

ⓐ A, B, C 각 코일의 시작과 끝을 서로 연결하고 각 접속점에서 외부 단자로 연결한 결선 방법이다. 아래그림 ①, ②, ③의 각 선간 전류는 각 상전류보다 $\sqrt{3}$ 배가 더 높다.

선간 전류 = $\sqrt{3}\times$상전류

ⓑ 발전기의 크기가 같고 코일의 감긴 수가 같을 때 성형 결선 방식이 높은 전압을 발생하므로, 자동차용 교류 발전기는 저속 회전 시 높은 전압 발생과 중성점의 전압을 이용할 수 있는 장점이 있는 성형 결선을 많이 사용하고 있다.

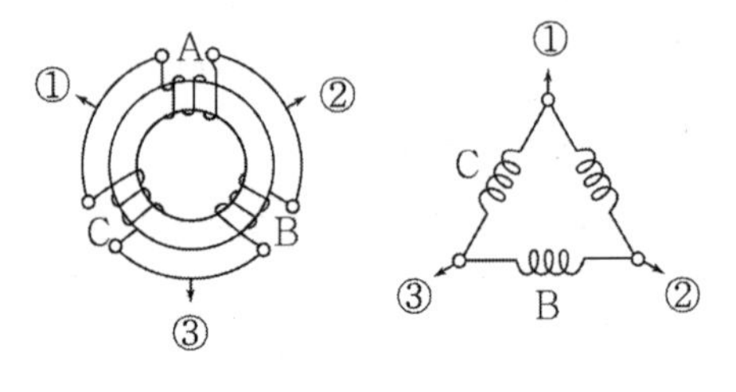

[△ 결선]

③ **실리콘 다이오드**(silicon diode) : 실리콘 다이오드는 (+)다이오드 3개, (−)다이오드 3개가 스테이터에서 발생한 3상 교류를 직류로 정류하는 작용을 한다.

2. 전압 조정기(regulator)

(1) 전압 조정기의 의미

발전기는 엔진의 회전 속도와 출력 전압이 비례하므로, 엔진의 고속 회전 시 발전기의 전압을 조정하여 축전지 및 각종 전기 장치를 보호하기 위하여 설치한 장치이다.

(2) 전압 조정기의 종류

① **접점식 조정기** : 전압 조정기, 충전 경고 릴레이로 구성되어 있다.

② **트랜지스터식 조정기** : 트랜지스터의 ON, OFF 스위치 작용을 이용하여 로터 코일의 전류를 단속하여 출력 전압을 조정한다.

③ **IC식 조정기** : 작동이 안정되고 내구성이 우수하며 소형이기 때문에, 발전기에 내장하여 사용할 수 있고 신뢰성이 높다.

5 등화 장치

1. 전조등(head light)

(1) 전조등의 종류

① **실드 빔형**(sealed beam type) : 렌즈, 반사경, 필라멘트를 일체로 만든 것으로서, 수명이 길고 광도의 변화가 작으나 가격이 비싸며 전조등의 3요소 중 1개만 이상이 있어도 전체를 교환해야 하는 단점이 있다.

② **세미 실드 빔형**(semi-sealed beam type) : 렌즈와 반사경은 일체형이며 전구가 따로 분리되는 구조로, 전구 불량 시 전구만 교환할 수 있는 장점이 있지만, 공기와 습기 · 먼지 등이 들어갈 수 있으므로 반사경과 렌즈가 더러워져 광도의 변화를 가져올 수 있다.

(2) 전조등의 구성품

① **전구**(bulb) : 광원인 필라멘트의 재료는 일반적으로 텅스텐이 사용된다.

② **반사경**(reflector) : 반사경의 재료는 금속이나 유리를 사용하며 전구에서 나오는 광에너지를 될 수 있는 대로 많이 모아서 필요한 방향으로 강하게 투사하는 것을 목적으로 한다.

③ **렌즈**(lenz) : 렌즈 소자에는 좌우 방향으로 빛을 확산하는 것과 상하 방향으로 굴절시키는 것이 있다.

(3) HID(High Intensity Discharge) 램프

제논(Xenon) 가스가 유입된 고휘도 방전 램프로서, 금속염제와 불활성 기체가 채워진 관에 들어 있는 2개의 전극 사이에 고압의 전원(20,000[V])을 인가하여 방전을 일으켜 필라멘트 없이 빛을 발생한다.

2. 방향 지시등

방향 지시등은 차량의 안전 운행에 중요한 신호등으로, 방향 지시등의 점멸 횟수는 1분에 60 ~ 120회로 일정한 속도로 점멸하여야 한다. 현재의 방향 지시등은 플래셔 유닛의 작동 원리에 따라 트랜지스터식을 사용한다.

3. 미등

미등 회로는 차폭등, 번호판등, 계기판 조명등까지 병렬로 연결되어 있다.

4. 제동등

제동등은 브레이크 스위치와 스톱 램프로 구성되며, 후미등과 겸용으로 사용된다. 제동등의 밝기는 안전을 위하여 미등의 3배 이상이어야 한다.

02 기출예상문제

01 **자동차문이 닫히자마자 실내가 어두워지는 것을 방지해주는 램프는?**

① 도어 램프 ② 테일 램프
③ 패널 램프 ④ 감광식 룸 램프

해설 감광식 룸 램프 : 에탁스 명령 신호로 도어를 열고 닫을 때 실내등이 즉시 소등되지 않고 천천히 소등되도록 하여 실내가 즉시 어두워지는 것을 방지해 주는 편의 장치이다.

02 **자동차 에어컨 장치의 순환 과정으로 맞는 것은?**

① 압축기 → 응축기 → 건조기 → 팽창 밸브 → 증발기
② 압축기 → 응축기 → 팽창 밸브 → 건조기 → 증발기
③ 압축기 → 팽창 밸브 → 건조기 → 응축기 → 증발기
④ 압축기 → 건조기 → 팽창 밸브 → 응축기 → 증발기

해설 에어컨 순환과정 : 압축기(compressor) – 응축기(condenser) – 건조기(receiver drier) – 팽창 밸브(expansion valve) – 증발기(evaporator)

03 **기동 전동기를 기관에서 떼어내고 분해하여 결함 부분을 점검하는 그림이다. 옳은 것은?**

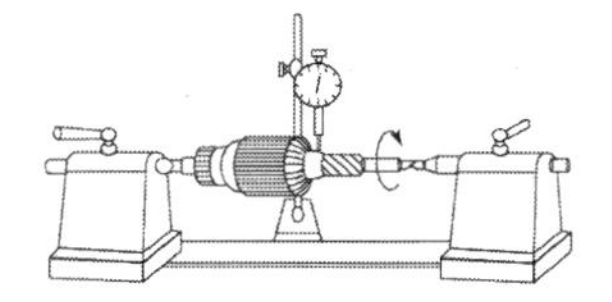

① 전기자 축의 휨 상태점검 ② 전기자 축의 마멸 점검
③ 전기자 코일 단락 점검 ④ 전기자 코일 단선 점검

해설 다이얼 게이지를 이용하여 전기자 축의 휨 상태를 점검하는 시험이다.

ANSWER 01 ④ 02 ① 03 ①

04 전조등 회로의 구성 부품이 아닌 것은?

① 라이트 스위치
② 전조등 릴레이
③ 스테이터
④ 딤머 스위치

해설 스테이터는 AC(교류) 발전기 부품 명칭이다.

05 힘을 받으면 기전력이 발생하는 반도체의 성질은 무엇인가?

① 펠티에 효과
② 피에조 효과
③ 제베크 효과
④ 홀 효과

해설 ① **펠티에 효과** : 직류 전원을 공급하면 한쪽면에서는 냉각이 되고 다른 면은 가열되는 열전 반도체 소자
② **피에조 효과** : 힘을 받으면 기전력이 발생하는 반도체 효과
③ **제베크 효과** : 열을 받으면 전기 저항값이 변화하는 효과
④ **홀 효과** : 자기를 받으면 통전 성능이 변화하는 효과

06 전자 배전 점화 장치(DLI)의 내용으로 틀린 것은?

① 코일 분배 방식과 다이오드 분배 방식이 있다.
② 독립 점화 방식과 동시 점화 방식이 있다.
③ 배전기 내부 전극이 에어 갭 조정이 불량하면 에너지 손실이 생긴다.
④ 기통 판별 센서가 필요하다.

해설 DLI(Distributor Less Ignition) 또는 DIS 방식 엔진에는 배전기가 없다.

07 다음 중 저항이 병렬로 연결된 회로의 설명으로 맞는 것은?

① 총저항은 각 저항의 합과 같다.
② 각 회로에 동일한 저항이 가해지므로 전압은 다르다.
③ 각 회로에 동일한 전압이 가해지므로 입력 전압은 일정하다.
④ 전압은 한 개일 때와 같으며 전류도 같다.

해설 병렬 접속의 특징
㉠ 어느 저항에서나 똑같은 전압이 가해진다.
㉡ 합성 저항은 각 저항의 어느 것보다도 작다.
㉢ 병렬 접속에서 저항이 감소하는 것은 전류가 나누어져 저항 속을 흐르기 때문이다.

08 교류 발전기에서 축전지의 역류를 방지하는 컷아웃 릴레이가 없는 이유는?

① 트랜지스터가 있기 때문이다.
② 점화 스위치가 있기 때문이다.
③ 실리콘 다이오드가 있기 때문이다.
④ 전압 릴레이가 있기 때문이다.

해설 AC 발전기에는 실리콘 다이오드가 교류의 정류 작용과 역류 방지 작용을 한다.

09 축전지를 구성하는 요소가 아닌 것은?

① 양극판 ② 음극판
③ 정류자 ④ 전해액

해설 정류자는 기동 전동기 부품 명칭이다.

10 저항에 12 [V]를 가했더니 전류계에 3 [A]로 나타났다. 이 저항의 값[Ω]은?

① 2 ② 4
③ 6 ④ 8

해설 옴의 법칙 $I=\frac{E}{R}$

$R=\frac{E}{I}=\frac{12}{3}=4\ [\Omega]$

여기서, I : 전류, E : 전압, R : 저항

11 전자 제어 제동 장치(ABS)에서 휠 스피드 센서의 역할은?

① 휠의 회전 속도 감지 ② 휠의 감속 상태 감지
③ 휠의 속도 비교 평가 ④ 휠의 제동 압력 감지

해설 전자 제어 제동 장치(ABS)에서 휠 스피드 센서는 휠의 회전속도를 자력선 변화로 감지하여 이를 전기적 신호(교류 펄스)로 바꾸어 ABS 컨트롤 유니트(ECU)로 보내며, 바퀴가 고정(잠김)되는 것을 검출하는 역할을 하는 센서이다.

ANSWER / 04 ③ 05 ② 06 ③ 07 ③ 08 ③ 09 ③ 10 ② 11 ①

12 AQS(Air Quality System)의 기능에 대한 설명 중 틀린 것은?

① 차실 내에 유해 가스의 유입을 차단한다.
② 차실 내로 청정 공기만을 유입시킨다.
③ 승차 공간 내의 공기 청정도와 환기 상태를 최적으로 유지시킨다.
④ 차실 내의 온도와 습도를 조절한다.

해설 AQS는 차실 내에 유해 가스의 유입을 차단하고, 청정 공기만 유입시키며, 승차 공간 내의 공기 청정도와 환기 상태를 최적으로 유지시키며, 온도 · 습도 조절은 온도 센서와 습도 센서가 하게 된다.

13 어떤 기준 전압 이상이 되면 역방향으로 큰 전류가 흐르게 되는 반도체는?

① PNP형 트랜지스터 ② NPN형 트랜지스터
③ 포토 다이오드 ④ 제너 다이오드

해설 제너 다이오드는 발전기의 전압 조정기 등 정전압 회로에 사용되며, 어떤 기준 전압 이상이 되면 역방향으로 큰 전류가 흐르는 반도체이다.

14 다음 중 교류 발전기의 구성 요소가 아닌 것은?

① 자계를 발생시키는 로터 ② 전압을 유도하는 스테이터
③ 정류기 ④ 컷 아웃 릴레이

해설 로터, 스테이터, 정류기 등은 교류 발전기의 구성 부품이며, 컷 아웃 릴레이는 직류 발전기 부품이다.

15 회로에서 12 [V] 배터리에 저항 3개를 직렬로 연결하였을 때 전류계 A에 흐르는 전류 [A]는?

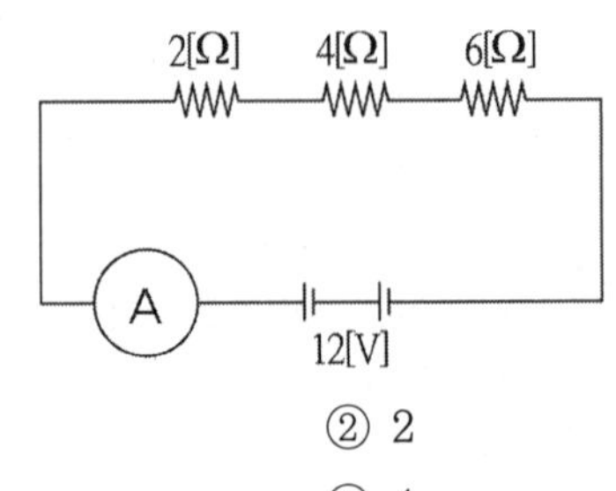

① 1 ② 2
③ 3 ④ 4

해설 직렬 합성 저항 $R=R_1+R_2+\cdots+R_n$

$$=2[\Omega]+4[\Omega]+6[\Omega]$$
$$=12[\Omega]$$

옴의 법칙 $I=\dfrac{E}{R}$

$$E=IR$$
$$R=\frac{E}{I}$$
$$\therefore I=\frac{E}{R}=\frac{12[\mathrm{V}]}{12[\Omega]}=1[\mathrm{A}]$$

여기서, I : 전류, E : 전압, R : 저항

16 점화 코일의 2차쪽에서 발생되는 불꽃 전압의 크기에 영향을 미치는 요소가 아닌 것은?

① 점화 플러그의 전극 형상
② 전극의 간극
③ 오일 압력
④ 혼합기 압력

해설 점화 전압에 영향을 주는 요인
㉠ 점화 플러그 전극의 간극
㉡ 혼합기 압력
㉢ 점화 플러그 전극의 형상
③ 오일 압력은 불꽃 전압 크기에 영향을 미치는 요소가 아니다.

17 축전지의 충전 상태를 측정하는 계기는?

① 온도계
② 기압계
③ 저항계
④ 비중계

해설 축전지의 충전 상태 측정은 비중계로 하며, 전해액의 비중을 비중계로 측정하였을 때 20[℃]에서 1,280이면 완전히 충전된 상태이다.

18 다음 중 자동차 에어컨 냉매 가스 순환 과정으로 맞는 것은?

① 압축기 → 건조기 → 응축기 → 팽창 밸브 → 증발기
② 압축기 → 팽창 밸브 → 건조기 → 응축기 → 증발기
③ 압축기 → 응축기 → 건조기 → 팽창 밸브 → 증발기
④ 압축기 → 건조기 → 팽창 밸브 → 응축기 → 증발기

ANSWER / 12 ④ 13 ④ 14 ④ 15 ① 16 ③ 17 ④ 18 ③

해설 에어컨 순환 과정 : 압축기(compressor) – 응축기(condenser) – 건조기(receiver drier) – 팽창 밸브(expansion valve) – 증발기(evaporator)

19 기동 전동기를 주요 부분으로 구분한 것이 아닌 것은?

① 회전력을 발생하는 부분
② 무부하 전력을 측정하는 부분
③ 회전력을 기관에 전달하는 부분
④ 피니언을 링기어에 물리게 하는 부분

해설 기동 전동기 주요 부분
㉠ 회전력을 발생하는 전기자
㉡ 회전력을 기관(플라이 휠)에 전달하는 피니언 기어
㉢ 피니언을 링기어에 물리게 하는 부분(마그네틱 스위치)
② 직류 직권식 전동기에서 전력은 측정하지 않는다.

20 옴의 법칙으로 맞는 것은? (단, I : 전류, E : 전압, R : 저항)

① $I = RE$
② $E = IR$
③ $I = R/E$
④ $E = 2R/I$

해설 옴의 법칙

$$I = \frac{E}{R},\ E = IR,\ R = \frac{E}{I}$$

여기서, I : 전류, E : 전압, R : 저항

21 반도체의 장점으로 틀린 것은?

① 고온에서도 안정적으로 동작한다.
② 예열을 요구하지 않고 곧바로 작동한다.
③ 내부 전력 손실이 매우 작다.
④ 극히 소형이고 경량이다.

해설 반도체의 특징
㉠ 반도체의 장점
• 소형이고, 가볍고 기계적으로 강하다.

- 예열 시간이 불필요하다.
- 내부 전력 손실이 작다.
- 내진성이 크고, 수명이 길다.
- 내부의 전압 강하가 작다.

㉡ 반도체의 단점

- 온도가 상승하면 그 특성이 매우 나빠진다.
- 역내압이 매우 낮다(역방향으로 전압이 발생하여 일정 전압에 이르면 통전되면서 반도체 파괴됨).
- 정격값 실리콘 150 [℃] 이상 시 파손되기 쉽다.

22 다음 중 P형 반도체와 N형 반도체를 마주대고 결합한 것은?

① 캐리어 ② 홀
③ 다이오드 ④ 스위칭

해설 다이오드는 P형 반도체와 N형 반도체를 접합시킨 것이다.

23 자동차용 AC 발전기에서 자속을 만드는 부분은?

① 로터 ② 스테이터
③ 브러시 ④ 다이오드

해설 로터(회전자)는 브러시로부터 여자전류를 공급받아 자속을 만든다.

24 기동 전동기에서 회전하는 부분이 아닌 것은?

① 오버러닝 클러치 ② 정류자
③ 계자 코일 ④ 전기자 철심

해설 기동 전동기의 움직임
㉠ 회전 부분 : 전기자 코일, 전기자 철심, 정류자, 오버러닝 클러치
㉡ 고정 부분 : 계자 코일과 계자 철심, 브러시, 브러시 홀더

ANSWER 19 ② 20 ② 21 ① 22 ③ 23 ① 24 ③

25 축전지 전해액의 비중을 측정하였더니 1.180이었다. 이 축전지의 방전율[%]은? (단, 완전 충전 시 비중값=1.280이고 완전 방전 시의 비중값=1.080)

① 20　　② 30

② 50　　④ 70

해설

$$방전율 = \frac{완전\ 충전\ 비중 - 측정\ 비중}{완전\ 충전\ 비중 - 완전\ 방전\ 비중}$$

$$= \frac{1.280 - 1.180}{1.280 - 1.080} \times 100$$

$$= 50[\%]$$

26 자동차의 IMS에 대한 설명으로 옳은 것은?

① 배터리 교환 주기를 알려주는 시스템이다.

② 스위치 조작으로 설정해둔 시트 위치로 재생시킨다.

③ 편의 장치로서, 장거리 운행 시 자동 운행 시스템이다.

④ 도난을 예방하기 위한 시스템이다.

해설 IMS는 운전자가 자신에게 맞는 최적의 시트 위치, 사이드 미러 위치 및 조향 핸들의 위치 등을 IMS 컴퓨터에 입력시킬 수 있으며, 다른 운전자가 운전하여 위치가 변경되었을 경우 컴퓨터가 기억시킨 위치로 자동 복귀시켜주는 장치이다.

27 편의 장치에서 중앙 집중식 제어 장치(ETACS 또는 ISU)의 입·출력 요소 역할에 대한 설명으로 틀린 것은?

① 모든 도어스위치 : 각 도어 잠김 여부 감지

② INT 스위치 : 와셔 작동 여부 감지

③ 핸들 록 스위치 : 키 삽입 여부 감지

④ 열선 스위치 : 열선 작동 여부 감지

해설 INT 스위치 : 운전자의 의지인 와이퍼 볼륨의 위치를 검출한다.

28 축전지 극판의 작용 물질이 동일한 조건에서 비중이 감소되면 용량은?

① 증가한다.　　② 변화없다.

③ 비례하여 증가한다.　　④ 감소한다.

해설 극판의 작용 물질이 동일한 조건에서 비중이 저하되면 용량은 감소된다.

29 점화 코일에서 고전압을 얻도록 유도하는 공식으로 옳은 것은? (단, E_1 : 1차 코일의 유도 전압, E_2 : 2차 코일의 유도 전압, N_1 : 1차 코일의 유도 전압, N_2 : 2차 코일의 유도 전압)

① $E_2 = \frac{N_1}{N_2}E_1$　　② $E_2 = N_1 \times N_2 \times E_1$

③ $E_2 = \frac{N_2}{N_1}E_1$　　④ $E_2 = N_2 + (N_1 \times E_1)$

해설 점화 코일 유도 전압$(E_2) = \frac{N_2}{N_1} \cdot E_1$

2차 코일에서의 유도 전압은 1 · 2차 코일 사이의 권수비에 비례한다.

30 그림과 같이 테스트 램프를 사용하여 릴레이 회로의 각 단자(B, L, S_1, S_2)를 점검하였을 때 테스트 램프의 작동이 틀린 것은? (단, 테스트 램프 전구는 LED 전구이며, 테스트 램프의 접지는 차체 접지)

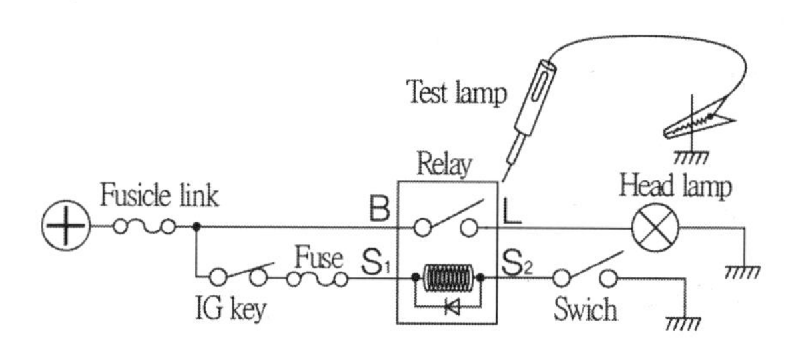

① B단자는 점등된다.　　② L단자는 점등되지 않는다.

③ S_1단자는 점등된다.　　④ S_2단자는 점등되지 않는다.

해설 B, S_1, S_2 단자는 점등되고, L단자는 점등되지 않는다.

31 축전지 점검 시 육안 점검 사항이 아닌 것은?

① 전해액의 비중 측정　　② 케이스 외부 전해액 누출 상태

③ 케이스의 균열 점검　　④ 단자의 부식 상태

해설 축전지의 상태를 판단하기 위하여 전해액 비중을 측정하는데 그 기구에는 흡입식 비중계나 광선 굴절식 비중계를 사용한다.

ANSWER / 25 ② 26 ② 27 ② 28 ④ 29 ③ 30 ④ 31 ①

32 축전지 급속 충전할 때 주의 사항이 아닌 것은?

① 통풍이 잘 되는 곳에서 충전한다.
② 축전지의 +, − 케이블을 자동차에 연결한 상태로 충전한다.
③ 전해액의 온도가 45 [℃]가 넘지 않도록 한다.
④ 충전 중인 축전지에 충격을 가하지 않는다.

해설 축전지 급속 충전 시 주의 사항
㉠ 통풍이 잘 되는 곳에서 충전한다.
㉡ 충전 중인 축전지에 충격을 가하지 않는다.
㉢ 전해액 온도가 45 [℃] 넘지 않도록 한다.
㉣ 축전지 접지 케이블을 분리한 상태에서 축전지 용량의 50 [%] 전류로 충전하기 때문에 충전 시간은 짧게 하여야 한다.
㉤ 충전 중인 축전지에 충격을 가하지 않는다.

33 모터(기동 전동기)의 형식을 맞게 나열한 것은?

① 직렬형, 병렬형, 복합형
② 직렬형, 복렬형, 병렬형
③ 직권형, 복권형, 복합형
④ 직권형, 분권형, 복권형

해설 전동기의 종류
㉠ 직권형 : 계자 코일과 전기자 코일이 직렬 연결
㉡ 분권형 : 계자 코일과 전기자 코일이 병렬 연결
㉢ 복권형 : 계자 코일과 전기자 코일이 직·병렬로 연결

34 파워 윈도우 타이머 제어에 관한 설명으로 틀린 것은?

① IG ON에서 파워 윈도우 릴레이를 ON한다.
② IG OFF에서 파워 윈도우 릴레이를 일정 시간 동안 ON한다.
③ 키를 뺐을 때 윈도우가 열려 있다면 다시 키를 꽂지 않아도 일정 시간 이내 윈도우를 닫을 수 있는 기능이다.
④ 파워 윈도우 타이머 제어 중 전조등을 작동시키면 출력을 즉시 OFF한다.

해설 파워 윈도우 타이머 기능은 시동을 OFF한 상태에서도 일정 시간 파워 윈도우를 UP/DOWN 시킬 수 있는 기능이다.

35 자동차 타이어 공기압에 대한 설명으로 적합한 것은?

① 비오는 날 빗길 주행 시 공기압을 15 [%] 정도 낮춘다.
② 좌 · 우 바퀴의 공기압이 차이가 날 경우 제동력 편차가 발생할 수 있다.
③ 모래길 등 자동차 바퀴가 빠질 우려가 있을 때는 공기압을 15 [%] 정도 높인다.
④ 공기압이 높으면 트레드 양단이 마모된다.

해설 상황에 따른 공기압
㉠ 비오는 날 빗길 주행 시 공기압을 적정값보다 약간 높여준다.
㉡ 모래길 등 자동차 바퀴가 빠질 우려가 있을 때는 공기압을 낮춘다.
㉢ 공기압이 높으면 접지면 중앙부가 조기 마모된다.

36 자동차 소모품에 대한 설명이 잘못된 것은?

① 부동액은 차체 도색 부분을 손상시킬 수 있다.
② 전해액은 차체를 부식시킨다.
③ 냉각수는 경수를 사용하는 것이 좋다.
④ 자동 변속기 오일은 제작회사의 추천 오일을 사용한다.

해설 냉각수는 증류수, 수돗물, 빗물 등 연수를 사용해야 한다.

37 계기판의 충전 경고등은 어느 때 점등되는가?

① 배터리 전압이 10.5 [V] 이하일 때
② 알터네이터에서 충전이 안 될 때
③ 알터네이터에서 충전되는 전압이 높을 때
④ 배터리 전압이 14.7 [V] 이상일 때

해설 배터리 충전 경고등은 교류 발전기에서 충전이 안 될 때 점등된다. 충전이 안 되는 경우는 발전기와 연결된 팬벨트가 끊어지거나 발전기 자체 고장일 때이다.

ANSWER / 32 ② 33 ④ 34 ④ 35 ② 36 ③ 37 ②

38 와이퍼 모터 제어와 관련된 입력 요소들을 나열한 것으로 틀린 것은?

① 와이퍼 INT 스위치
② 와셔 스위치
③ 와이퍼 HI 스위치
④ 전조등 HI 스위치

해설 와이퍼 모터 입력 요소
㉠ 와이퍼 LO 스위치
㉡ 와이퍼 HI 스위치
㉢ 와이퍼 INT 스위치
㉣ 와셔 스위치

39 자동차의 종합 경보 장치에 포함되지 않는 제어 기능은?

① 도어록 제어 기능
② 감광식 룸램프 제어 기능
③ 엔진 고장 지시 제어 기능
④ 도어 열림 경고 제어 기능

해설 종합 경보 제어 장치는 편의 장치(ETACS)와 관련된 제어 기능이다.
에탁스(ETACS) 제어 기능
㉠ 감광식 룸램프 제어
㉡ 와셔 연동 와이퍼 제어
㉢ 간헐 와이퍼(INT) 제어
㉣ 이그니션 키 홀 조명 제어
㉤ 파워 윈도우 타이머 제어
㉥ 점화키 회수 제어
㉦ 오토 도어록 제어
㉧ 중앙 집중식 도어 잠금 장치 제어
㉨ 도어 열림 경고 제어

40 다음 중 옴의 법칙을 바르게 표시한 것은? (단, E : 전압, I : 전류, R : 저항)

① $R = IE$
② $R = \frac{I}{E}$
③ $R = \frac{I}{E^2}$
④ $R = \frac{E}{I}$

해설 옴의 법칙 $I = \frac{E}{R}$
$E = IR$

$$R = \frac{E}{I}$$

여기서, I : 전류, E : 전압, R : 저항

41 20 [℃]에서 양호한 상태인 100 [Ah]의 축전지는 200 [A]의 전기를 얼마 동안 발생시킬 수 있는가?

① 20[min] ② 30[min]
③ 1[h] ④ 2[h]

해설 축전지 용량[Ah]=방전 전류[A]×방전 시간[h]

$$[h] = \frac{[Ah]}{[A]} = \frac{100[Ah]}{200[A]} = 0.5[h] = 30[\text{min}]$$

42 논리 회로에서 OR + NOT에 대한 출력의 진리 값으로 틀린 것은? (단, 입력 : A, B, 출력 : C)

① 입력 A가 0이고, 입력 B가 1이면 출력 C는 0 이 된다.
② 입력 A가 0이고, 입력 B가 0이면 출력 C는 0 이 된다.
③ 입력 A가 1이고, 입력 B가 1이면 출력 C는 0 이 된다.
④ 입력 A가 1이고, 입력 B가 0이면 출력 C는 0 이 된다.

해설 논리회로

OR 회로 (논리합 회로)	입력 A, B → 출력 C 입력측의 어느 쪽(A나 B) 또는 양방에서 1이 들어오면 출력측 C에서 1이 나온다.
AND 회로 (논리곱 회로)	입력 A, B → 출력 C 입력측 두 개의 단자(A와 B)에 1이 들어오지 않으면 출력측에 1이 나오지 않는다.
NOT 회로 (부정 회로)	입력 A → 출력 C 입력측에 1이 들어오면 출력측에 0이 입력측에 0이 들어오면 출력측에 1이 나온다.

ANSWER / 38 ④ 39 ③ 40 ④ 41 ② 42 ②

43 타이어 압력 모니터링 장치(TPMS)의 점검 · 정비 시 잘못된 것은?

① 타이어 압력 센서는 공기 주입 밸브와 일체로 되어 있다.
② 타이어 압력 센서 장착용 휠은 일반 휠과 다르다.
③ 타이어 분리 시 타이어 압력 센서가 파손되지 않게 한다.
④ 타이어 압력 센서용 배터리 수명은 영구적이다.

해설 타이어 압력 센서용 배터리의 보증 수명은 제조사별로 상이하나 대략 10년 정도이다.

44 회로 시험기로 전기 회로의 측정 점검 시 주의 사항으로 틀린 것은?

① 테스트 리드의 적색은 +단자에, 흑색은 −단자에 연결한다.
② 전류 측정 시는 테스터를 병렬로 연결하여야 한다.
③ 각 측정 범위의 변경은 큰 쪽에서 작은 쪽으로 한다.
④ 저항 측정 시에는 회로 전원을 끄고 단품은 탈거한 후 측정한다.

해설 전류를 측정할 때에는 그 회로에 직렬로 테스터를 연결하여야 한다.

45 오버러닝 클러치 형식의 기동 전동기에서 기관이 시동 된 후에도 계속해서 키 스위치를 작동시키면 어떻게 되는가?

① 기동 전동기의 전기자가 타기 시작해 소손된다.
② 기동 전동기의 전기자는 무부하 상태로 공회전한다.
③ 기동 전동기의 전기자가 정지된다.
④ 기동 전동기의 전기자가 기관 회전보다 고속 회전한다.

해설 오버러닝 클러치 형식의 기동 전동기에서 기관이 시동된 후 계속해서 스위치를 작동시키면 기동 전동기의 전기자는 무부하 상태로 공회전하고 피니언은 고속 회전한다.

46 자동차에서 배터리의 역할이 아닌 것은?

① 기동 장치의 전기적 부하를 담당한다.
② 캐니스터를 작동시키는 전원을 공급한다.
③ 컴퓨터(ECU)를 작동시킬 수 있는 전원을 공급한다.
④ 주행 상태에 따른 발전기의 출력과 부하와의 불균형을 조정한다.

해설 배터리의 역할

㉠ 시동 시 기동 장치의 전기적 부하를 담당한다.
㉡ 컴퓨터를 작동시킬 수 있는 전원을 공급한다.
㉢ 발전기가 고장일 때 일시적인 전원을 공급한다.
㉣ 주행 상태에 따른 발전기의 출력과 부하와의 불균형을 조정한다.

47 다음 HEI 코일(폐자로형 코일)에 대한 설명 중 틀린 것은?

① 유도 작용에 의해 생성되는 자속이 외부로 방출되지 않는다.
② 1차 코일을 굵게 하면 큰 전류가 통과할 수 있다.
③ 1차 코일과 2차 코일은 연결되어 있다.
④ 코일 방열을 위해 내부에 절연유가 들어 있다.

해설 HEI(폐자로)형 점화 코일의 특징

㉠ 1차 코일의 굵기를 크게 하여 큰 전류가 통과할 수 있다.
㉡ 유도 작용에 의해 생성되는 자속이 외부로 방출되지 않는다.
㉢ 1차 코일과 2차 코일은 연결되어 있다.
㉣ 구조가 간단하고, 내성성과 방열성이 커 성능 저하가 없다.

48 쿨롱의 법칙에서 자극의 강도에 대한 내용으로 틀린 것은?

① 자석의 양끝을 자극이라 한다.
② 두 자극 세기의 곱에 비례한다.
③ 자극의 세기는 자기량의 크기에 따라 다르다.
④ 거리에 반비례한다.

해설

쿨롱의 법칙 $F = k\dfrac{q_1 \times q_2}{r^2}$

쿨롱의 법칙이란 자석의 흡입력 또는 반발력은 거리의 2승에 반비례하고, 자극 세기의 상승곱에 비례한다.

ANSWER 43 ④ 44 ② 45 ② 46 ② 47 ④ 48 ④

49 에어컨 냉매 R-134a를 잘못 설명한 것은?

① 액화 및 증발이 되지 않아 오존층이 보호된다.
② 무미 · 무취하다.
③ 화학적으로 안정되고 내열성이 좋다.
④ 온난화 지수가 R-12보다 낮다.

해설 신냉매(R-134a)의 특징
㉠ 다른 물질과 쉽게 반응하지 않는다.
㉡ R-12(구냉매)와 유사한 열역학적 성질이 있다.
㉢ 오존을 파괴하는 염소가 없다.
㉣ 불연성이고 독성은 없다.

50 다음 중 발광 다이오드의 특징을 설명한 것이 아닌 것은?

① 배전기의 크랭크 각 센서 등에서 사용된다.
② 발광할 때는 10 [mA] 정도의 전류가 필요하다.
③ 가시광선으로부터 적외선까지 다양한 빛을 발생한다.
④ 역방향으로 전류를 흐르게 하면 빛이 발생된다.

해설 발광 다이오드
㉠ 순방향으로 전류를 흐르게 하였을 때 캐리어가 가지고 있는 에너지의 일부가 빛으로 되어 외부에 방사하는 다이오드이며, 자동차에서는 크랭크 각 센서, TDC 센서, 조향 휠 각도 센서, 차고 센서 등에 사용된다.
㉡ 발광 다이오드의 특징
- 발광할 때는 10 [mA] 정도의 전류가 필요하다.
- 가시광선으로부터 적외선까지 여러 가지 빛이 발생한다.
- 순방향으로 전류를 흐르면 빛이 발생한다.

51 자동차용 축전지의 비중 30 [℃] 에서 1.276이었다. 기준 온도 20 [℃]에서의 비중은?

① 1.269　　② 1.275
③ 1.283　　④ 1.290

해설 $S_{20} = S_t + 0.0007(t-20)$
$= 1.276 + 0.0007(30-20) = 1.283$
여기서, S_{20} : 20 [℃]에서의 전해액 비중
S_t : 측정 온도에서의 비중
t : 측정 시 온도

52 커먼레일 디젤 엔진 차량의 계기판에서 경고등 및 지시등의 종류가 아닌 것은?

① DPF 경고등
② 예열 플러그 작동 지시등
③ 연료 수분 감지 경고등
④ 연료 차단 지시등

해설 커먼레일 디젤 엔진(CRDI) 경고등 및 지시등
㉠ DPF 경고등 : 매연 입자가 일정량 이상 모이면 점등
㉡ 예열 플러그 작동 지시등 : 예열 플러그 작동 시간동안 점등
㉢ 연료 수분 감지 경고등 : 디젤 연료 필터에 수분이 일정량 이상 있을 때 점등

53 다음 중 발전기의 기전력 발생에 관한 설명으로 틀린 것은?

① 로터의 회전이 빠르면 기전력은 커진다.
② 로터 코일을 통해 흐르는 여자 전류가 크면 기전력은 커진다.
③ 코일의 권수와 도선의 길이가 길면 기전력은 커진다.
④ 자극의 수가 많아지면 여자되는 시간이 짧아져 기전력이 작아진다.

해설 기전력 상승시키는 방법
㉠ 자극의 수를 많게 한다.
㉡ 여자 전류를 크게 한다.
㉢ 로터의 회전을 빠르게 한다.
㉣ 코일의 권수와 도선의 길이를 길게 한다.

54 계기판의 주차 브레이크등이 점등되는 조건이 아닌 것은?

① 주차 브레이크가 당겨져 있을 때
② 브레이크액이 부족할 때
③ 브레이크 페이드 현상이 발생했을 때
④ EBD 시스템에 결함이 발생했을 때

해설 계기판의 주차 브레이크등 점등 조건
㉠ 브레이크액의 부족
㉡ 주차 브레이크가 당겨져 있을 때
㉢ EBD 시스템의 결함 발생
※ 페이드 현상 : 내리막길 등에서 브레이크 페달을 계속 밟고 있으면 마찰열로 인한 마찰력 저하로 브레이크의 미끄럼 현상

ANSWER 49 ① 50 ④ 51 ③ 52 ④ 53 ④ 54 ③

55 **자동차의 안전 기준에서 제동등이 다른 등화와 겸용하는 경우 제동 조작 시 그 광도가 몇 배 이상 증가하여야 하는가?**

① 2배 ② 3배
③ 4배 ④ 5배

해설 제동등은 주행 중인 자동차가 제동하고 있음을 나타내는 등화 장치로, 뒤따르는 차량의 사고 방지를 위해 매우 중요한 등화 장치이다. 따라서 다른 등화와 겸용할 경우 그 광도가 3배 이상 증가하여야 한다.

56 **용량과 전압이 같은 축전지 2개를 직렬로 연결할 때의 설명으로 옳은 것은?**

① 용량은 축전지 2개와 같다.
② 용량과 전압 모두 2배로 증가한다.
③ 전압이 2배로 증가한다.
④ 용량은 2배로 증가하지만 전압은 같다.

해설 배터리의 직렬 연결
㉠ 직렬 연결이란 전압과 용량이 동일한 축전지 2개 이상을 (+)단자와 연결 대상 축전지의 (−)단자에 서로 연결하는 방식이다.
㉡ 직렬로 연결하면 축전지 용량은 1개일 경우와 같으며 전압은 연결한 축전지수만큼 증가한다.

57 **교류 발전기 발전 원리에 응용되는 법칙은?**

① 플레밍의 왼손 법칙 ② 플레밍의 오른손 법칙
③ 옴의 법칙 ④ 자기 포화의 법칙

해설 교류 발전기의 장점
㉠ 기계식 정류 장치가 없어 회전 속도 범위가 넓다.
㉡ 엔진 공회전 시에도 발전이 가능하다.
㉢ 출력에 비해 중량이 가볍다.
㉣ 정류자 브러시가 없어 수명이 길다.
㉤ 컷아웃 릴레이가 없다(+다이오드).

58 **납산 축전지의 온도가 낮아졌을 때 발생되는 현상이 아닌 것은?**

① 전압이 떨어진다.
② 전해액의 비중이 내려간다.
③ 용량이 적어진다.
④ 동결하기 쉽다.

해설 축전지 온도 하강 시 현상
㉠ 전압과 전류가 낮아진다.
㉡ 용량이 줄어든다.
㉢ 전해액 비중이 올라간다.
㉣ 동결하기 쉽다.

59 **ECU에 입력되는 스위치 신호 라인에서 OFF 상태의 전압이 5 [V]로 측정되었을 때 설명으로 옳은 것은?**

① 스위치의 신호는 아날로그 신호이다.
② ECU 내부의 인터페이스는 소스(source) 방식이다.
③ ECU 내부의 인터페이스는 싱크(sink) 방식이다.
④ 스위치를 닫았을 때 2.5 [V] 이하면 정상적으로 신호처리를 한다.

해설
- **소스 전류** : 모듈을 기준으로 전류를 내보내는 방식이며, 칩의 출력과 0 [V] 사이에 소자를 연결하여 출력이 High일 때 동작한다.
- **싱크 전류** : 모듈을 기준으로 전류가 입력되는 방식이며, 칩의 출력과 (+)전원 사이에 소자를 연결하여 칩의 출력이 Low(0 [V])일 때 동작한다.

60 **편의 장치 중 중앙 집중식 제어 장치(ETACS 또는 ISU) 입 · 출력 요소의 역할에 대한 설명으로 틀린 것은?**

① INT 볼륨 스위치 : INT 볼륨 위치 검출
② 모든 도어 스위치 : 각 도어 잠김 여부 검출
③ 키 리마인드 스위치 : 키 삽입 여부 검출
④ 와셔 스위치 : 열선 작동 여부 검출

해설 에탁스(ETACS) 제어 기능
㉠ 감광식 룸램프 제어
㉡ 와셔 연동 와이퍼 제어

ANSWER / 55 ② 56 ③ 57 ② 58 ② 59 ③ 60 ④

㉢ 간헐 와이퍼(INT) 제어
㉣ 이그니션 키 홀 조명 제어
㉤ 파워 윈도우 타이머 제어
㉥ 점화키 회수 제어
㉦ 오토 도어록 제어
㉧ 중앙 집중식 도어 잠금 장치 제어
㉨ 도어 열림 경고 제어
④ 와셔 스위치는 와셔 모터를 작동시켜 와셔 액을 분사할 수 있게 한다.

61 브레이크등 회로에서 12 [V] 축전지에 24 [W]의 전구 2개가 연결되어 점등된 상태라면 합성 저항[Ω]은?

① 2
② 3
③ 4
④ 6

해설 소비전력 = 24[W] + 24[W] = 48[W]

$$R = \frac{E^2}{P} = \frac{12^2[\mathrm{V}]}{48[\mathrm{W}]} = 3[\Omega]$$

여기서, R : 저항 [Ω]
E : 전압 [V]
P : 전력 [W]

62 에어컨 매니폴드 게이지(압력 게이지) 접속 시 주의 사항으로 틀린 것은?

① 매니폴드 게이지를 연결할 때에는 모든 밸브를 잠근 후 실시한다.
② 냉매가 에어컨 사이클에 충전되어 있을 때에는 충전 호스, 매니폴드 게이지 밸브를 전부 잠근 후 분리한다.
③ 황색 호스를 진공 펌프나 냉매 회수기 또는 냉매 충전기에 연결한다.
④ 진공 펌프를 작동시키고 매니폴드 게이지 센터 호스를 저압 라인에 연결한다.

해설 매니폴드 게이지 센터 호스는 진공 펌프 흡입구에 연결한다.

63 전자 제어 배전 점화 방식(DLI : Distributor Less Ignition)에 사용되는 구성품이 아닌 것은?

① 파워트랜지스터
② 원심 진각 장치
③ 점화코일
④ 크랭크 각 센서

해설 DLI(Distributor Iess Ignition) 점화 장치는 ECU가 크랭크 각 센서의 입력 신호를 연산하여 진각하므로 원심 진각 장치가 없다.

64 다음 중 반도체에 대한 특징으로 틀린 것은?

① 극히 소형이며 가볍다.
② 예열 시간이 불필요하다.
③ 내부 전력 손실이 크다.
④ 정격값 이상이 되면 파괴된다.

해설 반도체의 장점
㉠ 극히 소형이며 가볍고 기계적으로 강하다.
㉡ 예열 시간이 불필요하다.
㉢ 내부 전력 손실이 작다.
㉣ 내진성이 크고, 수명이 길다.
㉤ 내부의 전압 강하가 작다.

65 기동 전동기에 많은 전류가 흐르는 원인으로 옳은 것은?

① 높은 내부 저항
② 전기자 코일의 단선
③ 내부 접지
④ 계자 코일의 단선

해설 기동 전동기 내부 저항이 크면 전류가 작게 흐르며, 전기자 코일과 계자 코일이 단선되었을 때는 전류가 흐르지 않는다. 기동 전동기에 많은 전류가 흐르게 되는 원인은 내부 접지이다.

66 축전지 단자의 부식을 방지하기 위한 방법으로 옳은 것은?

① 경유를 바른다.
② 그리스를 바른다.
③ 엔진 오일을 바른다.
④ 탄산나트륨을 바른다.

해설 축전지 단자의 부식 방지를 위해 축전지 단자에 그리스를 발라두는 것이 좋다.

ANSWER / 61 ② 62 ④ 63 ② 64 ③ 65 ③ 66 ②

67 축전기(condenser)에 저장되는 정전 용량을 설명한 것으로 틀린 것은?

① 가해지는 전압에 정비례한다.
② 금속판 사이의 거리에 정비례한다.
③ 상대하는 금속판의 면적에 정비례한다.
④ 금속판 사이 절연체의 절연도에 정비례한다.

해설 축전기의 정전 용량
㉠ 금속판 사이 절연물의 절연도에 정비례한다.
㉡ 가한 전압에 정비례한다.
㉢ 마주보는 금속판의 면적에 정비례한다.
㉣ 금속판 사이의 거리에 반비례한다.

68 IC 방식의 전압 조정기가 내장된 자동차용 교류 발전기의 특징으로 틀린 것은?

① 스테이터 코일 여자 전류에 의한 출력이 향상된다.
② 접점이 없기 때문에 조정 전압의 변동이 없다.
③ 접점 방식에 비해 내진성 · 내구성이 크다.
④ 접점 불꽃에 의한 노이즈가 없다.

해설 IC 방식의 전압 조정기가 내장된 교류 발전기의 특징은 접점이 없기 때문에 조정전압의 변동이 작고 접점 방식에 비해 내진성 · 내구성이 크며, 접점 불꽃에 의한 노이즈가 없다.

69 계기판의 속도계가 작동하지 않을 때 고장 부품으로 옳은 것은?

① 차속 센서
② 흡기 매니폴드 압력 센서
③ 크랭크각 센서
④ 냉각 수온 센서

해설 계기판의 속도계가 작동하지 않으면 차속 센서(VSS)에 결함을 점검한다.

70 완전 충전된 납산 축전지에서 양극판의 성분(물질)으로 옳은 것은?

① 과산화납
② 납
③ 해면상납
④ 산화물

해설 납산 축전지가 완전 충전되면 (+)극판은 과산화납(PbO_2), (−)극판은 해면상납(Pb), 전해액은 묽은 황산(H_2SO_4)이다.

71 기관에 설치 된 상태에서 시동 시(크랭크 시) 기동 전동기에 흐르는 전류와 회전수를 측정하는 시험은?

① 단선 시험 ② 단락 시험
③ 접지 시험 ④ 부하 시험

해설 부하 시험은 기동 전동기가 기관에 설치된 상태에서 시동할 때 기동 전동기에 흐르는 전류와 회전수를 측정하는 시험이다.

72 R-12의 염소(Cl)로 인한 오존층 파괴를 줄이고자 사용하고 있는 자동차용 대체 냉매는?

① R-134a ② R-22a
③ R-16a ④ R-12a

해설 신냉매인 R-134a는 프로엔 가스라 불리는 R-12 냉매에 비해 오존층의 파괴를 줄이고 온실효과를 줄이는 대체 냉매이다.

73 그림과 같이 측정했을 때 저항값[Ω]은?

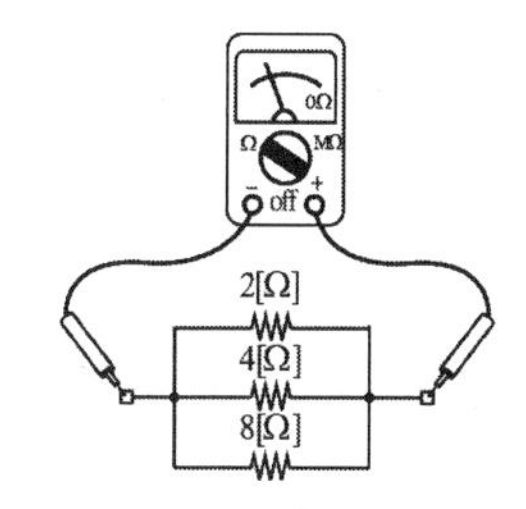

① 14 ② 1/14
③ 8/7 ④ 7/8

해설 병렬 합성 저항 $\frac{1}{R} = \frac{1}{R_1} + \frac{1}{R_2} + \cdots + \frac{1}{R_n}$

$$= \frac{1}{2} + \frac{1}{4} + \frac{1}{8} = \frac{7}{8}[\Omega]$$

$\therefore R = \frac{8}{7}[\Omega]$

ANSWER 67 ② 68 ① 69 ① 70 ① 71 ④ 72 ① 73 ④

74 도어 록 제어(door lock control)에 대한 설명으로 옳은 것은?

① 점화 스위치 ON 상태에서만 도어를 Unlock으로 제어한다.
② 점화 스위치를 OFF로 하면 모든 도어 중 하나라도 록상태일 경우 전 도어를 록(lock)시킨다.
③ 도어 록 상태에서 주행 중 충돌 시 에어백 ECU로부터 에어백 전개 신호를 입력받아 모든 도어를 Unlock시킨다.
④ 도어 Unlock 상태에서 주행 중 차량 충돌 시 충돌 센서로부터 충돌 정보를 입력받아 승객의 안전을 위해 모든 도어를 잠김(lock)으로 한다.

해설 에어백과 도어 록 제어(door lock control) : 주행 중 차속 센서의 신호를 받아 일정 속도 이상 주행 시 자동으로 도어 록되며, 도어 록 상태에서 주행 중 에어백 ECU로부터 에어백 전개(펴짐) 신호를 입력받으면 모든 도어를 Unlock시킨다.

75 자동차의 기동 전동기 탈·부착 작업 시 안전에 대한 유의 사항으로 틀린 것은?

① 배터리 단자에서 터미널을 분리시킨 후 작업한다.
② 차량 아래에서 작업 시 보안경을 착용하고 작업한다.
③ 기동 전동기를 고정시킨 후 배터리 단자를 접속한다.
④ 배터리 벤트 플러그는 열려 있는지 확인 후 작업한다.

해설 배터리의 벤트 플러그가 열려 있어서는 안 된다.
※ **벤트 플러그** : 축전지 커버에 설치되어 있으며, 전해액이나 물을 보충하고 막는 마개로 중앙에 구멍이 있어 축전지 내부에서 발생된 가스나 산소를 방출하는 역할을 한다.

76 납산 축전지(battery)의 방전 시 화학 반응에 대한 설명으로 틀린 것은?

① 극판의 과산화납은 점점 황산납으로 변한다.
② 극판의 해면상납은 점점 황산납으로 변한다.
③ 전해액은 물만 남게 된다.
④ 전해액의 비중은 점점 높아진다.

해설 축전지 방전 시 전해액의 비중은 점점 낮아지며, (+)극판의 과산화납(PbO_2)과 (−)극판의 해면상납(Pb)은 배터리의 극판에 서서히 형성되는 딱딱하고 녹지 않는 화합물 황산납($PbSO_4$)으로, 전해액인 묽은 황산은 물로 변한다.

77 **엔진 오일 압력이 일정 이하로 떨어졌을 때 점등되는 경고등은?**

① 연료 잔량 경고등　　② 주차 브레이크등
③ 엔진 오일 경고등　　④ ABS 경고등

해설 경고등의 계기판 점등
㉠ 엔진 오일 경고등 : 엔진 오일이 일정 압력 이하일 때
㉡ 연료 잔량 경고등 : 연료의 양이 부족할 때
㉢ 주차 브레이크 등 : 주차 브레이크 작동, 브레이크 액 부족
㉣ ABS 경고등 : 브레이크 스위치 불량, ABS 모듈 불량 등

78 **트랜지스터(TR)의 설명으로 틀린 것은?**

① 증폭 작용을 한다.
② 스위칭 작용을 한다.
③ 아날로그 신호를 디지털 신호로 변환한다.
④ 이미터, 베이스, 컬렉터의 리드로 구성되어 있다.

해설 트랜지스터는 이미터, 베이스, 컬렉터로 구성되어 증폭과 스위칭 작용을 한다. 아날로그 신호를 디지털 신호로 변환하는 것은 A/D 컨버터이다.

79 **현재의 연료 소비율, 평균 속도, 항속 가능 거리 등의 정보를 표시하는 시스템으로 옳은 것은?**

① 종합 경보 시스템(ETACS 또는 ETWIS)
② 엔진 · 변속기 통합 제어 시스템(ECM)
③ 자동 주차 시스템(APS)
④ 트립(trip) 정보 시스템

해설 트립 정보 시스템(trip computer)은 주행 거리, 주행 가능 거리, 평균 속도, 주행 시간, 연료 소비율 등 차량의 주행과 관련된 정보를 표시해 운전자에게 주행 정보를 전달한다.

ANSWER / 74 ③ 75 ④ 76 ④ 77 ③ 78 ③ 79 ④

80 발전기 스테이터 코일의 시험 중 그림은 어떤 시험인가?

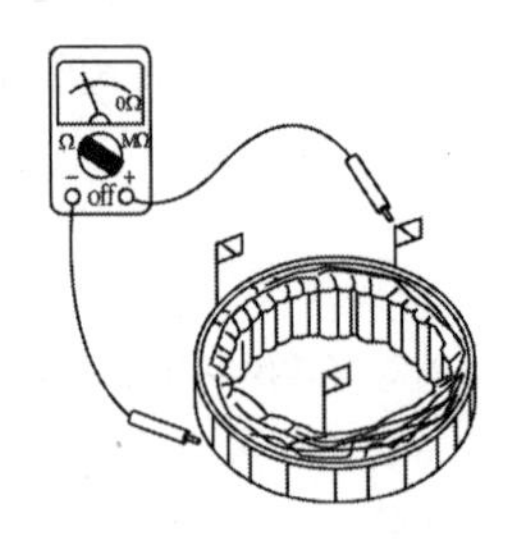

① 코일과 철심의 절연 시험
② 코일의 단선 시험
③ 코일과 브러시의 단락 시험
④ 코일과 철심의 전압 시험

해설 스테이터 코일에서 코일과 철심의 절연 시험을 하고 있다.

81 점화 코일의 1차 저항을 측정할 때 사용하는 측정기로 옳은 것은?

① 진공 시험기
② 압축 압력 시험기
③ 회로 시험기
④ 축전지 용량 시험기

해설 점화 코일 1차 저항은 회로 시험기를 이용하여 측정한다.

82 전자 제어 방식의 뒷유리 열선 제어에 대한 설명으로 틀린 것은?

① 엔진 시동 상태에서만 작동한다.
② 열선은 병렬 회로로 연결되어 있다.
③ 정확한 제어를 위해서 릴레이를 사용하지 않는다.
④ 일정 시간 작동 후 자동으로 OFF된다.

해설 뒷유리 열선 제어는 엔진 시동 상태에서만 작동하며, 정확한 제어를 위해 열선 릴레이를 사용하며, 열선은 병렬 회로로 연결되어 있고, 일정 시간 작동 후 자동으로 OFF된다.

83 디젤 승용 자동차의 시동 장치 회로 구성 요소로 틀린 것은?

① 축전지
② 기동 전동기
③ 점화 코일
④ 예열 · 시동 스위치

해설 디젤 기관의 시동 회로는 축전지, 예열 장치, 시동 스위치, 기동 전동기가 있으며 디젤 기관은 압축 착화 방식이므로 점화 장치를 사용하지 않는다.

84 PNP형 트랜지스터의 순방향 전류는 어떤 방향으로 흐르는가?

① 컬렉터에서 베이스로
② 이미터에서 베이스로
③ 베이스에서 이미터로
④ 베이스에서 컬렉터로

해설 트랜지스터의 흐름
㉠ PNP형 트랜지스터 : 베이스에 (−)신호가 가해지면 이미터에서 컬렉터로 흐른다.
㉡ NPN형 트랜지스터 : 베이스에 (+)신호가 가해지면 컬렉터에서 이미터로 흐른다.

85 축전지의 극판이 영구 황산납으로 변하는 원인으로 틀린 것은?

① 전해액이 모두 증발되었다.
② 방전된 상태로 장기간 방치하였다.
③ 극판이 전해액에 담겨 있다.
④ 전해액 비중이 너무 높은 상태로 관리하였다.

해설 극판의 영구 황산납으로의 변화 원인
㉠ 장기간 방전 상태로 방치하였을 때
㉡ 전해액의 비중이 너무 높거나 낮을 때
㉢ 전해액에 불순물이 포함되어 있을 때
㉣ 전해액이 모두 증발되어 극판이 노출되었을 때

86 백워닝(후방 경보) 시스템의 기능과 가장 거리가 먼 것은?

① 차량 후방의 장애물은 감지하여 운전자에게 알려주는 장치이다.
② 차량 후방의 장애물은 초음파 센서를 이용하여 감지한다.
③ 차량 후방의 장애물 감지 시 브레이크가 작동하여 차속을 감속시킨다.
④ 차량 후방의 장애물 형상에 따라 감지되지 않을 수도 있다.

해설 백워닝 시스템(후방 감지 시스템)은 차량 후방의 장애물을 감지해 운전자에게 알려주며, 초음파 센서를 이용해 장애물을 감지한다. 장애물의 형상에 따라 감지가 되지 않는 경우도 있다.

ANSWER / 80 ① 81 ③ 82 ③ 83 ③ 84 ② 85 ③ 86 ③

87 2개 이상의 배터리를 연결하는 방식에 따라 용량과 전압 관계의 설명으로 맞는 것은?

① 직렬 연결 시 1개 배터리 전압과 같으며 용량은 배터리수만큼 증가한다.
② 병렬 연결 시 용량은 배터리수만큼 증가하지만 전압은 1개 배터리 전압과 같다.
③ 병렬 연결이란 전압과 용량 동일한 배터리 2개 이상을 (+)단자와 연결 대상 배터리의 (−)단자에, (−)단자는 (+)단자로 연결하는 방식이다.
④ 직렬 연결이란 전압과 용량이 동일한 배터리 2개 이상을 (+)단자와 연결 대상 배터리의 (+)단자에 서로 연결하는 방식이다.

해설 배터리의 연결
㉠ 병렬 연결 : 전압 및 용량이 동일한 배터리 2개 이상을 (+)와 (+)를 연결하고, (−)와 (−)를 연결하는 방식으로, 배터리 전압은 1개일 경우와 같으며 용량은 배터리수만큼 증가한다.
㉡ 직렬 연결 : 전압 및 용량이 동일한 배터리 2개 이상을 (+)와 (−)를 연결하는 방식으로, 배터리 용량은 1개일 경우와 같으며 전압은 연결한 배터리수만큼 증가한다.

88 저항이 4 [Ω]인 전구를 12 [V]의 축전지에 의하여 점등했을 때 접속이 올바른 상태에서 전류 [A]는 얼마인가?

① 4.8　　② 2.4
③ 3.0　　④ 6.0

해설 옴의 법칙 $I=\frac{E}{R}$, $E=IR$, $R=\frac{E}{I}$

$\therefore\ I=\frac{E}{R}=\frac{12[\text{V}]}{4[\Omega]}=3[\text{A}]$

여기서, I : 전류, E : 전압, R : 저항

89 기동 전동기의 작동 원리는 무엇인가?

① 렌츠 법칙　　② 앙페르 법칙
③ 플레밍 왼손 법칙　　④ 플레밍 오른손 법칙

해설 플레밍의 왼손 법칙 : 왼손의 엄지, 인지, 가운데 손가락을 서로 직각이 되도록 펴고 인지는 자력선 방향, 가운데 손가락을 전류의 방향에 일치시키면 도체에는 엄지손가락 방향으로 전자력이 작동한다는 법칙으로, 전류계 · 전압계 등의 원리로 사용한다.

90 발전기의 3상 교류에 대한 설명으로 틀린 것은?

① 3조의 코일에서 생기는 교류 파형이다.
② Y결선을 스타 결선, Δ결선을 델타 결선이라 한다.
③ 각 코일에 발생하는 전압을 선간 전압이라고 하며, 스테이터 발생 전류는 직류 전류가 발생된다.
④ Δ결선은 코일의 각 끝과 시작점을 서로 묶어서 각각의 접속점을 외부 단자로 한 결선 방식이다.

해설 교류 발전기의 스테이터에서는 교류 전류가 발생하며, 실리콘 다이오드에 의해 직류로 정류되어 출력된다.

91 다음 중 자동차용 납산 축전지에 관한 설명으로 맞는 것은?

① 일반적으로 축전지의 음극 단자는 양극 단자보다 크다.
② 정전류 충전이란 일정한 충전 전압으로 충전하는 것을 말한다.
③ 일반적으로 충전시킬 때는 (+) 단자는 수소가, (−) 단자는 산소가 발생한다.
④ 전해액의 황산 비율이 증가하면 비중은 높아진다.

해설 납산 축전지의 특징
㉠ 충전시킬 때는 (+) 단자에서 산소가, (−)단자에서는 수소가 발생한다.
㉡ 축전지의 음극 단자는 양극 단자보다 가늘다.
㉢ 정전류 충전이란 일정한 충전 전류 · 전압으로 충전하는 것을 말한다.

92 다음 그림의 기호는 어떤 부품을 나타내는 기호인가?

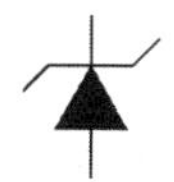

① 실리콘 다이오드　② 발광 다이오드
③ 트랜지스터　④ 제너 다이오드

해설 제너 다이오드 : 기준 전압 이상이 되면 역방향으로 전류가 흐르는 반도체이다.

ANSWER / 87 ② 88 ③ 89 ③ 90 ③ 91 ④ 92 ④

93 계기판의 엔진 회전계가 작동하지 않는 결함의 원인에 해당되는 것은?

① VSS(Vehicle Speed Sensor) 결함
② CPS(Crankshaft Position Sensor) 결함
③ MAP(Manifold Absolute Pressure Sensor) 결함
④ CTS(Coolant Temperature Sensor) 결함

해설 계기판의 엔진 회전계는 크랭크 포지션센서(CPS)의 신호를 받아 작동하므로, 엔진 회전계가 작동하지 않는 것은 크랭크 포지션센서의 결함이다.

94 다음 중 가속도(G) 센서가 사용되는 전자 제어 장치는?

① 에어백(SRS) 장치
② 배기 장치
③ 정속 주행 장치
④ 분사 장치

해설 가속도(G) 센서는 차량의 충돌 시 가 · 감 속도를 감지하여 에어백 작동 유무를 판정한다.

95 논리 회로에서 AND 게이트의 출력이 High(1)로 되는 조건은?

① 양쪽의 입력이 High일 때
② 한쪽의 입력만 Low일 때
③ 한쪽의 입력만 High일 때
④ 양쪽의 입력이 Low일 때

해설 AND 회로는 입력 신호가 모두 High(1)일 때 출력이 1이 되는 회로이다.

OR 회로 (논리합 회로)	입력 A, B → 출력 C 입력측의 어느 쪽(A나 B) 또는 양방에서 1이 들어오면 출력측 C에서 1이 나온다.
AND 회로 (논리곱 회로)	입력 A, B → 출력 C 입력측 두 개의 단자(A와 B)에 1이 들어오지 않으면 출력측에 1이 나오지 않는다.
NOT 회로 (부정 회로)	입력 A → 출력 C 입력측에 1이 들어오면 출력측에 0이 입력측에 0이 들어오면 출력측에 1이 나온다.

96 자동차에서 축전지를 떼어낼 때 작업 방법으로 가장 옳은 것은?

① 접지 터미널을 먼저 푼다.
② 양터미널을 함께 푼다.
③ 벤트 플러그(vent plug)를 열고 작업한다.
④ 극성에 상관없이 작업성이 편리한 터미널부터 분리한다.

해설 축전지(배터리)를 분리할 때는 접지 터미널(케이블)을 먼저 풀고, 설치할 때는 나중에 설치한다.

97 일반적으로 발전기를 구동하는 축은?

① 캠축
② 크랭크축
③ 앞차축
④ 컨트롤로드

해설 발전기는 엔진 크랭크축 풀리에 의해 V벨트를 통하여 구동된다.

98 다음 중 자기 유도 작용과 상호 유도 작용 원리를 이용한 것은?

① 발전기
② 점화 코일
③ 기동 모터
④ 축전지

해설 점화 장치에는 점화 코일, 고압 케이블, 점화 플러그 등의 구성품이 있으며, 점화 코일은 자기 유도 작용과 상호 유도 작용 원리를 이용하여 기관에 점화하여 연소를 일으키게 하는 장치이다.

99 링기어 이의 수가 120, 피니언 이의 수가 12이고, 1,500 [cc]급 엔진의 회전 저항이 6 [m · kg_f]일 때 기동 전동기의 필요한 최소 회전력 [m · kg_f]은?

① 0.6
② 2
③ 20
④ 6

해설

$$\text{필요 최소 회전력} = \frac{\text{피니언 잇수}}{\text{링기어 잇수}} \times \text{엔진 회전 저항}$$

$$= \frac{12}{120} \times 6 = 0.6[\text{m} \cdot \text{kg}_f]$$

ANSWER / 93 ② 94 ① 95 ① 96 ① 97 ② 98 ② 99 ①

100 자동차용 배터리의 충·방전에 관한 화학 반응으로 틀린 것은?

① 배터리 방전 시 (+)극판의 과산화납은 점점 황산납으로 변화한다.
② 배터리 충전 시 (+)극판의 황산납은 점점 과산화납으로 변화한다.
③ 배터리 충전 시 물은 묽은 황산으로 변한다.
④ 배터리 충전 시 (−)극판에는 산소가, (+)극판에는 수소를 발생시킨다.

해설 납산 축전지의 충·방전 중의 화학 작용
㉠ 방전 시 양극판의 과산화납은 황산납으로 변한다.
㉡ 방전 시 음극판의 해면상납은 황산납으로 변한다.
㉢ 충전 시 양극판의 황산납은 과산화납으로 변한다.
㉣ 충전 시 (−)극판에서는 수소가, (+)극판에서는 산소를 발생시킨다.
㉤ 충전 시 음극판의 황산납은 해면상납으로 변한다.

101 자동차 에어컨에서 고압의 액체 냉매를 저압의 기체 냉매로 바꾸는 구성품은?

① 압축기(compressor)
② 리퀴드 탱크(liquid tank)
③ 팽창 밸브(expansion valve)
④ 증발기(evaporator)

해설 에어컨의 구조 및 작용
㉠ 압축기(compressor) : 증발기에서 기화된 냉매를 고온·고압 가스로 변환시켜 응축기로 보낸다.
㉡ 응축기(condenser) : 라디에이터 앞쪽에 설치되어 주행속도와 냉각팬의 작동에 의해 고온·고압의 기체 냉매를 응축하여 고온·고압의 액체 냉매로 만든다.
㉢ 리시버 드라이어(receiver dryer) : 응축기에서 보내온 냉매를 일시 저장하고 항상 액체 상태의 냉매를 팽창 밸브로 보낸다.
㉣ 팽창 밸브(expansion valve) : 고온·고압의 액체 냉매를 급격히 팽창시켜 저온·저압의 무상(기체) 냉매로 변화시켜 준다.
㉤ 증발기(evaporator) : 주위의 공기로부터 열을 흡수하여 기체 상태의 냉매로 변환시킨다.
㉥ 송풍기(blower) : 직류 직권 전동기에 의해 구동되며 공기를 증발기에 순환시킨다.

102 자동차 전기 장치에서 "유도 기전력은 코일 내의 자속의 변화를 방해하는 방향으로 생긴다."는 현상을 설명한 것은?

① 앙페르의 법칙
② 키르히호프의 제1법칙
③ 뉴턴의 제1법칙
④ 렌츠의 법칙

해설 렌츠의 법칙 : 자력선을 변화시켰을 때 유도 기전력은 코일 내의 자속 변화를 방해하는 방향으로 생긴다.

103 다음 중 R-134a 냉매의 특징을 설명한 것으로 틀린 것은?

① 액화 및 증발되지 않아 오존층이 보호된다.
② 무색 · 무취 · 무미하다.
③ 화학적으로 안정되고 내열성이 좋다.
④ 온난화 계수가 구냉매보다 낮다.

해설 신냉매(R-134a)의 특징
㉠ 다른 물질과 쉽게 반응하지 않는다.
㉡ R-12(구냉매)와 유사한 열역학적 성질이 있다.
㉢ 온난화 계수가 구냉매(R-12)보다 낮다.
㉣ 불연성이고 독성이 없다.
㉤ 오존을 파괴하는 염소가 없다.
㉥ 무색 · 무취 · 무미하다.
㉦ 화학적으로 안정되고 내열성이 좋다.

104 주행 계기판의 온도계가 작동하지 않을 경우 점검을 해야 할 곳은?

① 공기 유량 센서 ② 냉각 수온 센서
③ 에어컨 압력 센서 ④ 크랭크 포지션 센서

해설 계기판의 온도계 작동 불량 시 냉각 수온 센서(WTS)를 점검한다.

105 모터나 릴레이 작동 시 라디오에 유기되는 일반적인 고주파 잡음을 억제하는 부품으로 맞는 것은 무엇인가?

① 트랜지스터 ② 볼륨
③ 콘덴서 ④ 동소기

해설 라디오에 유기되는 일반적인 고주파 잡음은 모터나 릴레이 작동 시 발생되고, 콘덴서(축전기)는 이를 억제하는 역할을 한다.

106 자동차 에어컨 시스템에 사용되는 컴프레서 중 가변 용량 컴프레서의 장점이 아닌 것은?

① 냉방 성능 향상 ② 소음 진동 향상
③ 연비 향상 ④ 냉매 충진 효율 향상

ANSWER / 100 ④ 101 ③ 102 ④ 103 ① 104 ② 105 ③ 106 ④

해설 가변 용량 컴프레서는 불필요한 소요 동력의 절감으로 연비를 향상시키고, 냉방 성능을 향상시키며, 소음 진동을 향상시키는 역할을 하여 에어컨 시스템의 쾌적성을 향상시킨다.

107 다음 중 기동 전동기 무부하 시험을 할 때 필요 없는 것은?

① 전류계 ② 저항 시험기
③ 전압계 ④ 회전계

해설 기동 전동기 무부하 시험에는 전류계, 전압계, 회전계, 스위치, 가변 저항 등이 필요하다.

108 엔진 정지 상태에서 기동 스위치를 'ON' 시켰을 때 축전지에서 발전기로 전류가 흘렀다면 그 원인은?

① ⊕ 다이오드가 단락되었다. ② ⊕ 다이오드가 절연되었다.
③ ⊖ 다이오드가 단락되었다. ④ ⊖ 다이오드가 절연되었다.

해설 ⊕ 다이오드 단락 시 키 ON하면 배터리 전류가 발전기로 흐른다.

109 자동차용 배터리에 과충전을 반복하면 배터리에 미치는 영향은?

① 극판이 황산화된다. ② 용량이 크게 된다.
③ 양극판 격자가 산화된다. ④ 단자가 산화된다.

해설 배터리를 충전하면 양극판이 과산화납으로 되돌아가는데, 과충전 시 양극판이 산화되며, 배터리 방전을 반복하면 극판이 황산화납이 된다.

※ 배터리 과충전 시 발생 현상
㉠ 전해액이 갈색으로 변한다.
㉡ 배터리 옆쪽이 부풀어 오른다.
㉢ 양극판 격자가 산화된다.

110 '회로 내의 어떤 한 점에 유입한 전류의 총합과 유출한 전류의 총합은 서로 같다.'는 법칙은?

① 렌츠의 법칙 ② 앙페르의 법칙
③ 뉴턴의 제1법칙 ④ 키르히로프의 제1법칙

해설 ① **렌츠의 법칙** : 유도 기전력은 코일 내 자속의 변화를 방해하는 방향으로 생긴다.
② **앙페르의 오른 나사 법칙** : 도체에 전류가 흐를 때 전류의 방향을 오른 나사의 진행 방향으로 하면 도체 주위에 오른 나사의 회전 방향으로 맴돌이 전류가 발생한다.
④ **키르히호프 제1법칙**(전류의 법칙) : 도체 내 임의의 한 점으로 유입된 전류의 총합은 유출한 전류의 총합과 같다.

111 전자 제어 점화 장치에서 점화 시기를 제어하는 순서는?

① 각종 센서 → ECU → 파워 트랜지스터 → 점화 코일
② 각종 센서 → ECU → 점화 코일 → 파워 트랜지스터
③ 파워 트랜지스터 → 점화 코일 → ECU → 각종 센서
④ 파워 트랜지스터 → ECU → 각종 센서 → 점화 코일

해설 크랭크 각 센서 등의 센서 신호가 ECU로 입력되면 ECU는 점화시기를 계산하여 파워TR을 ON, OFF 시켜 점화코일에서 고압을 발생시키게 된다.

112 부특성(NTC) 가변 저항을 이용한 센서는?

① 산소 센서
② 수온 센서
③ 조향각 센서
④ TDC 센서

해설 서미스터는 온도에 따라 저항값이 변하는 반도체 소자로, 온도가 올라갈 때 저항값이 커지면 정특성(PTC) 서미스터이고, 반대로 저항값이 내려가면 부특성(NTC) 서미스터라 한다. 부특성(NTC) 서미스터는 흡기 온도 센서, 수온 센서 등에 사용된다.

113 윈드 실드 와이퍼 장치의 관리 요령에 대한 설명으로 틀린 것은?

① 와이퍼 블레이드는 수시 점검 및 교환해 주어야 한다.
② 와셔액이 부족하면 와셔액 경고등이 점등된다.
③ 전면 유리는 왁스로 깨끗이 닦아 주어야 한다.
④ 전면 유리는 기름 수건 등으로 닦지 말아야 한다.

해설 전면 유리를 왁스로 닦게 되면, 와이퍼 블레이드가 미끌어지며 빗물이 잘 닦이지 않게 된다.

ANSWER / 107 ② 108 ① 109 ③ 110 ④ 111 ① 112 ② 113 ③

114 비중이 1.280(20[℃])의 묽은 황산 1[L] 속에 35[%](중량)의 황산이 포함되어 있다면 물은 몇 [g] 포함되어 있는가?

① 932　　② 832
③ 719　　④ 819

해설 묽은 황산 1[L]에 35[%]가 황산이면, 물은 65[%]이다. 비중=1.280×0.65)×10^3=832[g]
※ 10^3은 문제에 제시된 1[L]를 [g]으로 환산하기 위해 필요하다.

115 와이퍼 장치에서 간헐적으로 작동되지 않는 요인으로 거리가 먼 것은?

① 와이퍼 릴레이가 고장이다.
② 와이퍼 블레이드가 마모되었다.
③ 와이퍼 스위치가 불량이다.
④ 모터 관련 배선 접지가 불량이다.

해설 와이퍼는 와이퍼 스위치, 와이퍼 모터, 와이퍼 관련 배선, 와이퍼 퓨즈, 릴레이 등으로 구성되어 있는 전기 장치이며, 와이퍼 블레이드가 마모되어도 작동은 된다.

116 트랜지스터식 점화 장치는 어떤 작동으로 점화 코일의 1차 전압을 단속하는가?

① 증폭 작용　　② 자기 유도 작용
③ 스위칭 작용　　④ 상호 유도 작용

해설 트랜지스터식 점화 장치는 파워 트랜지스터(파워 TR)의 스위칭 작용으로, 점화 코일의 1차 전압을 단속한다. 점화 장치의 파워 TR은 ECU에서 파워 TR 베이스를 ON시키면 점화 코일의 1차 전류는 컬렉터에서 이미터로 흘러 점화 코일이 자화되고, 파워 TR을 OFF시키면 점화 코일에 발생된 고전압이 점화 플러그에 가해지게 되는 원리이다. 파워트랜지스터는 ECU(컴퓨터)에 의해 제어되는 베이스 단자, 점화 코일의 1차 코일과 연결되는 컬렉터 단자, 접지가 되는 이미터로 구성되어 있다.

117 다음 중 이모빌라이저 시스템에 대한 설명으로 틀린 것은?

① 차량의 도난을 방지할 목적으로 적용되는 시스템이다.
② 도난 상황에서 시동이 걸리지 않도록 한다.
③ 도난 상황에서 시동키가 회전되지 않도록 제어한다.
④ 엔진 시동은 반드시 차량에 등록된 키로만 시동이 가능하다.

해설 이모빌라이저 시스템은 차량에 따라 도난 방지 릴레이 등을 이용하여 시동키가 회전은 가능하나 시동이 걸리지 않도록 제어하여 차량의 도난을 방지하는 역할을 한다.

118 AC 발전기에서 전류가 발생하는 곳은?

① 전기자 ② 스테이터
③ 로터 ④ 브러시

해설 AC 발전기는 스테이터에서 전류가 발생한다.

119 주파수를 설명한 것 중 틀린 것은?

① 1[s]에 60회 파형이 반복되는 것을 60[Hz]라고 한다.
② 교류 파형이 반복되는 비율을 주파수라고 한다.
③ (1/주기)는 주파수와 같다.
④ 주파수는 직류의 파형이 반복되는 비율이다.

해설 주파수는 1[s] 동안 교류 파형이 반복되는 횟수를 의미한다.

120 자동차용 배터리의 급속 충전 시 주의사항으로 틀린 것은?

① 배터리를 자동차에 연결한 채 충전할 경우 접지(−) 터미널을 떼어 놓을 것
② 충전 전류는 용량값의 약 2배 정도의 전류로 할 것
③ 될 수 있는 대로 짧은 시간에 실시할 것
④ 충전 중 전해액 온도가 약 45[℃] 이상 되지 않도록 할 것

해설 배터리 급속 충전
㉠ 충전 중인 축전지에 충격을 가하지 않는다.
㉡ 충전 중 전해액 온도가 약 45[℃] 이상 되지 않도록 할 것
㉢ 충전 전류는 배터리 용량의 약 50[%]의 전류로 한다.
㉣ 충전 시간은 가능한 짧게 한다.
㉤ 통풍이 잘 되는 곳에서 충전한다.

ANSWER / 114 ② 115 ② 116 ③ 117 ③ 118 ② 119 ④ 120 ②

121 배터리 취급 시 틀린 것은?

① 전해액량은 극판 위 10 ~ 13[mm] 정도 되도록 보충한다.
② 연속 대전류로 방전되는 것은 금지해야 한다.
③ 전해액을 만들어 사용 할 때는 고무 또는 납그릇을 사용하되, 황산에 증류수를 조금씩 첨가하면서 혼합한다.
④ 배터리의 단자부 및 케이스면은 소다수로 세척한다.

해설 전해액을 만들어 사용할 때는 절연체 그릇을 사용하여야 하며 납 그릇은 황산과 반응하므로 사용하면 안 된다.

122 기동 전동기 정류자 점검 및 정비 시 유의 사항으로 틀린 것은?

① 정류자는 깨끗해야 한다.
② 정류자 표면은 매끈해야 한다.
③ 정류자는 줄로 가공해야 한다.
④ 정류자는 진원이어야 한다.

해설 기동 전동기 정류자는 브러시와 접촉하는 부분으로, 줄을 이용해 가공할 경우 정류자의 크기가 작아져 브러시와 접촉이 불량할 수 있다.

123 괄호 안에 알맞은 소자는?

> SRS(Supplemental Restraint System) 시스템 점검 시 반드시 배터리의 (−)터미널을 탈거 후 5분 정도 대기한 후 점검한다. 이는 ECU 내부에 있는 데이터를 유지하기 위한 내부 (　　)에 충전되어 있는 전하량을 방전시키기 위함이다.

① 서미스터　　② G센서
③ 사이리스터　　④ 콘덴서

해설 SRS(Supplemental Restraint System) 시스템 점검 시 배터리 (−) 터미널을 탈거 후 5분 정도 대기한 후 점검하는데 이것은 ECU 내부에 있는 데이터를 유지하기 위한 내부 콘덴서에 충전되어 있는 전하량을 방전시키기 위함이다.

124 적외선 전구에 의한 화재 및 폭발 위험성이 있는 경우와 거리가 먼 것은?

① 용제가 묻은 헝겊이나 마스킹 용지가 접촉한 경우
② 적외선 전구와 도장면이 필요 이상으로 가까운 경우
③ 상당한 고온으로 열량이 커진 경우
④ 상온 온도가 유지되는 장소에서 사용하는 경우

해설 상온의 온도가 유지되는 장소에서 사용하는 것은 정상적인 사용법이다.

125 4기통 디젤 기관에 저항이 0.8[Ω]인 예열 플러그를 각 기통에 병렬로 연결하였다. 이 기관에 설치된 예열 플러그의 합성저항은 몇 [Ω]인가? (단, 기관의 전원=24[V])

① 0.1　　② 0.2
③ 0.3　　④ 0.4

해설 병렬 합성 저항 $\frac{1}{R}=\frac{1}{R_1}+\frac{1}{R_2}+\frac{1}{R_3}\cdots\cdots\frac{1}{R_n}$

$$=\frac{1}{0.8}+\frac{1}{0.8}+\frac{1}{0.8}=\frac{8}{0.4}[\Omega]$$

$\therefore R=0.2[\Omega]$

126 다음 배터리 격리판에 대한 설명 중 틀린 것은?

① 격리판은 전도성이 있어야 한다.
② 전해액에 부식되지 않아야 한다.
③ 전해액의 확산이 잘 되어야 한다.
④ 극판에서 이물질을 내뿜지 않아야 한다.

해설 격리판(separator)

㉠ 격리판은 양극판과 음극판 사이에 끼워져 단락을 방지하고, 격리판의 홈이 있는 면을 양극판쪽으로 가게 하여, 과산화납에 의한 산화 부식을 방지한다.

㉡ 격리판의 구비 조건
- 비전도성일 것
- 전해액에 부식되지 않고 전해액 확산이 잘 될 것
- 기계적 강도가 있을 것
- 극판에서 이물질을 내뿜지 않을 것

ANSWER / 121 ③ 122 ③ 123 ④ 124 ④ 125 ② 126 ①

127 자동차용 납산 배터리를 급속 충전할 때 주의 사항으로 틀린 것은?

① 충전 시간을 가능한 길게 한다.
② 통풍이 잘 되는 곳에서 충전한다.
③ 충전 중 배터리에 충격을 가하지 않는다.
④ 전해액 온도가 약 45[℃]가 넘지 않도록 한다.

해설 배터리 급속 충전
㉠ 충전 중인 축전지에 충격을 가하지 않는다.
㉡ 충전 중 전해액 온도가 약 45[℃] 이상 되지 않도록 한다.
㉢ 충전 전류는 배터리 용량의 약 50[%]의 전류로 한다.
㉣ 충전 시간은 가능한 짧게 한다.
㉤ 통풍이 잘 되는 곳에서 충전한다.

128 스파크 플러그 표시 기호의 한 예이다. 열가를 나타내는 것은?

BP6ES

① P
② 6
③ E
④ S

해설 점화 플러그를 나타내는 표시 형식이다.
- B : 나사부의 지름
- P : 자기 돌출형
- 6 : 열가(열값)
- E : 나사 길이
- S : 표준형(standard)

129 AC 발전기의 출력 변화 조정은 무엇에 의해 이루어지는가?

① 엔진의 회전수
② 배터리의 전압
③ 로터의 전류
④ 다이오드 전류

해설 AC 발전기 출력 변화 조정은 로터 코일에 흐르는 전류를 조정하여 조정한다.

130 팽창 밸브식이 사용되는 에어컨 장치에서 냉매가 흐르는 경로로 맞는 것은?

① 압축기 → 증발기 → 응축기 → 팽창 밸브
② 압축기 → 응축기 → 팽창 밸브 → 증발기
③ 압축기 → 팽창 밸브 → 응축기 → 증발기
④ 압축기 → 증발기 → 팽창 밸브 → 응축기

해설 에어컨의 구조 및 작용

㉠ 압축기(compressor) : 증발기에서 기화된 냉매를 고온·고압가스로 변환시켜 응축기로 보낸다.

㉡ 응축기(condenser) : 라디에이터 앞쪽에 설치되어 주행 속도와 냉각 팬의 작동에 의해 고온·고압의 기체 냉매를 응축하여 고온·고압의 액체 냉매로 만든다.

㉢ 리시버 드라이어(receiver dryer) : 응축기에서 보내온 냉매를 일시 저장하고 항상 액체 상태의 냉매를 팽창 밸브로 보낸다.

㉣ 팽창 밸브(expansion valve) : 고온·고압의 액체 냉매를 급격히 팽창시켜 저온·저압의 무상(기체) 냉매로 변화시켜 준다.

㉤ 증발기(evaporator) : 주위의 공기로부터 열을 흡수하여 기체 상태의 냉매로 변환시킨다.

㉥ 송풍기(blower) : 직류직권 전동기에 의해 구동되며 공기를 증발기에 순환시킨다.

131 그림에서 I_1=5[A], I_2=2[A], I_3=3[A], I_4=4[A]라고 하면 I_5에 흐르는 전류[A]는?

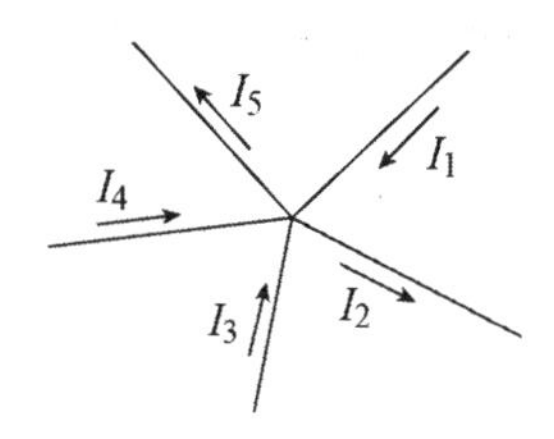

① 8
② 4
③ 2
④ 10

해설 키르히호프 제1법칙 : 들어간 전류의 합과 나오는 전류의 합은 같다.

유입 전류=유출 전류

$I_1 + I_3 + I_4 = I_2 + I_5$

$\therefore 5[A] + 3[A] + 4[A] = 2[A] + I_5$

$\therefore I_5 = 10[A]$

ANSWER / 127 ① 128 ② 129 ③ 130 ② 131 ④

132 **연료 탱크의 연료량을 표시하는 연료계의 형식 중 계기식의 형식에 속하지 않는 것은?**

① 밸런싱 코일식
② 연료면 표시기식
③ 서미스터식
④ 바이메탈 저항식

해설 연료계의 형식
㉠ 서미스터식 : 계기식
㉡ 밸런싱 코일식 : 계기식
㉢ 바이메탈 저항식 : 계기식
㉣ 연료면 표시기식 : 경고등식

133 **플레밍의 왼손법칙을 이용한 것은?**

① 충전기
② DC 발전기
③ AC 발전기
④ 전동기

해설 플레밍의 법칙
㉠ 왼손법칙 : 기동 전동기
㉡ 오른손법칙 : 발전기

134 **기동 전동기를 기관에서 떼어내고 분해하여 결함 부분을 점검하는 그림이다. 옳은 것은?**

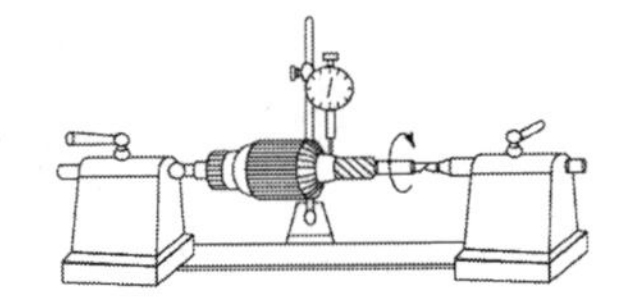

① 전기자 축의 휨 상태 점검
② 전기자 축의 마멸 점검
③ 전기자 코일 단락 점검
④ 전기자 코일 단선 점검

해설 중간에서 다이얼 게이지를 이용하여 기동 전동기 전기자 축의 휨 상태를 점검하는 방법이다.

135 **다음 중 드릴링 머신 작업을 할 때 주의 사항으로 틀린 것은?**

① 드릴은 주축에 튼튼하게 장치하여 사용한다.
② 공작물을 제거할 때는 회전을 완전히 멈추고 한다.
③ 가공 중에 드릴이 관통했는지를 손으로 확인한 후 기계를 멈춘다.
④ 드릴의 날이 무디어 이상한 소리가 날 때는 회전을 멈추고 드릴을 교환하거나 연마한다.

해설 드릴링 머신 가공 중에 드릴이 관통했는지 확인할 때는 드릴을 멈추고 확인한다.

136 에어컨의 구성 부품 중 고압의 기체 냉매를 냉각시켜 액화시키는 작용을 하는 것은?

① 압축기
② 응축기
③ 팽창 밸브
④ 증발기

해설 응축기(condenser) : 라디에이터 앞쪽에 설치되어 주행 속도와 냉각팬의 작동에 의해 고온 · 고압의 기체 냉매를 응축하여 고온 · 고압의 액체 냉매로 만든다.

137 전류에 대한 설명으로 틀린 것은?

① 자유 전자의 흐름이다.
② 단위는 [A]를 사용한다.
③ 직류와 교류가 있다.
④ 저항에 항상 비례한다.

해설 옴의 법칙
㉠ 전류는 저항에 반비례하고, 전압에 비례한다.
㉡ $I=\dfrac{E}{R}$
여기서, I : 전류, E : 전압, R : 저항

138 자동차용 교류 발전기에 대한 특성 중 거리가 가장 먼 것은?

① 브러시 수명이 일반적으로 직류 발전기보다 길다.
② 중량에 따른 출력이 직류 발전기보다 약 1.5배 정도 높다.
③ 슬립링 손질이 불필요하다.
④ 자여자 방식이다.

해설 교류 발전기의 특징
㉠ 저속에서 충전 성능이 좋다.
㉡ 소형 경량으로, 수명이 길다.
㉢ 다이오드를 사용하므로 정류 특성이 좋다.
㉣ 속도 변동에 따른 적응 범위가 넓다.
㉤ 실리콘 다이오드로 정류하고, 역류를 방지한다.

ANSWER / 132 ② 133 ④ 134 ① 135 ③ 136 ② 137 ④ 138 ④

ⓑ 슬립링 손질이 불필요하다.
ⓢ 로터는 안쪽에, 스테이터가 바깥에 설치되어 방열이 좋다.
ⓞ 타여자 방식이다.

139 **일반적으로 에어백(air bag)에 가장 많이 사용되는 가스(gas)는?**

① 수소 ② 이산화탄소
③ 질소 ④ 산소

해설 에어백(air bag)에 사용되는 가스는 질소(N_2)를 사용한다.

140 **기동 전동기 무부하 시험을 하려고 한다. A와 B에 필요한 것은?**

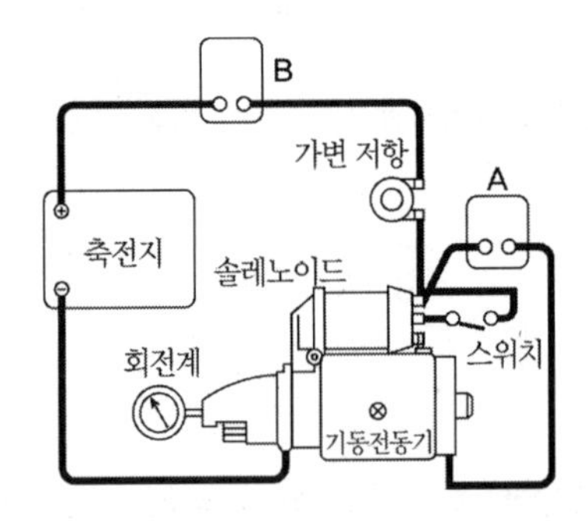

① A : 전류계, B : 전압계 ② A : 전압계, B : 전류계
③ A : 전류계, B : 저항계 ④ A : 저항계, B : 전압계

해설 A는 전압 강하를 알기 위한 전압계를 설치하고, B는 소모 전류 시험을 위한 전류계를 설치한다.

141 **다음은 축전지의 충·방전 화학식이다. ( ) 속에 해당 되는 것은?**

$$PbO_2 + (\quad) + Pb \leftrightarrows PbSO_4 + 2H_2O + PbSO_4$$

① H_2O ② $2H_2O$
③ $2PbSO_4$ ④ $2H_2SO_4$

해설

$O_2 \uparrow$ $H_2 \uparrow$

$PbO_2 + 2H_2SO_4 + Pb \underset{충전}{\overset{방전}{\rightleftarrows}} PbSO_4 + 2H_2O + PbSO_4$

- PbO_2: 과산화납, 암갈색, 결합력이 약함
- $2H_2SO_4$: 묽은 황산
- Pb: 해면상납, 회색, 다공성 상실
- $PbSO_4$: 황산납
- $2H_2O$: 물
- $PbSO_4$: 황산납

142 150[Ah]의 축전지 2개를 병렬로 연결한 상태에서 15[A]의 전류로 방전시킨 경우 몇 시간 사용할 수 있는가?

① 5　② 10
③ 15　④ 20

해설 $AH = A \times H$

$\therefore H = \frac{AH}{A} = \frac{150 \times 2}{15} = 20[H]$

여기서, H : 축전지 용량, A : 방전 전류, H : 방전 시간

143 순방향으로 전류를 흐르게 하였을 때 빛이 발생되는 다이오드는?

① 제너 다이오드　② 포토 다이오드
③ 다이리스터　④ 발광 다이오드

해설 발광 다이오드

㉠ 순방향으로 전류를 흐르게 하였을 때 캐리어가 가지고 있는 에너지의 일부가 빛으로 되어 외부에 방사하는 다이오드이며, 자동차에서는 크랭크각 센서, TDC 센서, 조향휠 각도 센서, 차고 센서 등에 사용된다.

㉡ 특징
- 발광할 때는 10[mA] 정도의 전류가 필요하다.
- 가시광선으로부터 적외선까지 여러 가지 빛이 발생한다.
- 순방향으로 전류가 흐르면 빛이 발생한다.

ANSWER / 139 ③ 140 ② 141 ④ 142 ④ 143 ④

144 퓨즈에 관한 설명으로 맞는 것은?

① 퓨즈는 정격 전류가 흐르면 회로를 차단하는 역할을 한다.
② 퓨즈는 과대 전류가 흐르면 회로를 차단하는 역할을 한다.
③ 퓨즈는 용량이 클수록 정격 전류가 낮아진다.
④ 용량이 작은 퓨즈는 용량을 조정해 사용한다.

해설 퓨즈는 납과 주석의 재질로 되어 있으며, 단락 등에 의해 과대 전류가 흐르면 회로를 차단하는 역할을 한다.

145 지구 환경 문제로 인하여 기존의 냉매는 사용을 억제하고, 대체 가스로 사용되고 있는 자동차 에어컨의 냉매는?

① R – 134a
② R – 22
③ R – 16a
④ R – 12

해설 신냉매인 R-134a는 프레온 가스라 불리는 R-12 냉매에 비해 오존층의 파괴를 줄이고 온실효과를 줄이는 대체 냉매이다.

146 카바이트 취급 시 주의할 점으로 틀린 것은?

① 밀봉해서 보관한다.
② 건조한 곳보다 약간 습기가 있는 곳에 보관한다.
③ 인화성이 없는 곳에 보관한다.
④ 저장소에 전등을 설치할 경우 방폭 구조로 한다.

해설 카바이드는 수분과 접촉하면 아세틸렌 가스를 발생하므로 습기가 없고 건조한 곳에 보관한다.

147 점화 코일의 2차쪽에서 발생되는 불꽃 전압의 크기에 영향을 미치는 요소 중 거리가 먼 것은?

① 점화 플러그 전극의 형상
② 점화 플러그 전극의 간극
③ 기관 윤활유 압력
④ 혼합기 압력

해설 불꽃 전압의 크기와 기관 윤활유 압력은 관계가 없다.

148 전자동에어컨(FATC) 시스템의 ECU에 입력되는 센서 신호로 거리가 먼 것은?

① 내기온도 센서 ② 외기온도 센서
③ 차고 센서 ④ 일사 센서

해설 전자동 에어컨(FATC)에서 에어컨 ECU는 컴프레서 작동, 블로워(송풍기 회전 속도), 히터 밸브 등을 제어하며 Auto A/C 작동 시 실내 온도를 적절하게 유지하는 역할을 한다.
차고 센서는 차량의 높이를 조정하기 위하여 차체와 차축의 위치를 검출하며, 전자제어 현가 장치(ECS)에서 사용된다.

149 축전지 단자에 터미널 체결 시 옳은 것은?

① 터미널과 단자 접속부 틈새에 이물질이 없도록 청소 후 나사를 잘 조인다.
② 터미널과 단자 접속부 틈새에 녹슬지 않도록 냉각수를 소량 도포한 후 나사를 잘 조인다.
③ 터미널과 단자를 주기적으로 교환할 수 있도록 가 체결한다.
④ 터미널과 단자 접속부 틈새에 흔들림이 없도록 (-)드라이버로 단자 끝에 망치를 이용하여 적당한 충격을 가한다.

150 브레이크 드럼을 연삭할 때 전기가 정전되었다. 가장 먼저 취해야 할 조치사항으로 맞는 것은?

① 작업하던 공작물을 탈거한다.
② 스위치 전원을 내리고(off) 주전원의 퓨즈를 확인한다.
③ 연삭에 실패했음으로 새 것으로 교환하고, 작업을 마무리 한다.
④ 스위치는 그대로 두고 정전 원인을 확인한다.

151 자동차의 교류 발전기에서 발생된 교류 전기를 직류로 정류하는 부품은 무엇인가?

① 조정기 ② 릴레이
③ 전기자 ④ 실리콘 다이오드

해설 **정류기**(실리콘 다이오드) : 스테이터에 유도된 교류를 직류로 전환시키고 정류자를 사용하지 못하기 때문에 정류기를 사용하며 실리콘 다이오드를 주로 사용한다. 다이오드는 (+)다이오

ANSWER / 144 ② 145 ① 146 ② 147 ③ 148 ③ 149 ① 150 ② 151 ④

드 3개, (−)다이오드 3개로 모두 6개의 다이오드를 사용하며 최근에는 여자 다이오드를 3개 더 두고 있다. 다이오드는 히트 싱크(다이오드 홀더)에 결합되어 있어 다이오드에 발생된 열을 방열시킨다.

152 **기관의 분해 정비를 결정하기 위해 기관을 분해하기 전 점검해야 할 사항으로 거리가 먼 것은?**

① 기관운전 중 이상소음 및 출력점검　② 피스톤 링 갭(gap) 점검
③ 실린더 압축압력 점검　④ 기관오일 압력점검

해설 기관운전 중 이상소음 및 출력, 압축압력, 오일 압력 등은 기관의 분해 정비 시 분해의 범위 및 이상 부위를 찾기 위해 분해 전 점검해야 할 사항이며 피스톤 링 갭(gap)은 기관 분해 후 점검해야 할 사항이며, 압축압력 시험을 통해서도 알 수 있다.

153 **축전기 온도 상승 시 자기방전률은 어떻게 되는가?**

① 낮아진다.
② 높아진다.
③ 낮아진 상태로 일정하게 유지된다.
④ 높아진 상태로 일정하게 유지된다.

해설 자기 방전 : 완전 충전된 축전지가 사용하지 않고 방치해두면 조금씩 자연방전하여 용량이 감소되는 현상으로 축전기 자기방전률은 온도가 상승하면 높아지고 온도가 낮아지면 낮아진다.

154 **기동전동기에서 오버런닝 클러치의 종류가 아닌 것은?**

① 전기자식　② 롤러식
③ 다판 클러치식　④ 스프래그식

해설 기동전동기의 오버 러닝 클러치의 종류 : 롤러식, 스프래그식, 다판 클러치식 등이 있다.

155 **중량물을 인력으로 운반하는 과정에서 발생할 수 있는 재해의 유형과 거리가 먼 것은?**

① 급성 중독　② 허리 요통
③ 충돌　④ 협착

156 **차량 시험기기의 취급 주의사항에 대한 설명으로 틀린 것은?**

① 시험기기의 누전 여부를 확인한다.
② 눈금의 정확도는 수시로 점검해서 0점을 조정해 준다.
③ 시험기기의 보관은 깨끗한 곳이면 아무 곳이나 좋다.
④ 시험기기 전원 및 용량을 확인한 후 전원플러그를 연결한다.

해설 시험기기의 보관은 지정된 장소에서 해야 한다.

157 **자동차 전조등회로에 대한 설명으로 맞는 것은?**

① 전조등 작동 중에는 미등이 소등된다.
② 전조등 좌우는 직렬로 연결되어 있다.
③ 전조등 좌우는 병렬로 연결되어 있다.
④ 전조등 좌우는 직병렬로 연결되어 있다.

해설 전조등의 좌우는 병렬로 연결되어 있다.

158 **축전기(Condenser)와 관련된 식 표현으로 틀린 것은? (Q = 전기량, E = 전압, C = 비례상수)**

① $C = QE$　　② $E = Q/C$
③ $Q = CE$　　④ $C = Q/E$

해설 $Q = CE, C = \frac{Q}{E}, E = \frac{Q}{C}$ 로 나타낼 수 있다.

159 **엔진 ECU내부의 마이크로컴퓨터 구성요소로서 산술연산 또는 논리 연산을 수행하기 위해 데이터를 일시 보관하는 기억장치는 무엇인가?**

① 인터페이스　　② 레지스터
③ A/D컨버터　　④ FET구동회로

해설 레지스터는 엔진 ECU내부의 마이크로컴퓨터 구성요소로서 산술연산 또는 논리 연산을 수행하기 위해 데이터를 일시 보관하는 기억장치이다.

ANSWER / 152 ② 153 ② 154 ① 155 ① 156 ③ 157 ③ 158 ① 159 ②

160 12[V]의 전압에 20[Ω]의 저항을 연결하였을 경우 몇 [A]의 전류가 흐르겠는가?

① 0.6[A]
② 1.6[A]
③ 5.5[A]
④ 12[A]

 옴의 법칙 : $I=\frac{V}{R}$[A]

$\frac{12}{20}=0.6A$

161 자동차 에어컨 장치의 순환과정으로 맞는 것은?

① 압축기 → 응축기 → 팽창밸브 → 건조기 → 증발기
② 압축기 → 팽창밸브 → 건조기 → 응축기 → 증발기
③ 압축기 → 응축기 → 건조기 → 팽창밸브 → 증발기
④ 압축기 → 건조기 → 팽창밸브 → 응축기 → 증발기

해설 에어컨 순환과정 : 압축기(compressor) – 응축기(condenser) – 건조기(receiver drier) – 팽창 밸브(expansion valve) – 증발기(evaporator)

ANSWER / 160 ① 161 ③

04
안전관리

01 핵심이론정리

01 산업안전 일반

1. 산업안전 관리의 필요성

① 생산성 향상과 손실을 최소화

② 사고의 발생을 방지

③ 산업 재해로부터 인간의 생명과 재산을 보호

㉠ 산업안전 사고예방 대책

㉡ 안전관리조직 결성

㉢ 안전사고 현상 파악

㉣ 안전사고 원인 규명

㉤ 안전사고 예방 대책 선정

㉥ 안전사고 예방 목표 달성

2. 산업 재해의 직접 원인 중 인적 불안정 행위

① 불안전한 자세, 행동, 장난을 하는 경우

② 안전복장을 착용하지 않거나 보호구를 착용하지 않은 경우

③ 작동중인 기계에 주유, 점검, 수리, 청소 등을 하는 경우

④ 공구 대신 손을 사용하는 경우

3. 재해 요인의 3요소

① 인위적 재해

② 물리적 재해

③ 자연적 재해

4. 재해 예방의 원칙

① 예방가능의 원칙
② 대책선정의 원칙
③ 손실우연의 원칙
④ 원인연계의 원칙

5. 재해율

① **강도율** : 안전 사고의 강도로 근로시간 1,000시간당의 재해에 의한 노동 손실 일수

$$\text{강도율} = \frac{\text{노동 손실 일수}}{\text{노동총시간}} \times 1,000$$

② **연천인율** : 1년 동안 1,000명의 근로자가 작업할 때 발생하는 사상자의 비율

$$\text{연천인율} = \frac{\text{연간 재해 건수}}{\text{연간 재직근로자}} \times 1,000$$

③ **도수율** : 안전사고 발생 빈도로 근로시간 100만 시간당 발생하는 사고건수

$$\text{도수율} = \frac{\text{사고 건수}}{\text{노동 총시간}} \times 1,000,000$$

④ **천인율** : 평균 재직근로자에 대하여 발생한 재해자수를 나타내어 1,000배 한 것

$$\text{천인율} = \frac{\text{재해자 수}}{\text{평균 근로자수}} \times 1,000$$

6. 안전점검을 실시할 때 유의사항

① 안전 점검 완료 후 강평을 실시하고 사소한 사항이라도 전달할 것
② 과거 재해 발생요인이 없어졌는지 확인할 것
③ 점검내용에 대해 상호 이해하고 시정책을 강구할 것

참/고/박/스

안전사고의 발생원인
㉠ 기계장치가 너무 좁은 장소에 설치되어 있을 때
㉡ 사용에 적합한 공구를 사용하지 않을 때
㉢ 주변의 정리 정돈이 불량할 때
㉣ 조명장치의 설치 불량으로 가시성이 좋지 않을 때
㉤ 안전보호 장치가 잘 되어 있지 않을 때

7. 작업장의 조명

① 초정밀 작업 : 750[Lux] 이상
② 정밀 작업 : 300[Lux] 이상
③ 보통 작업 : 150[Lux] 이상
④ 기타 작업 : 75[Lux] 이상
⑤ 통로 : 보행에 지장이 없는 정도의 밝기

8. 소화기

(1) 소화원리

① 제거 소화법 : 가연물질 제거
② 질식 소화법 : 산소 차단
③ 냉각 소화법 : 점화원 냉각

참/고/박/스

연소의 3요소
공기, 가연물, 점화원

(2) 화재의 종류

① A급 화재 : 종이, 섬유 등 일반 가연물에 의한 화재(백색 표시)
② B급 화재 : 석유, 가솔린 등에 의한 유류화재(황색 표시)
③ C급 화재 : 전기 기구 등에 의한 전기화재(청색 표시)
④ D급 화재 : 마그네슘 등으로 인한 금속화재
⑤ E급 화재 : 가스 등으로 인한 가스화재

(3) 화재 급별 소화기

① A급 화재 : 수성 소화기

② A, B급 화재 : 포말, 분말 소화기

③ B, C급 화재 : 탄산가스, 증발성 액체 소화기

④ B, C급, 전기화재 : 이산화탄소 소화기

9. 안전 · 보건표지의 종류와 색채

(1) 종류

출처 : 안전보건공단(www.kosha.or.kr)

(2) 색채

① 녹색 : 안전, 피난, 보호

② 노란색 : 주의, 경고 표시

③ 파랑 : 지시, 수리 중, 유도

④ 자주(보라) : 방사능 위험

⑤ 주황 : 위험

02 작업상의 안전

1. 작업복

① 작업복은 몸에 맞는 것을 입는다.
② 상의의 옷자락이 밖으로 나오지 않도록 한다.
③ 기름이 밴 작업복은 될 수 있는 한 입지 않는다.
④ 화기사용 장소에서는 방염, 불연성의 작업복을 사용한다.
⑤ 상의 끝, 바지 자락 등이 기계에 말리지 않게 한다.
⑥ 작업에 따라 보호구 및 기타 물건을 착용한다.
⑦ 작업복에 단추가 많이 부착된 것은 착용하지 않는다.
⑧ 작업장에서 작업복을 착용하는 이유는 재해로부터 작업자의 몸을 지키기 위함이다.

2. 전기 기계의 취급방법

① 전기 계기는 용도별로 엄격히 구분되어 있으므로 용도에 맞게 사용하여야 한다.
② 정밀한 계기는 조심스럽게 취급한다.
③ 강한 자장이나 큰 전류가 흐르는 부근에서 사용하면 전기 기계에 방해가 될 수 있다.
④ 계기는 정밀하게 조정하여 사용한다.

참/고/박/스

수공구 사용 안전사고의 원인
㉠ 사용방법이 미숙하다.
㉡ 힘에 맞지 않는 공구를 사용하였다.
㉢ 사용공구 점검정비가 부족하다.
㉣ 수공구의 성능에 맞지 않게 선택하여 사용하였다.

3. 일반 수공구 사용 시 유의사항

① 정비작업에 알맞은 수공구를 선택하여 사용한다.
② 작업자는 보호구를 착용한 후 작업한다.
③ 공구 이외의 목적에는 사용하지 않는다.
④ 공구의 사용법에 알맞게 사용한다.
⑤ 공구를 던져서 전달해서는 안 된다.

⑥ 작업 주위를 정리, 정돈한 후 작업한다.

⑦ 공구의 기름, 이물질 등을 제거하고 사용한다.

⑧ 작업 후에는 공구를 정비한 후 지정된 장소에 보관한다.

⑨ 전기 스위치 커넥터 코드는 작업 후 분리(off)시킨다.

4. 일반 수공구 작업 방법

(1) 줄 작업

① 줄의 균열 유무를 확인하고 사용한다.

② 줄 작업시 절삭분을 입으로 불거나 손으로 제거하지 않는다.

③ 줄 작업을 할 때에는 반드시 손잡이를 끼워 사용한다.

④ 줄 작업을 할 때에는 서로 마주보고 작업하지 않는다.

⑤ 줄 작업 높이는 팔꿈치 높이에서 한다.

⑥ 줄 작업을 할 때에는 전진운동을 할 때만 힘을 가한다.

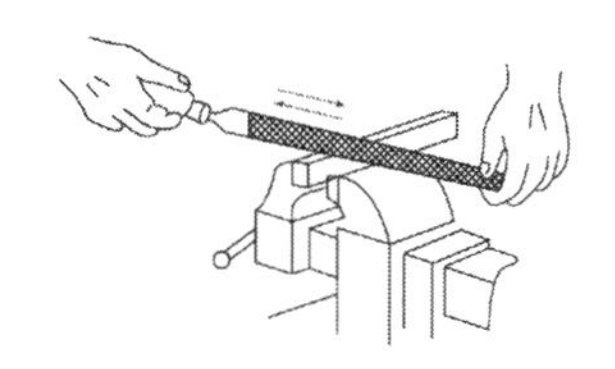

[줄 작업]

(2) 정 작업

① 정의 머리가 버섯머리인 경우는 그라인더로 연마 후에 사용한다.

② 정 작업은 시작과 끝을 조심한다.

③ 정의 머리에 기름이 묻어 있으면 기름을 제거한 후 사용한다.

④ 담금질(열처리)한 재료는 정 작업을 하지 않는다.

⑤ 금속 깎기를 할 때는 보안경을 착용한다.

⑥ 쪼아내기 작업을 할 때에는 보안경을 착용한다.

⑦ 정 작업을 할 때에는 날 끝 부분에 시선을 두고 작업한다.

⑧ 정 작업을 할 때에는 마주보고 작업하지 않는다.

[정의 종류 및 작업]

(3) 해머 작업

① 쐐기를 박아서 해머가 빠지지 않도록 한다.
② 해머 대용으로 다른 것을 사용하지 않는다.
③ 장갑을 끼거나 기름이 묻은 손으로 작업하지 않는다.
④ 타격하려는 곳에 시선을 고정하고 작업한다.
⑤ 해머의 타격면이 찌그러진 것을 사용하지 않는다.
⑥ 서로 마주보고 해머작업을 하지 않는다.
⑦ 손잡이는 튼튼한 것을 사용한다.
⑧ 처음과 마지막 해머 작업을 할 때에는 무리한 힘을 가하지 않는다.
⑨ 녹이 슬거나 깨지기 쉬운 작업을 할 경우에는 보안경을 착용한다.
⑩ 해머작업시 처음에는 타격면에 맞추도록 적게 흔들고 점차 크게 흔든다.
⑪ 해머작업시에는 주위를 살핀 후에 마주보고 작업하지 않는다.
⑫ 좁은 곳에서는 작업을 금한다.

(4) 드릴 작업

① 드릴 날은 재료의 재질에 알맞은 것을 선택하여 사용한다.
② 칩 제거시 입으로 불거나 손으로 제거하지 않는다.
③ 반드시 보안경을 착용하고 작업한다.
④ 드릴의 탈거 부착은 회전이 멈춘 다음 행한다.
⑤ 작업 중 쇳가루를 입으로 불지 않는다.
⑥ 재료는 반드시 바이스나 고정 장치에 단단히 고정시키고 작업한다.
⑦ 큰 구멍을 뚫을 경우에는 먼저 작은 드릴 날을 사용하고 난 후에, 치수에 맞는 큰 드릴 날을 사용하여 뚫는다.
⑧ 구멍이 거의 뚫리면 힘을 약하게 조절하여 작업하고, 관통되면 회전을 멈추고 손으로 돌려 드릴을 빼낸다.

⑨ 드릴 작업에서 구멍을 뚫을 때는 클램프로 잡는다.

⑩ 드릴 작업은 장갑을 끼거나 소맷자락이 넓은 상의는 착용하지 않는다.

⑪ 공작물은 단단히 고정하여 따라 돌지 않게 한다.

⑫ 드릴 작업시 재료 밑에 나무판을 받쳐 작업하는 것이 좋다.

⑬ 드릴 작업에서 칩의 제거는 회전을 중지시킨 후 솔로 제거한다.

(5) 리머 작업

① 리머는 어떠한 경우에도 역회전시키면 안 된다.

② 리머의 절삭량은 구멍의 지름 10[mm]에 대해 0.05[mm]가 적당하다.

③ 절삭유를 충분히 공급하여야 한다.

④ 리머의 진퇴는 항상 절삭방향의 회전으로 한다.

(6) 드라이버 작업

① 드라이버 날 끝은 편평한 것을 사용한다.

② 드라이버의 날 끝이 홈의 너비와 길이에 맞는 것을 사용한다.

③ 나사를 조이거나 풀 때에는 홈에 수직으로 대고 한 손으로 작업한다.

④ 드라이버의 날이 빠지거나 둥근 것은 사용하지 않는다.

(7) 스패너 작업

① 스패너의 입이 볼트나 너트의 치수에 맞는 것을 사용한다.

② 스패너 작업시에는 조금씩 몸 앞으로 당겨 작업한다.

③ 스패너에 이음대를 끼워 사용하지 않는다.

④ 스패너 작업시 몸의 균형을 잘 잡고 작업한다.

⑤ 스패너를 해머로 두드리거나 해머 대신 사용해서는 안 된다.

(8) 렌치 작업

① 볼트나 너트의 치수에 맞는 렌치를 사용한다.

② 렌치를 잡아 당겨서 볼트나 너트를 조이거나 푼다.

③ 조정렌치는 조정 조에 힘이 가해져서는 안 된다(밀지 않는다).

④ 사용 후에는 건조한 헝겊으로 깨끗하게 닦아서 보관한다.

⑤ 렌치에 이음대를 끼워 사용하지 않는다.

⑥ 렌치를 해머에 두드리거나 해머 대신 사용해서는 안 된다.

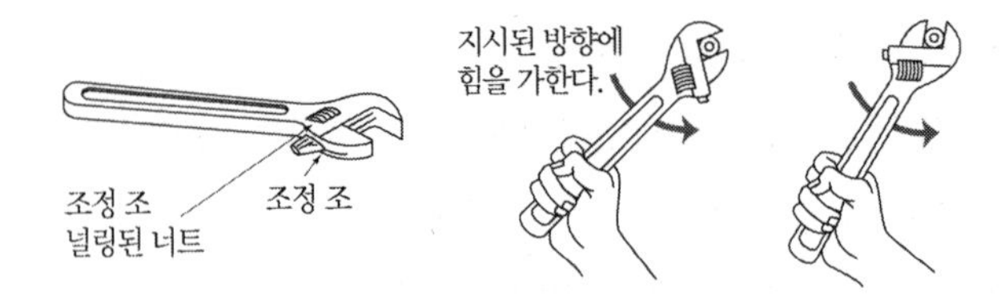

[조정 렌치 바른 사용법]

(9) 연삭기 작업

① 연삭기의 장치와 시운전은 정해진 사람만이 한다.

② 안전커버를 떼고서 작업해서는 안 된다.

③ 작업 전에 숫돌바퀴의 균열 여부를 확인한다.

④ 플랜지가 숫돌 차에 일정하게 밀착하도록 고정한다.

⑤ 반드시 숫돌 커버를 설치하고 사용한다.

⑥ 숫돌은 알맞은 속도로 회전시켜 작업한다.

⑦ 숫돌바퀴의 측면에 서서 숫돌의 정면을 이용하여 연삭한다.

⑧ 숫돌바퀴와 받침대의 간격은 3[mm] 이하로 유지시켜 작업한다.

⑨ 연삭 작업시에는 반드시 보안경을 착용한다.

(10) 전기 용접 작업

① 우천시에는 작업을 하지 않는다.

② 인화되기 쉬운 물질을 몸에 지니고 작업하지 않는다.

③ 용접봉은 홀더의 클램프에 정확하게 끼워 빠지지 않도록 한다.

④ 헬멧, 용접장갑, 앞치마를 반드시 착용하고 작업한다.

⑤ 용접기의 리드 단자와 케이블을 절연물로 보호한다.

⑥ 작업이 끝나면 용접기를 끄고 주변을 정리한다.

⑦ 용접 중에 전류를 조정하지 않는다.

(11) 산소-아세틸렌 용접 작업

① 산소, 아세틸렌 용기는 안정되게 세워서 보관한다.

② 밸브 및 연결 부분에 기름이 묻어서는 안 된다.

③ 점화는 직접 하지 않는다.

④ 보안경, 용접장갑, 앞치마를 반드시 착용하고 작업한다.

⑤ 아세틸렌 밸브를 열어서 점화한 후 산소밸브를 연다.

⑥ 역화 발생시 산소 밸브를 먼저 잠그고, 아세틸렌 밸브를 잠근다.
⑦ 산소 용기는 40[℃] 이하의 장소에서 안전하게 보관한다.
⑧ 아세틸렌은 1.0[kgf/cm^2] 이하로 사용한다.
⑨ 산소 용기는 고압으로 충전되어 있으므로 취급시 충격을 금한다.
⑩ 아세틸렌은 1.5기압 이상에서 폭발 위험성이 있으므로 주의한다.
⑪ 가스의 누출은 비눗물, 가스누설 감지기를 사용하여 점검한다.
⑫ 산소용 호스는 녹색, 아세틸렌용 호스는 적색을 사용한다.
⑬ 소화기를 준비한다.
⑭ 토치를 분해하지 않는다.
⑮ 용기를 운반할 때에는 전용 운반차를 이용한다.

03 자동차 안전관리

1. 자동차 탈·부착 및 점검시 유의사항

① 실린더헤드를 분해할 때에는 대각선방향으로 바깥쪽으로 복스대로 분해한다.
② 실린더헤드를 조립할 때에는 대각선방향으로 안쪽에서 바깥쪽으로 토크렌치로 조립한다.
③ 실린더헤드의 변형도를 점검할 때에는 좌, 우, 대각선의 7군데 방향을 측정하여 점검한다.
④ 실린더블록 및 헤드의 평면도 측정은 곧은자와 필러게이지를 사용한다.
⑤ 기관의 볼트를 조일 때에는 규정된 토크 값으로 토크 렌치를 이용하여 8 ~ 8.5[kg · m] (냉간시) 조인다.
⑥ v-belt를 점검할 때에는 기관이 정지한 상태에서 점검한다.
⑦ 회전 중인 냉각 팬이나 벨트에 손이나 옷자락이 접촉되지 않도록 주의한다.
⑧ 자동차를 잭으로 들어 올려서 작업할 때에는 반드시 스탠드로 지지하고 작업한다.
⑨ 자동차의 유압회로를 수리 또는 교환할 경우에는 반드시 공기빼기 작업을 실시한다.
⑩ 자동차 밑에서 하체 작업할 때에는 반드시 보안경을 착용하고 작업한다.

⑪ 자동차의 가스켓 오일 씰 등은 분해한 후에는 재사용이 불가하므로 반드시 새것으로 교환한다.
⑫ 자동변속기의 스톨 테스터는 D와 R 위치에서 5초 이내로 엔진과 변속기 유압시험을 실시한다.
⑬ 자동차의 전기장치를 점검할 때에는 축전지(−)터미널을 제거한 후 점검 및 탈부착한다.

2. 엔진 오일 점검요령

① 자동차를 평탄한 곳에 주차시킨 후 점검한다.
② 기관을 정상 작동온도까지 워밍업(냉각수온도 85[℃] 이상)시킨 후 시동을 끄고 점검 및 교환한다.
③ 엔진 오일 레벨 게이지로 엔진 오일의 양을 확인한다(MAX와 MIN 사이 정상).
④ 오일의 오염여부와 점도, 오일량을 점검한다.
⑤ 계절 및 사용조건에 맞는 엔진 오일을 사용한다.
⑥ 오일은 정기적으로 점검 및 5,000 ~ 8,000[km]에서 필터와 함께 교환한다.

3. 배터리 취급시 유의사항

① 베터리의 전해액은 묽은 황산이므로 옷이나 피부에 닿지 않도록 주의한다.
② 배터리 충전시에는 수소가스가 발생하므로 통풍이 잘 되는 곳에서 실시한다.
③ 배터리 충전 중 전해액의 온도가 45[℃] 이상이 되지 않도록 주의한다.
④ 충전하기 전에 배터리의 벤트 플러그를 열어 놓는다(수소가스 발생).
⑤ 충전 중에 배터리가 과열되거나 전해액이 넘칠 때에는 즉시 충전을 중단한다.
⑥ 전해액을 만들 때에는 물에 황산을 조금씩 부어 만든다.
⑦ 배터리 용량(부하)시험은 15초 이내로 하며, 부하 전류는 용량의 3배 이내로 한다.
⑧ 부식방지를 위해 배터리 단자에는 그리스를 발라 둔다.
⑨ 축전지 방전 시험시 전류계는 부하와 직렬 접속하고, 전압계는 병렬 접속한다.
⑩ 축전지 충전시에는 엔진에서 커넥터를 탈거한 후 충전을 한다.

4. 연료탱크 정비시 주의사항

① 연료 탱크에 연결된 전선은 모두 제거한다.
② 연료 탱크 내에 남아있는 연료를 모두 제거한다(특히 연료증기는 반드시 없앨 것).
③ 연료 탱크의 작은 구멍 수리시에는 연료 탱크에 물을 반쯤 채워서 납땜으로 작업한다.

5. 기타 주의사항

① 일반 기계를 사용할 때 주의 사항

㉠ 원동기의 기동 및 정지는 서로 신호에 의거한다.

㉡ 고장 중인 기기에는 반드시 표식을 한다.

㉢ 정전이 된 경우에는 반드시 표식을 한다.

② 기중기로 물건을 운반할 때 주의 사항

㉠ 규정 무게보다 초과하여 사용해서는 안 된다.

㉡ 적재물이 떨어지지 않도록 한다.

㉢ 로프 등의 안전 여부를 항상 점검한다.

㉣ 선회 작업을 할 때에는 사람이 다치지 않도록 한다.

③ 앤빌을 운반할 때의 주의 사항 : 앤빌은 금속을 타격하거나 기타 가공 변형시키는데 사용하는 받침쇠이며, 무거우므로 운반할 때에는 다음 사항에 주의한다.

㉠ 타인의 협조를 받아 조심성 있게 운반한다.

㉡ 운반 차량을 이용하는 것이 좋다.

㉢ 작업장에 내려놓을 때에는 주의하여 조용히 놓는다.

02 기출예상문제

01 **다음 안전 장치 선정 시 고려 사항 중 맞지 않는 것은?**

① 안전 장치의 사용에 따라 방호가 완전할 것
② 안전 장치의 기능면에서 신뢰도가 클 것
③ 정기 점검 시 이외에는 사람의 손으로 조정할 필요가 없을 것
④ 안전 장치를 제거하거나 또는 기능의 정지를 쉽게 할 수 있을 것

해설 안전 장치를 어떠한 상황에서도 제거하고 작업하면 안 된다.

02 **기관 점검 시 운전 상태로 점검해야 하는 것이 아닌 것은?**

① 클러치의 상태　② 매연 상태
③ 기어의 소음 상태　④ 급유 상태

해설 급유 상태는 엔진 정지 상태에서 한다.

03 **자동차 적재함 밖으로 물건이 나온 상태로 운반할 경우 위험 표시 색깔은 무엇으로 하는가?**

① 청색　② 흰색
③ 적색　④ 흑색

해설 긴 물건 또는 적재함 밖으로 나온 물건의 운반 시 적색 천을 물건 끝에 묶어서 운행한다.

04 **드릴 작업의 안전 사항 중 틀린 것은?**

① 장갑을 끼고 작업하였다.
② 머리가 긴 경우 단정하게 하여 작업모를 착용하였다.
③ 작업 중 쇳가루를 입으로 불어서는 안 된다.
④ 공작물은 단단히 고정시켜 따라서 돌지 않게 한다.

해설 드릴 작업 시 장갑을 착용하면 장갑이 드릴과 함께 회전하여 감겨 들어갈 수 있으므로 위험하다.

05 오픈 렌치 사용으로 바르지 않은 것은?

① 오픈 렌치와 너트의 크기가 맞지 않으면 쐐기를 넣어 사용한다.
② 오픈 렌치를 해머 대신에 써서는 안 된다.
③ 오픈 렌치에 파이프를 끼우든가 해머로 두들겨서 사용하지 않는다.
④ 오픈 렌치는 올바르게 끼우고 작업자 앞으로 잡아당겨 사용한다.

해설 공구에 쐐기를 넣어 사용하지 않으며, 렌치는 볼트 너트를 풀거나 조일 때 볼트 너트에 꼭 맞게 끼워져야 한다.

06 전기 장치의 배선 커넥터 분리 및 연결 시 잘못된 작업은?

① 배선을 분리할 때는 잠금 장치를 누른 상태에서 커넥터를 분리한다.
② 배선 커넥터 접속은 커넥터 부위를 잡고 커넥터를 끼운다.
③ 배선 커넥터는 딸깍 소리가 날 때까지는 확실히 접속시킨다.
④ 배선을 분리할 때는 배선을 이용하여 흔들면서 잡아당긴다.

해설 배선 분리 시 배선을 잡지 말고 커넥터 고정키를 누른 다음 커넥터를 잡아당겨 해제시킨다.

07 다음 작업 중 보안경을 반드시 착용해야 하는 작업은?

① 인젝터 파형 점검 작업
② 전조등 점검 작업
③ 클러치 탈착 작업
④ 스로틀 포지션 센서 점검 작업

해설 보안경 착용 : 클러치 · 변속기 탈착 및 용접, 해머, 그라인더 작업 등 이물질에 의한 눈을 보호 할 때 착용해야 한다.

08 부품을 분해 정비 시 반드시 새것으로 교환하여야 할 부품이 아닌 것은?

① 오일 실　　② 볼트 및 너트
③ 개스킷　　④ 오링

ANSWER / 01 ④ 02 ④ 03 ③ 04 ① 05 ① 06 ④ 07 ③ 08 ②

해설 오일 실, 개스킷, 오링 등은 재사용하면 누수 · 누유 등의 문제가 발생할 수 있으므로 반드시 교환하여야 한다. 볼트, 너트는 재사용할 수 있다.

09 다음 중 자동차 배터리 충전 시 주의 사항으로 틀린 것은?

① 배터리 단자에서 터미널을 분리시킨 후 충전한다.
② 충전을 할 때는 환기가 잘 되는 장소에서 실시한다.
③ 충전시 배터리 주위에 화기를 가까이 해서는 안 된다.
④ 배터리 벤트플러그가 잘 닫혀 있는지 확인 후 충전한다.

해설 납산축전지 벤트플러그를 모두 개방 후 전해액을 극판 위 10 ~ 13 [mm] 정도 보충 후에 충전한다.

10 배선에 있어서 기호와 색 연결이 틀린 것은?

① Gr : 보라
② G : 녹색
③ R : 적색
④ Y : 노랑

해설 배선 색상에 따른 약어

약어	배선 색상	약어	배선 색상
B	검정색(Black)	T	황갈색(Tawny)
Y	노랑색(Yellow)	O	오렌지색(Orange)
G	초록색(Green)	Br	갈색(Brown)
L	파랑색(Blue)	Lg	연두색(Light green)
R	빨간색(Red)	Gr	회색(Gray)
W	흰색(White)	Pp	자주색(Purple)
P	분홍색(Pink)	Ll	하늘색(Light blue)

11 화학 세척제를 사용하여 방열기(라디에이터)를 세척하는 방법으로 틀린 것은?

① 방열기의 냉각수를 완전히 뺀다.
② 세척제 용액을 냉각 장치 내 가득히 넣는다.
③ 기관을 기동하고, 냉각수 온도를 80 [℃] 이상으로 한다.
④ 기관을 정지하고 바로 방열기 캡을 연다.

해설 방열기를 세척할 때 기관을 정지하고, 엔진이 냉각된 후에 캡을 천으로 눌러서 서서히 개방한다.

12 이동식 및 휴대용 전동 기기의 안전한 작업 방법으로 틀린 것은?

① 전동기의 코드선은 접지선이 설치된 것을 사용한다.
② 회로 시험기로 절연 상태를 점검한다.
③ 감전 방지용 누전 차단기를 접속하고 동작 상태를 점검한다.
④ 감전 사고 위험이 높은 곳에서는 1중 절연 구조의 전기 기기를 사용한다.

해설 전기 작업을 할 때에는 반드시 절연용 보호구를 사용하여야 하며, 감전 사고의 위험이 높은 곳에서는 다중 절연 구조의 전기 기기를 사용한다.

13 산업 재해는 생산 활동을 행하는 중에 에너지와 충돌하여 생명의 기능이나 (　　)를 상실하는 현상을 말한다. (　　)에 알맞은 말은?

① 작업상 업무　　② 작업 조건
③ 노동 능력　　④ 노동 환경

해설 산업 재해는 생산 활동 중 생명을 잃거나 노동 능력을 상실하는 것을 말한다.

14 기관 분해 조립 시 스패너 사용 자세 중 옳지 않은 것은?

① 몸의 중심을 유지하게 한 손은 작업물을 지지한다.
② 스패너 자루에 파이프를 끼우고 발로 민다.
③ 너트에 스패너를 깊이 물리고 조금씩 앞으로 당기는 식으로 풀고, 조인다.
④ 몸은 항상 균형을 잡아 넘어지는 것을 방지한다.

해설 스패너 자루에 휘거나 파손되기 쉬운 파이프 등을 끼우고 작업해서는 안 된다.

15 연삭 작업 시 안전 사항 중 틀린 것은?

① 나무 해머로 연삭숫돌을 가볍게 두들겨 맑은 음이 나면 정상이다.
② 연삭숫돌의 표면이 심하게 변형된 것은 반드시 수정한다.
③ 받침대는 숫돌차의 중심선보다 낮게 한다.
④ 연삭숫돌과 받침대와의 간격은 3 [mm] 이내로 유지한다.

해설 받침대는 숫돌차의 중심선보다 높게 하며 연삭숫돌과 받침대의 간격은 3 [mm] 이내로 한다. 또한, 숫돌 작업은 측면에 서서 숫돌의 정면을 이용해야 한다.

ANSWER / 09 ④ 10 ① 11 ④ 12 ④ 13 ③ 14 ② 15 ③

16 화재의 분류 중 B급 화재 물질로 옳은 것은?

① 종이 ② 휘발유
③ 목재 ④ 석탄

해설 화재의 분류

구분	일반	유류	전기	금속
화재 종류	A급	B급	C급	D급
표시	백색	황색	청색	–
적용 소화기	포말	분말	CO_2	모래
비고	목재, 종이	유류, 가스	전기 기구	가연성 금속
방법	냉각소화	질식소화	질식소화	피복에 의한 질식

17 타이어의 공기압에 대한 설명으로 틀린 것은?

① 공기압이 낮으면 일반 포장도로에서 미끄러지기 쉽다.
② 좌·우 공기압에 편차가 발생하면 브레이크 작동 시 위험을 초래한다.
③ 공기압이 낮으면 트레드 양단의 마모가 많다.
④ 좌·우 공기압에 편차가 발생하면 차동 사이드 기어의 마모가 촉진된다.

해설 공기압이 낮을 때보다 공기압이 높을 때 타이어와 지면의 마찰 면적이 작아져 일반 도로에서 더 미끄럽게 제동된다.

18 자동차에 사용하는 부동액 사용 시 주의할 점으로 틀린 것은?

① 부동액은 원액으로 사용하지 않는다.
② 품질 불량한 부동액은 사용하지 않는다.
③ 부동액을 도료 부분에 떨어지지 않도록 주의해야 한다.
④ 부동액은 입으로 맛을 보아 품질을 구별할 수 있다.

해설 부동액은 냉각수의 동결을 방지하기 위해 에틸렌글리콜과 부식 방지제가 첨가되어 있으므로 맛을 보면 안 된다.

19 감전 위험이 있는 곳에 전기를 차단하여 우선 점검을 할 때의 조치와 관계없는 것은?

① 스위치 박스에 통전 장치를 한다.
② 위험에 대한 방지 장치를 한다.
③ 스위치에 안전 장치를 한다.
④ 필요한 곳에 통전 금지 기간에 관한 사항을 게시한다.

해설 스위치 박스에는 통전 장치를 하지 않는다.

20 감전 사고를 방지하는 방법이 아닌 것은?

① 차광용 안경을 착용한다.
② 반드시 절연 장갑을 착용한다.
③ 물기가 있는 손으로 작업하지 않는다.
④ 고압이 흐르는 부품에는 표시를 한다.

해설 고압 · 저압 모두 물기에 주의하고, 절연 장갑을 착용한다. 또한, 차광용 안경은 빛이나 비산에 대한 방지용이다.

21 에어백 장치를 점검 · 정비할 때 안전하지 못한 행동은?

① 조향 휠을 탈거할 때 에어백 모듈 인플레이터 단자는 반드시 분리한다.
② 조향 휠을 장착할 때 클록 스프링의 중립 위치를 확인한다.
③ 에어백 장치는 축전지 전원을 차단하고 일정 시간이 지난 후 정비한다.
④ 인플레이터의 저항은 절대 측정하지 않는다.

해설 에어백 탈거 시 점화 스위치를 OFF하고, 배터리(−)를 분리시킨 뒤에 탈거하며, 인플레이터 스위치가 위쪽으로 가도록 놓으며, 반드시 분리할 필요는 없다.

22 구급 처치 중 환자의 상태를 확인하는 사항과 관련없는 것은?

① 의식 ② 상처
③ 출혈 ④ 안정

해설
- 환자가 의식, 상처, 출혈 등이 있는지 상태를 확인한다.
- 안정은 관련이 없다.

ANSWER / 16 ② 17 ① 18 ④ 19 ① 20 ① 21 ① 22 ④

23 다음 중 제동력 시험기 사용 시 주의할 사항으로 틀린 것은?

① 타이어 트레드의 표면에 습기를 제거한다.
② 롤러 표면은 항상 그리스로 충분히 윤활시킨다.
③ 브레이크 페달을 확실히 밟은 상태에서 측정한다.
④ 시험 중 타이어와 가이드 롤러와의 접촉이 없도록 한다.

해설 제동력 시험기 사용 시 유의 사항
㉠ 롤러 표면에 이물질이 없게 한다.
㉡ 타이어 표면의 물기 · 습기를 제거한다.
㉢ 브레이크 페달을 확실히 밟은 상태에서 측정한다.
㉣ 시험 중 타이어와 가이드 롤러와의 접촉이 없도록 한다.

24 기동 전동기의 분해 조립 시 주의할 사항이 아닌 것은?

① 관통 볼트 조립 시 브러시 선과의 접촉에 주의할 것
② 브러시 배선과 하우징과의 배선을 확실히 연결할 것
③ 레버의 방향과 스프링, 홀더의 순서를 혼동하지 말 것
④ 마그네틱 스위치의 B단자와 M(또는 F)단자의 구분에 주의할 것

해설 기동 전동기 분해 조립 시 주의 사항
㉠ 솔레노이드 SW의 B단자와 M단자의 식별에 주의한다.
㉡ 관통 볼트 조립시 브러시 배선과의 간섭에 주의하여 조립한다.
㉢ 시프트 레버의 방향과 스프링, 홀더의 순서에 주의한다.
㉣ 전기자의 뒷면에 와셔가 있는 것이 있으므로 주의한다.

25 다음 중 기관을 운전 상태에서 점검하는 부분이 아닌 것은?

① 배기가스의 색을 관찰하는 일
② 오일 압력 경고등을 관찰하는 일
③ 오일 팬의 오일량을 측정하는 일
④ 엔진의 이상음을 관찰하는 일

해설 오일 팬의 오일량을 측정 · 관찰하는 일은 차량의 정지상태, 수평한 노면인 상태에서 측정한다.

26 다음 중 다이얼 게이지 사용 시 유의 사항으로 틀린 것은?

① 분해 청소나 조정을 함부로 하지 않는다.
② 게이지에 어떤 충격도 가해서는 안 된다.
③ 게이지를 설치할 때에는 지지대의 암을 될 수 있는 대로 짧게 하고 확실하게 고정해야 한다.
④ 스핀들에 주유하거나 그리스를 발라서 보관한다.

해설 다이얼 게이지 취급 시 주의 사항
㉠ 게이지 눈금은 0점 조정하여 사용한다.
㉡ 게이지 설치 시 지지대의 암을 가능한 짧게 하고 확실하게 고정해야 한다.
㉢ 게이지는 측정면에 직각으로 설치한다.
㉣ 충격은 절대로 금한다.
㉤ 분해 청소나 조절을 함부로 하지 않는다.
㉥ 스핀들에 주유하거나 그리스를 바르지 않는다.

27 일반 공구 사용에서 안전한 사용법이 아닌 것은?

① 렌치에 파이프 등의 연장대를 끼워서 사용해서는 안 된다.
② 녹이 생긴 볼트나 너트에는 오일을 넣어 스며들게 한 다음 돌린다.
③ 조정 조에 잡아당기는 힘이 가해져야 한다.
④ 언제나 깨끗한 상태로 보관한다.

해설 조정 조(jaw)에 잡아당기는 힘이 가해져서는 안 되고, 고정 조(jaw)에 힘이 가해지도록 한다.

28 다음 중 드릴로 큰 구멍을 뚫으려고 할 때 먼저 할 일은?

① 작은 구멍을 뚫는다.
② 금속을 무르게 한다.
③ 드릴 커팅 앵글을 증가시킨다.
④ 스핀들의 속도를 빠르게 한다.

해설 드릴 작업 시 장갑은 착용하지 말고 큰 구멍을 뚫으려고 할 때는 먼저 작은 치수의 구멍으로 먼저 작업한다.

ANSWER / 23 ② 24 ② 25 ③ 26 ④ 27 ③ 28 ①

29 산업 안전 보건 표지의 종류와 형태에서 아래 그림이 나타내는 표시는?

① 탑승 금지　　② 보행 금지
③ 접촉 금지　　④ 출입 금지

해설 안전 · 보건표지 종류와 형태 그림 참조
①
③
④

30 귀마개를 착용하여야 하는 작업과 가장 거리가 먼 것은?

① 단조 작업
② 제관 작업
③ 공기 압축기가 가동되는 기계실 내의 작업
④ 디젤 엔진 정비 작업

해설 디젤 엔진 정비 작업은 엔진의 가동 여부를 들어야 하므로 귀마개를 착용하면 안 된다.

31 화물 자동차 및 특수자동차의 차량 총중량은 몇 [t]을 초과해서는 안 되는가?

① 20　　② 30
③ 40　　④ 50

해설 자동차의 차량 총중량은 20[t](화물 자동차 및 특수 자동차의 경우 40[t]), 축중은 10[t], 윤중은 5[t]을 초과하여서는 안 된다.

32 전자 제어 시스템 정비할 때 점검 방법 중 올바른 것을 모두 고른 것은?

ⓐ 배터리 전압이 낮으면 고장 진단이 발견되지 않을 수도 있으므로 점검하기 전에 배터리 전압 상태를 점검한다.
ⓑ 배터리 또는 ECU 커넥터를 분리하면 고장항목이 지워질 수 있으므로 고장 진단 결과를 완전히 읽기 전에는 배터리를 분리시키지 않는다.
ⓒ 점검 및 정비를 완료한 후에는 배터리 (−)단자를 15 [s] 이상 분리시킨 후 다시 연결하고 고장 코드가 지워졌는지를 확인한다.

① ⓑ, ⓒ
② ⓐ, ⓑ
③ ⓐ, ⓒ
④ ⓐ, ⓑ, ⓒ

해설 ⓐ · ⓑ · ⓒ항 모두 전자 제어 시스템 점검에 올바른 방법이다.

33 큰 구멍을 가공할 때 가장 먼저 해야 할 작업은?

① 스핀들의 속도를 증가시킨다.
② 금속을 연하게 한다.
③ 강한 힘으로 작업한다.
④ 작은 치수의 구멍으로 먼저 작업한다.

해설 드릴로 큰 구멍을 뚫으려고 할 때는 먼저 작은 치수의 구멍으로 작업한다.

34 드릴링 머신 작업할 때 주의 사항으로 틀린 것은?

① 드릴의 날이 무디어 이상한 소리가 날 때는 회전을 멈추고 드릴을 교환하거나 연마한다.
② 공작물을 제거할 때는 회전을 완전히 멈추고 한다.
③ 가공 중에 드릴이 관통했는지를 손으로 확인한 후 기계를 멈춘다.
④ 드릴은 주축에 튼튼하게 장치하여 사용한다.

해설 드릴 작업 시 주의 사항
㉠ 드릴을 끼운 뒤 척키를 반드시 빼 놓는다.
㉡ 드릴은 주축에 튼튼하게 장치하여 사용한다.
㉢ 드릴 회전 후 테이블을 조정하지 않는다.

ANSWER / 29 ② 30 ④ 31 ③ 32 ④ 33 ④ 34 ③

㉣ 드릴의 날이 무디어 이상한 소리가 날 때는 회전을 멈추고 드릴을 교환하거나 연마한다.
㉤ 드릴 회전 중 칩을 손으로 털거나 바람으로 불지 않는다.
㉥ 가공물에 구멍을 뚫을 때 회전에 의한 사고에 대비하여 가공물을 바이스에 물리고 작업한다.

35 스패너 작업 시 유의할 점으로 틀린 것은?

① 스패너의 입이 너트의 치수에 맞는 것을 사용해야 한다.
② 스패너의 자루에 파이프를 이어서 사용해서는 안 된다.
③ 스패너와 너트 사이에는 쐐기를 넣고 사용하는 것이 편리하다.
④ 너트에 스패너를 깊이 올리고 조금씩 앞으로 당기는 식으로 풀고 조인다.

해설 스패너 작업 시 주의 사항
㉠ 스패너와 너트 사이에 다른 물건을 끼우지 말 것
㉡ 스패너는 몸 앞으로 당겨서 사용할 것
㉢ 스패너와 너트 및 볼트의 치수가 맞는 것을 사용할 것
㉣ 스패너가 벗겨지더라도 넘어지지 않는 자세를 취할 것
㉤ 스패너에 파이프 등을 이어서 사용하지 말 것
㉥ 스패너를 해머 등으로 두들기지 말 것
㉦ 스패너는 깊이 물리고 조금씩 당기는 식으로 풀고 조일 것

36 변속기를 탈착할 때 가장 안전하지 않은 작업 방법은?

① 자동차 밑에서 작업 시 보안경을 착용한다.
② 잭으로 올릴 때 물체를 흔들어 중심을 확인한다.
③ 잭으로 올린 후 스탠드로 고정한다.
④ 사용 목적에 적합한 공구를 사용한다.

해설 변속기 탈착 작업 주의 사항
㉠ 보안경을 착용한다.
㉡ 잭과 스탠드를 받치고 작업한다.
㉢ 사용 목적에 적합한 공구를 사용한다.
㉣ 잭에 물체가 올라와 있을 경우 흔들면 잭의 중심과 물체의 중심이 맞지 않아 잭이 바깥으로 튀어 나갈 수 있으니 흔들리지 않도록 주의한다.

37 작업장의 환경을 개선하면 나타나는 현상으로 틀린 것은?

① 작업 능률을 향상시킬 수 있다.
② 피로를 경감시킬 수 있다.
③ 좋은 품질의 생산품을 얻을 수 있다.
④ 기계 소모가 많고 동력 손실이 크다.

해설 작업장 환경을 개선하면 작업의 능률이 오르고 생산성이 향상되는 효과가 있으며, 기계 소모가 많고 동력 손실이 큰 것과는 관계가 없다.

38 산업 재해 예방을 위한 안전 시설 점검의 가장 큰 이유는?

① 위해 요소를 사전 점검하여 조치한다.
② 시설 장비의 가동 상태를 점검한다.
③ 공장의 시설 및 설비 레이아웃을 점검한다.
④ 작업자의 안전 교육 여부를 점검한다.

해설 산업 안전 시설을 점검하는 이유는 위해 요소를 사전에 점검하여 조치하고 산업 재해를 예방하기 위한 것에 있다.

39 임팩트 렌치의 사용 시 안전 수칙으로 거리가 먼 것은?

① 렌치 사용 시 헐거운 옷은 착용하지 않는다.
② 위험 요소를 항상 점검한다.
③ 에어 호스를 몸에 감고 작업한다.
④ 가급적 회전부에 떨어져서 작업한다.

해설 임팩트 렌치는 몸에 감고 작업하지 않고, 에어 호스를 최대한 짧게 하여 작업한다.

40 조정 렌치의 사용 방법이 틀린 것은?

① 조정 너트를 돌려 조(jaw)가 볼트에 꼭 끼게 한다.
② 고정 조에 힘이 가해지도록 사용해야 한다.
③ 큰 볼트를 풀 때는 렌치 끝에 파이프를 끼워서 세게 돌린다.
④ 볼트 너트의 크기에 따라 조의 크기를 조절하여 사용한다.

ANSWER / 35 ③ 36 ② 37 ④ 38 ① 39 ③ 40 ③

해설 조정 렌치 작업 시 주의 사항
㉠ 볼트 및 너트의 크기에 따라 조의 크기를 조절한다.
㉡ 고정 조에 힘이 가해지도록 사용한다.
㉢ 조정 너트를 돌려 조(jaw)가 볼트에 꼭 끼게 한다.
㉣ 렌치를 해머 대신 사용하지 않는다.
㉤ 렌치는 몸 앞으로 당겨서 사용한다.
㉥ 렌치에 연장대를 끼우고 사용하지 않는다.

41 작업 현장의 안전 표시 색채에서 재해나 상해가 발생하는 장소의 위험 표시로 사용되는 색채는?

① 녹색 ② 파랑색
③ 주황색 ④ 보라색

해설 작업 현장 안전 표시 색채
㉠ 녹색 : 안전, 피난, 보호
㉡ 노란색 : 주의, 경고 표시
㉢ 파랑 : 지시, 수리 중, 유도
㉣ 자주(보라) : 방사능 위험
㉤ 주황 : 위험

42 일반적인 기계 동력 전달 장치에서 안전상 주의 사항으로 틀린 것은?

① 기어가 회전하고 있는 곳은 뚜껑으로 잘 덮어 위험을 방지한다.
② 천천히 움직이는 벨트라도 손으로 잡지 않는다.
③ 회전하고 있는 벨트나 기어에 필요없는 접근을 금한다.
④ 동력 전달을 빨리하기 위해 벨트를 회전하는 풀리에 손으로 걸어도 좋다.

해설 벨트를 풀리에 걸 때는 기관을 정지시킨 후 한다.

43 ECS(전자 제어 현가 장치) 정비 작업 시 안전 작업 방법으로 틀린 것은?

① 차고 조정은 공회전 상태로 평탄하고 수평인 곳에서 한다.
② 배터리 접지 단자를 분리하고 작업한다.
③ 부품 교환은 시동이 켜진 상태에서 작업한다.
④ 공기는 드라이어에서 나온 공기를 사용한다.

해설 부품의 교환은 시동이 꺼진 상태에서 작업한다.

44 다음 중 자동차 정비 작업 시 작업복 상태로 적합한 것은?

① 가급적 주머니가 많이 붙어 있는 것이 좋다.
② 가급적 소매가 넓어 편한 것이 좋다.
③ 가급적 소매가 없거나 짧은 것이 좋다.
④ 가급적 폭이 넓지 않은 긴 바지가 좋다.

해설 자동차 정비 작업의 작업복은 폭이 넓지 않은 긴 바지가 좋다.

45 일반 가연성 물질의 화재로서 물이나 소화기를 이용하여 소화하는 화재의 종류는?

① A급 화재 ② B급 화재
③ C급 화재 ④ D급 화재

해설 화재의 분류
㉠ A급 화재 : 일반 화재
㉡ B급 화재 : 휘발유 벤젠 등의 유류 화재
㉢ C급 화재 : 전기 화재
㉣ D급 화재 : 금속 화재

구분	일반	유류	전기	금속
화재의 종류	A급	B급	C급	D급
표시	백색	황색	청색	–
적용 소화기	포말	분말	CO_2	모래
비고	목재, 종이	유류, 가스	전기 기구	가연성 금속
방법	냉각 소화	질식 소화	질식 소화	피복에 의한 질식

ANSWER 41 ③ 42 ④ 43 ③ 44 ④ 45 ①

46 줄 작업에서 줄에 손잡이를 꼭 끼우고 사용하는 이유는?

① 평형을 유지하기 위해
② 중량을 높이기 위해
③ 보관이 편리하도록 하기 위해
④ 사용자에게 상처를 입히지 않기 위해

해설 줄 작업은 손으로 줄을 잡고 행하는 작업으로, 사용자에게 상처를 입힐 수 있기 때문에 손잡이를 끼워서 사용한다.

47 산소 용접에서 안전한 작업 수칙으로 옳은 것은?

① 기름이 묻은 복장으로 작업한다.
② 산소 밸브를 먼저 연다.
③ 아세틸렌 밸브를 먼저 연다.
④ 역화하였을 때는 아세틸렌 밸브를 빨리 잠근다.

해설 토치에 점화시킬 때에는 아세틸렌 밸브를 먼저 열고 후에 산소 밸브를 열어야 하며, 역화 시에는 산소 밸브를 빨리 잠근다.

48 기계 부품에 작용하는 하중에서 안전율을 가장 크게 하여야 할 하중은?

① 정하중　② 교번 하중
③ 충격 하중　④ 반복 하중

해설 안전율의 순서 : 충격 하중 > 교번 하중 > 반복 하중 > 정하중

49 공기 압축기 및 압축 공기 취급에 대한 안전 수칙으로 틀린 것은?

① 전기 배선, 터미널 및 전선 등에 접촉될 경우
② 분해 시 공기 압축기, 공기 탱크 및 관로 안의 압축 공기를 완전히 배출한 뒤에 실시한다.
③ 하루에 한 번씩 공기 탱크에 고여 있는 응축수를 제거한다.
④ 작업 중 작업자의 땀이나 열을 식히기 위해 압축 공기를 호흡하면 작업 효율이 좋아진다.

해설 공기 압축기의 공기 압력은 고압의 공기이므로 인체에 직접적으로 사용하면 안 된다.

50 기관 정비 시 안전 및 취급 주의 사항에 대한 내용으로 틀린 것은?

① TPS, ISC Servo 등은 솔벤트로 세척하지 않는다.
② 공기 압축기를 사용하여 부품 세척 시 눈에 이물질이 튀지 않도록 한다.
③ 캐니스터 점검 시 흔들어서 연료 증발 가스를 활성화시킨 후 점검한다.
④ 배기가스 시험 시 환기가 잘 되는 곳에서 측정한다.

해설 캐니스터는 연료 증발 가스를 포집하는 장치로, 손상, 균열, 부풀림, 연결부 체결, 연료의 누설 등을 점검하여야 한다.

51 계기 및 보안 장치의 정비 시 안전 사항으로 틀린 것은?

① 엔진이 정지 상태이면 계기판은 점화 스위치 ON 상태에서 분리한다.
② 충격이나 이물질이 들어가지 않도록 주의한다.
③ 회로 내의 규정값보다 높은 전류가 흐르지 않도록 한다.
④ 센서의 단품 점검 시 배터리 전원을 직접 연결하지 않는다.

해설 계기판은 점화 스위치 OFF 상태에서 분리하여야 하며, 전기와 관련된 작업은 가급적 배터리를 분리 후 한다.

52 운반 기계의 취급과 완전 수칙에 대한 내용으로 틀린 것은?

① 무거운 물건을 운반할 때는 반드시 경종을 울린다.
② 기중기는 규정 용량을 지킨다.
③ 흔들리는 화물은 보조자가 탑승하여 움직이지 못하도록 한다.
④ 무거운 것은 밑에, 가벼운 것은 위에 쌓는다.

해설 흔들리는 화물은 사람이 직접 잡으면 안 되고, 움직이지 못 하도록 단단히 묶어 두어야 한다.

53 납산축전지 취급 시 주의 사항으로 틀린 것은?

① 배터리 접속 시 (+)단자부터 접속한다.
② 전해액이 옷에 묻지 않도록 주의한다.
③ 전해액이 부족하면 시냇물로 보충한다.
④ 배터리 분리 시 (−)단자부터 분리한다.

ANSWER / 46 ④ 47 ③ 48 ③ 49 ④ 50 ③ 51 ① 52 ③ 53 ③

해설 전해액 부족 시 연수(수돗물, 빗물, 증류수 등)를 보충하여야 한다.

54 차량에 축전지를 교환할 때 안전하게 작업하려면 어떻게 하는 것이 제일 좋은가?

① 두 케이블을 동시에 함께 연결한다.
② 점화 스위치를 넣고 연결한다.
③ 케이블 연결 시 접지 케이블을 나중에 연결한다.
④ 케이블 탈착 시 (+)케이블을 먼저 떼어낸다.

해설 축전지 연결 순서
㉠ 축진지 탈거 시 접지 (−)케이블을 먼저 떼어내고, 절연 (+)케이블을 떼어낸다.
㉡ 축전지 설치 시 절연 (+)케이블을 먼저 연결하고, 접지 (−)케이블을 연결한다.

55 화재 발생 시 소화 작업 방법으로 틀린 것은?

① 산소 공급을 차단한다.
② 유류 화재 시 표면에 물을 붓는다.
③ 가연 물질의 공급을 차단한다.
④ 점화원을 발화점 이하의 온도로 낮춘다.

해설 화재 발생 시 소화의 기본 요소
㉠ 산소를 차단한다.
㉡ 가연 물질을 제거한다.
㉢ 점화원을 냉각시킨다.

56 드릴 머신 작업의 주의 사항으로 틀린 것은?

① 회전하고 있는 주축이나 드릴에 손이나 걸레를 대거나 머리를 가까이 하지 않는다.
② 드릴의 탈부착은 회전이 완전히 멈춘 다음 행한다.
③ 가공 중 드릴에서 이상음이 들리면 회전 상태로 그 원인을 찾아 수리한다.
④ 작은 물건은 바이스를 사용하여 고정한다.

해설 드릴 작업 시 주의 사항
㉠ 드릴을 끼운 뒤 척키를 반드시 빼놓는다.
㉡ 드릴은 주축에 튼튼하게 장치하여 사용한다.
㉢ 드릴 회전 후 테이블을 조정하지 않는다.

㉣ 드릴의 날이 무디어 이상한 소리가 날 때는 회전을 멈추고 드릴을 교환하거나 연마한다.
㉤ 드릴 회전 중 칩을 손으로 털거나 바람으로 불지 않는다.
㉥ 가공물에 구멍을 뚫을 때 회전에 의한 사고에 대비하여 가공물을 바이스에 물리고 작업한다.
㉦ 가공 중 드릴에서 이상음이 들리면 회전을 정지시킨 상태에서 그 원인을 찾아 수리한다.

57 어떤 제철 공장에서 400명의 종업원이 1년간 작업하는 가운데 신체장애 등급 11급, 1급 1명이 발생하였다. 재해 강도율[%]은 약 얼마인가? (단, 1일 8시간 작업하고, 연 300일 근무한다)

① 10.98　　② 11.98
③ 12.98　　④ 13.98

해설 강도율은 연 근로시간 1,000시간당 재해에 잃어버린 일수로 표시한다.

$$\text{강도율} = \frac{\text{근로 손실 일수}}{\text{연근로 시간수}} \times 10^3$$

근로 손실 일수 $= 400 \times 10 + 7{,}500 \times 1$
$= 11{,}500$일

연 근로 시간 $= 400 \times 8 \times 300$
$= 960{,}000$

$$\therefore \text{강도율} = \frac{11{,}500}{960{,}000} \times 10^3 = 11.98[\%]$$

58 정밀한 기계를 수리할 때 부속품의 세척(청소) 방법으로 가장 안전한 방법은?

① 걸레로 닦는다.
② 와이어 브러시를 사용한다.
③ 에어건을 사용한다.
④ 솔을 사용한다.

해설 정밀한 부속품은 에어건을 이용하여 공기로 세척한다.

ANSWER / 54 ③ 55 ② 56 ③ 57 ② 58 ③

59 해머 작업 시 안전 수칙으로 틀린 것은?

① 해머는 처음과 마지막 작업 시 타격력을 크게 할 것
② 해머로 녹슨 것을 때릴 때에는 반드시 보안경을 쓸 것
③ 해머의 사용면이 깨진 것은 사용하지 말 것
④ 해머 작업 시 타격 가공하려는 곳에 눈을 고정 시킬 것

해설 해머 작업 시 주의 사항
㉠ 타격 시 처음 타격력을 약하고, 서서히 할 것
㉡ 장갑을 끼지 말 것
㉢ 보안경을 착용할 것
㉣ 타격하려는 곳에 시선을 고정할 것
㉤ 해머의 사용면이 깨진 것은 사용하지 말 것

60 산업 안전 보건법상 작업 현장 안전 · 보건 표지 색채에서 화학 물질 취급 장소에서의 유해 · 위험 경고 용도로 사용되는 색채는?

① 빨간색 ② 노란색
③ 녹색 ④ 검은색

해설 안전 · 보건 표지의 색채
㉠ 빨간색 : 정 지신호, 유해 행위의 금지 및 화학 물질 취급 장소에서의 유해 · 위험 경고
㉡ 노란색 : 주의 표지, 기계 방호물
㉢ 파란색 : 특정 행위의 지시 및 사실의 고지
㉣ 녹색 : 비상구 안내 및 사람, 차량의 통행 표지
㉤ 흰색 : 파란색 또는 녹색에 대한 보조색
㉥ 검은색 : 문자 및 빨간색 또는 노란색에 대한 보조색

61 정작업 시 주의할 사항으로 틀린 것은?

① 정 작업 시에는 보호안경을 사용할 것
② 철재를 절단할 때는 철편이 튀는 방향에 주의할 것
③ 자르기 시작할 때와 끝날 무렵에 세게 칠 것
④ 담금질된 재료는 깎아내지 말 것

해설 정작업 시 주의 사항
㉠ 보호안경을 착용할 것
㉡ 처음에는 약하게 타격하고 점점 강하게 타격할 것
㉢ 열처리한 재료는 정으로 작업하지 말 것
㉣ 정의 머리가 찌그러진 것은 수정하여 사용할 것
㉤ 정 작업 시 버섯머리는 그라인더로 갈아서 사용할 것
㉥ 철재 절단 시 철편 튀는 방향에 주의할 것

62 정비용 기계의 검사 · 유지 · 수리에 대한 내용으로 틀린 것은?

① 동력 기계의 급유 시에는 서행한다.
② 동력 기계의 이동 장치에는 동력 차단 장치를 설치한다.
③ 동력 차단 장치는 작업자 가까이에 설치한다.
④ 청소할 때는 운전을 정지한다.

해설 급유 시에는 동력 기계의 가동을 중지하여야 한다.

63 공기 압축기에서 공기 필터의 교환 작업 시 주의 사항으로 틀린 것은?

① 공기 압축기를 정지시킨 후 작업한다.
② 고정된 볼트를 풀고 뚜껑을 열어 먼지를 제거한다.
③ 필터는 깨끗이 닦거나 압축 공기로 이물을 제거한다.
④ 필터에 약간의 기름칠을 하여 조립한다.

해설 공기 필터에 기름을 칠하게 되면 공기 라인에 기름이 유입될 수 있으므로 금지한다.

64 안전 사고율 중 도수율(빈도율)을 나타내는 표현식은?

① (연간 사상자수/평균 근로자수)×100만
② (사고 건수/연근로 시간수)×100만
③ (노동 손실일수/노동 총시간수)×100만
④ (사고 건수/노동 총시간수)×100만

ANSWER / 59 ① 60 ① 61 ③ 62 ① 63 ④ 64 ②

해설 도수율 : 연근로 시간 합계 100만 시간당 재해 발생 건수를 말한다.

$$도수율 = \frac{재해\ 건수}{연근로\ 시간수} \times 1,000,000$$

65 전동 공구 사용 시 전원이 차단되었을 경우 안전한 조치 방법은?

① 전기가 다시 들어오는지 확인하기 위해 전동 공구를 ON 상태로 둔다.
② 전기가 다시 들어올 때까지 전동 공구의 ON- OFF를 계속 반복한다.
③ 전동 공구 스위치는 OFF 상태로 전환한다.
④ 전동 공구는 플러그를 연결하고 스위치는 ON 상태로 하여 대피한다.

해설 전동 공구 사용 시 정전 등의 전원이 차단되는 경우 다시 작동될 때를 대비하여 전동 공구 스위치를 OFF 상태로 전환하여야 한다.

66 가솔린 기관의 진공도 측정 시 안전에 관한 내용으로 적합하지 않은 것은?

① 기관의 벨트에 손이나 옷자락이 닿지 않도록 주의한다.
② 작업 시 주차 브레이크를 걸고 고임목을 괴어둔다.
③ 리프트를 눈높이까지 올린 후 점검한다.
④ 화재 위험이 있으니 소화기를 준비한다.

해설 진공도의 측정은 기관의 가동 상태에서 측정하는 것으로, 평지에서 안전하게 측정한다.

67 축전지를 차에 설치한 채 급속 충전할 때의 주의 사항으로 틀린 것은?

① 축전지 각 셀(cell)의 플러그를 열어 놓는다.
② 전해액 온도가 45 [℃]를 넘지 않도록 한다.
③ 축전지 가까이에서 불꽃이 튀지 않도록 한다.
④ 축전지의 양(+, −) 케이블을 단단히 고정하고 충전한다.

해설 축전지 급속 충전 시 주의 사항
㉠ 통풍이 잘 되는 곳에서 충전한다.
㉡ 충전 중인 축전지에 충격을 가하지 않는다.
㉢ 전해액의 온도가 45 [℃]가 넘지 않도록 한다.
㉣ 축전지 접지 케이블 분리 상태에서 축전지 용량의 50 [%] 전류로 충전하기 때문에 충전 시간은 짧게 한다.
㉤ 충전 중인 축전지에 충격을 가하지 않도록 한다.

68 운반 기계에 대한 안전 수칙으로 틀린 것은?

① 무거운 물건을 운반할 경우에는 반드시 경종을 울린다.
② 흔들리는 화물은 사람이 승차해 붙잡도록 한다.
③ 기중기는 규정 용량을 초과하지 않는다.
④ 무거운 물건을 상승시킨 채 오랫동안 방치하지 않는다.

해설 흔들리는 화물은 사람이 붙잡지 않고, 움직이지 못하도록 단단히 묶어야 하며, 화물이 있는 화물칸에는 사람이 승차하지 못하도록 하여야 한다.

69 선반 작업 시 안전 수칙으로 틀린 것은?

① 선반 위에 공구를 올려 놓은 채 작업하지 않는다.
② 돌리개는 적당한 크기의 것을 사용한다.
③ 공작물을 고정한 후 렌치류는 제거해야 한다.
④ 날 끝의 칩 제거는 손으로 한다.

해설 선반 작업 시 발생된 칩은 날카로워 다칠 우려가 있으므로 칩의 제거는 솔로 한다.

70 수공구의 사용 방법 중 잘못된 것은?

① 공구를 청결한 상태에서 보관할 것
② 공구를 취급할 때 올바른 방법으로 사용할 것
③ 공구는 지정된 장소에 보관할 것
④ 공구는 사용 전후 오일을 발라 둘 것

해설 수공구는 사용 전 · 후 오일을 발라 두면 작업 시 미끄러질 우려가 있으므로, 오일을 잘 닦아 둔다.

71 단조 작업의 일반적 안전 사항으로 틀린 것은?

① 해머작업을 할 때 주위 사람을 보면서 한다.
② 재료를 자를 때에는 정면에 서지 않아야 한다.
③ 물품에 열이 있기 때문에 화상에 주의한다.
④ 형(die) 공구류는 사용 전에 예열한다.

ANSWER / 65 ③ 66 ③ 67 ④ 68 ② 69 ④ 70 ④ 71 ①

해설 헤머 작업 시 보안경 및 안전 장비를 착용하고, 시선은 타격 가공하는 것에 둔다.

72 평균 근로자 500명인 직장에서 1년간 8명의 재해가 발생하였다면 연천인율[%]은?

① 12
② 14
③ 16
④ 18

해설 연천인율 : 연근로자 1,000명당 1년간 발생하는 피해자수

$$\frac{\text{재해자수}}{\text{평균근로자수}} \times 100[\%] = \frac{8}{500} \times 1,000 = 16[\%]$$

73 소화 작업의 기본 요소가 아닌 것은?

① 가연 물질을 제거한다.
② 산소를 차단한다.
③ 점화원을 냉각시킨다.
④ 연료를 기화시킨다.

해설 소화 작업

㉠ 산소를 차단시킨다.
㉡ 점화원을 냉각시킨다.
㉢ 가연 물질을 제거한다.

74 차량 밑에서 정비할 경우 안전 조치 사항으로 틀린 것은?

① 차량은 반드시 평지에 받침목을 사용하여 세운다.
② 차를 들어 올리고 작업할 때에는 반드시 잭으로 들어 올린 다음 스탠드로 지지해야 한다.
③ 차량 밑에서 작업할 때에는 반드시 앞치마를 이용한다.
④ 차량 밑에서 작업할 때에는 반드시 보안경을 착용한다.

해설 차량 밑에서 정비할 경우 주의 사항

㉠ 반드시 보안경을 착용한다.
㉡ 차량의 주차 제동 장치를 사용하여 움직이지 않게 한다.
㉢ 받침목을 받혀둔다.
㉣ 차량을 들어 올릴 때 잭으로 들어 올려야 하고 반드시 스탠드로 지지한다.

75 **엔진 작업에서 실린더 헤드 볼트를 올바르게 풀어내는 방법은?**

① 반드시 토크 렌치를 사용한다.
② 풀기 쉬운 것부터 푼다.
③ 바깥쪽에서 안쪽을 향해 대각선 방향으로 푼다.
④ 시계 방향으로 차례대로 푼다.

해설 헤드 볼트의 조립과 분해
㉠ 헤드볼트 조립 : 안쪽에서 바깥쪽을 향하여 대각선 방향으로 조립한다.
㉡ 헤드 볼트 분해 : 바깥쪽에서 안쪽을 향하여 대각선 방향으로 푼다.

76 **호이스트 사용 시 안전 사항 중 틀린 것은?**

① 규격 이상의 하중을 걸지 않는다.
② 무게 중심 바로 위에서 달아 올린다.
③ 사람이 짐에 타고 운반하지 않는다.
④ 운반 중에는 물건이 흔들리지 않도록 짐에 타고 운반한다.

해설 호이스트 사용시 유의 사항
㉠ 사람이 짐을 타고 운반하지 않는다.
㉡ 호이스트 바로 밑에서 조작하지 않는다.
㉢ 규정 하중 이상 들어 올리지 않는다.
㉣ 들어 올릴 때는 천천히 올리며 짐의 매달림 상태를 살핀 후 올린다.
㉤ 화물의 무게 중심을 확인한다.

77 **정비 공장에서 엔진을 이동시키는 방법 가운데 가장 적합한 방법은?**

① 체인 블록이나 호이스트를 사용한다.
② 지렛대로 이용한다.
③ 로프를 묶고 잡아당긴다.
④ 사람이 들고 이동한다.

해설 엔진이나 변속기 등의 무거운 것을 옮길 때는 체인 블록이나 호이스트를 사용한다.

ANSWER / 72 ③ 73 ④ 74 ③ 75 ③ 76 ④ 77 ①

78 전기 장치의 배선 연결부 점검 작업으로 적합한 것을 모두 고른 것은?

ⓐ 연결부의 풀림이나 부식을 점검한다.
ⓑ 배선 피복의 절연 · 균열 상태를 점검한다.
ⓒ 배선이 고열 부위로 지나가는지 점검한다.
ⓓ 배선이 날카로운 부위로 지나가는지 점검한다.

① ⓐ, ⓑ
② ⓐ, ⓑ, ⓓ
③ ⓐ, ⓑ, ⓒ
④ ⓐ, ⓑ, ⓒ, ⓓ

해설 ⓐ, ⓑ, ⓒ, ⓓ 모두 연결부 점검 작업에 적합하다.

79 제3종 유기 용제 취급 장소의 색표시는?

① 빨강
② 노랑
③ 파랑
④ 녹색

해설 유기 용제의 색 표시
㉠ 제1종 유기 용제는 빨강으로 표시한다.
㉡ 제2종 유기 용제는 노랑으로 표시한다.
㉢ 제3종 유기 용제는 파랑으로 표시한다.

80 렌치를 사용한 작업에 대한 설명으로 틀린 것은?

① 스패너의 자루가 짧다고 느낄 때는 긴 파이프를 연결하여 사용할 것
② 스패너를 사용할 때는 앞으로 당길 것
③ 스패너는 조금씩 돌리며 사용할 것
④ 파이프렌치의 주용도는 둥근 물체 조립용임

해설 스패너 작업 시 주의 사항
㉠ 스패너와 너트 사이에 다른 물건을 끼우지 말 것
㉡ 스패너는 몸 앞으로 당겨서 사용할 것
㉢ 스패너와 너트 및 볼트의 치수가 맞는 것을 사용할 것
㉣ 스패너가 벗겨지더라도 넘어지지 않는 자세를 취할 것
㉤ 스패너에 파이프 등을 이어서 사용하지 말 것
㉥ 스패너를 해머 등으로 두들기지 말 것
㉦ 스패너는 깊이 물리고 조금씩 당기는 식으로 풀고 조일 것
㉧ 파이프 렌치는 주용도가 둥근 물체 조립용임
㉨ 조정 렌치의 조정조에 힘이 가해지지 않을 것

81 관리 감독자의 점검 대상 및 업무 내용으로 가장 거리가 먼 것은?

① 보호구의 작용 및 관리 실태 적절 여부
② 산업 재해 발생 시 보고 및 응급 조치
③ 안전 수칙 준수 여부
④ 안전 관리자 선임 여부

해설 안전관리자 선임은 사용자가 한다.

82 드릴 작업 때 칩 제거 방법으로 가장 좋은 것은?

① 회전시키면서 솔로 제거
② 회전시키면서 막대로 제거
③ 회전을 중지시킨 후 손으로 제거
④ 회전을 중지시킨 후 솔로 제거

해설 드릴 작업 시 칩의 제거는 드릴의 회전을 중지하고 솔로 한다.

83 다이얼 게이지 취급 시 안전 사항으로 틀린 것은?

① 작동이 불량하면 스핀들에 주유 혹은 그리스를 도포해서 사용한다.
② 분해 청소나 조정은 하지 않는다.
③ 다이얼 인디케이터에 충격을 가해서는 안 된다.
④ 측정 시 측정물에 스핀들을 직각으로 설치하고 무리한 접촉은 피한다.

해설 다이얼 게이지 취급 시 주의 사항
㉠ 게이지 눈금은 0점 조정하여 사용한다.
㉡ 게이지 설치 시 지지대의 암을 가능한 짧게 하고 확실하게 고정해야 한다.
㉢ 게이지는 측정면에 직각으로 설치한다.
㉣ 충격을 금한다.
㉤ 분해 청소나 조절을 함부로 하지 않는다.
㉥ 스핀들에 주유하거나 그리스를 바르지 않는다.

ANSWER 78 ④ 79 ③ 80 ① 81 ④ 82 ④ 83 ①

84 다음 LPG 자동차 관리에 대한 주의 사항 중 틀린 것은?

① LPG가 누출되는 부위를 손으로 막으면 안 된다.
② 가스 충전 시에는 합격 용기인가를 확인하고, 과충전되지 않도록 해야 한다.
③ 엔진실이나 트렁크실 내부 등을 점검할 때 라이터나 성냥 등을 켜고 확인한다.
④ LPG는 온도 상승에 의한 압력 상승이 있기 때문에 용기는 직사광선 등을 피하는 곳에 설치하고 과열되지 않아야 한다.

해설 LPG 자동차는 LPG 가스가 누설될 수 있으므로 라이터나 성냥 등을 사용할 경우 폭발의 위험이 있어 사용해서는 안 된다.

85 휠 밸런스 점검 시 안전 수칙으로 틀린 사항은?

① 점검 후 테스터 스위치를 끄고 자연히 정지하도록 한다.
② 타이어의 회전 방향에서 점검한다.
③ 과도하게 속도를 내지 말고 점검한다.
④ 회전하는 휠에 손을 대지 않는다.

해설 휠 평형 잡기와 마멸 변형도 검사 방법
㉠ 타이어의 회전 반대 방향에서 점검한다.
㉡ 회전하는 휠에 손을 대지 않고 점검한다.
㉢ 과도한 속도를 내지 않는다.
㉣ 점검 후 테스터 스위치를 끈 다음 자연히 정지하도록 한다.

86 하이브리드 자동차의 고전압 배터리 취급 시 안전한 방법이 아닌 것은?

① 고전압 배터리 점검 · 정비 시 절연 장갑을 착용한다.
② 고전압 배터리 점검 · 정비 시 점화 스위치는 OFF한다.
③ 고전압 배터리 점검 · 정비 시 12 [V] 배터리 접지선을 분리한다.
④ 고전압 배터리 점검 · 정비 시 반드시 세이프티 플러그를 연결한다.

해설 하이브리드 자동차 고전압 배터리 취급 방법
㉠ 점화 스위치를 OFF한다.
㉡ 절연 장갑을 착용하여야 한다.
㉢ 12 [V] 배터리 접지선을 분리한다.
㉣ 세이프티 플러그를 반드시 분리한다.

87 안전 표시의 종류를 나열한 것으로 옳은 것은?

① 금지 표시, 경고 표시, 지시 표시, 안내 표시
② 금지 표시, 권장 표시, 경고 표시, 지시 표시
③ 지시 표시, 권장 표시, 사용 표시, 주의 표시
④ 금지 표시, 주의 표시, 사용 표시, 경고 표시

해설 안전 · 보건 표지 종류 형태와 그림 참조

88 전해액을 만들 때 황산에 물을 혼합하면 안 되는 이유는?

① 유독 가스가 발생하기 때문에
② 혼합이 잘 안 되기 때문에
③ 폭발의 위험이 있기 때문에
④ 비중 조정이 쉽기 때문에

해설 전해액을 만들 때 폭발의 위험이 있기 때문에 황산에 물을 혼합해서는 안 되고, 물에 황산을 조금씩 넣고 휘저으며 혼합하여야 한다.

ANSWER / 84 ③ 85 ② 86 ④ 87 ① 88 ③

89 리머 가공에 관한 설명으로 옳은 것은?

① 액슬 축 외경 가공 작업 시 사용된다.
② 드릴 구멍보다 먼저 작업한다.
③ 드릴 구멍보다 더 정밀도가 높은 구멍을 가공하는 데 필요하다.
④ 드릴 구멍보다 더 작게 하는 데 사용한다.

해설 리머는 드릴 작업 후 정밀도가 높도록 가공하는 데 필요한 가공이다.

90 다음 중 연료 파이프 피팅을 풀 때 가장 알맞은 렌치는?

① 탭 렌치
② 북스 렌치
③ 소켓 렌치
④ 오픈 엔드 렌치

해설 관 형태의 연료 파이프, 브레이크 파이프 등은 오픈 엔드 렌치(스패너)로 푸는 것이 좋다.

91 화재의 분류 기준에서 휘발유로 인해 발생한 화재는?

① A급 화재
② B급 화재
③ C급 화재
④ D급 화재

해설 화재의 분류

구분	일반	유류	전기	금속
화재 종류	A급	B급	C급	D급
표시	백색	황색	청색	–
적용 소화기	포말	분말	CO_2	모래
비고	목재, 종이	유류, 가스	전기 기구	가연성 금속
방법	냉각 소화	질식 소화	질식 소화	피복에 의한 질식

92 사고 예방 원리 5단계 중 그 대상이 아닌 것은?

① 사실의 발견
② 평가 분석
③ 시정책의 선정
④ 엄격한 규율 책정

해설 사고 예방 원리 5단계
㉠ 안전 관리 조직
㉡ 사실의 발견
㉢ 평가 분석

㉣ 시정책의 선정
㉤ 시정책의 적용

93 드릴링 머신의 사용에 있어서 안전상 옳지 않은 것은?

① 드릴 회전 중 칩을 손으로 털거나 불지 말 것
② 가공물에 구멍을 뚫을 때 가공물을 바이스에 물리고 작업할 것
③ 솔로 절삭유를 바를 경우 위쪽 방향에서 바를 것
④ 드릴을 회전시킨 후 머신 테이블을 조정할 것

해설 드릴 작업 시 주의 사항
㉠ 드릴을 끼운 뒤 척키를 반드시 빼놓는다.
㉡ 드릴은 주축에 튼튼하게 장치하여 사용한다.
㉢ 드릴 회전 후 테이블을 조정하지 않는다.
㉣ 드릴의 날이 무디어 이상한 소리가 날 때는 회전을 멈추고 드릴을 교환하거나 연마한다.
㉤ 드릴 회전 중 칩을 손으로 털거나 바람으로 불지 말 것
㉥ 가공물에 구멍을 뚫을 때 회전에 의한 사고에 대비하여 가공물을 바이스에 물리고 작업할 것

94 공작 기계 작업 시 주의 사항으로 틀린 것은?

① 몸에 묻은 먼지나 철분 등 기타의 물질은 손으로 털어 낸다.
② 정해진 용구를 사용하여 파쇠철이 긴 것은 자르고 짧은 것은 막대로 제거한다.
③ 무거운 공작물을 옮길 때는 운반 기계를 이용한다.
④ 기름 걸레는 정해진 용기에 넣어 화재를 방지하여야 한다.

해설 몸에 묻은 먼지나 철분 등은 부상의 우려가 있으므로 솔로 털어내야 한다.

95 휠 밸런스 시험기 사용 시 적합하지 않은 것은?

① 휠 탈부착 시 무리한 힘을 가하지 않는다.
② 균형추를 정확히 부착한다.
③ 계기판은 회전이 시작되면 즉시 판독한다.
④ 시험기 사용 방법과 유의 사항을 숙지 후 사용한다.

ANSWER / 89 ③ 90 ④ 91 ② 92 ④ 93 ④ 94 ① 95 ③

해설 계기판은 회전이 끝나면 판독한다.

96 다음 중 자동차의 배터리 충전 시 안전한 작업이 아닌 것은?

① 자동차에서 배터리 분리 시 (+)단자 먼저 분리한다.
② 배터리 온도가 약 45[℃] 이상 오르지 않게 한다.
③ 충전은 환기가 잘 되는 넓은 곳에서 한다.
④ 과충전 및 과방전을 피한다.

해설 배터리 탈거 시 (−)단자를 먼저 분리하고, 절연 (+)단자는 나중에 분리하여야 한다.

97 작업장의 안전 점검을 실시할 때 유의 사항이 아닌 것은?

① 과거 재해 요인이 없어졌는지 확인한다.
② 안전 점검 후 강평하고 사소한 사항은 묵인한다.
③ 점검 내용을 서로가 이해하고 협조한다.
④ 점검자의 능력에 적응하는 점검 내용을 활용한다.

해설 안전 점검에는 강평하고 사소한 사항이라도 꼭 확인하여 안전사고에 대비한다.

98 FF 차량의 구동축을 정비할 때 유의사항으로 틀린 것은?

① 구동축의 고무 부트 부위의 그리스 누유 상태를 확인한다.
② 구동축 탈거 후 변속기 케이스의 구동축 장착 구멍을 막는다.
③ 구동축을 탈거할 때마다 오일실을 교환하다.
④ 탈거 공구를 최대한 깊이 끼워서 사용한다.

해설 탈거 공구는 적당한 깊이로 끼워 사용하여야 한다.

99 탁상 그라인더에서 공작물은 숫돌바퀴의 어느 곳을 이용하여 연삭 작업을 하는 것이 안전한가?

① 숫돌바퀴 측면
② 숫돌바퀴의 원주면
③ 어느 면이나 연삭 작업은 상관없다.
④ 경우에 따라서 측면과 원주면을 사용한다.

해설 탁상 그라인더의 연삭 작업은 숫돌의 원주면을 사용하여 한다.

100 절삭 기계 테이블의 T홈 위에 있는 칩 제거 시 가장 적합한 것은?

① 걸레
② 맨손
③ 솔
④ 장갑낀 손

해설 절삭 기계(선반 등) 작업 시 발생한 칩은 솔로 제거해야 한다.

101 재해 발생 원인으로 가장 높은 비율을 차지하는 것은?

① 작업자의 불안전한 행동
② 불안전한 작업 환경
③ 작업자의 성격적 결함
④ 사회적 환경

해설 재해 발생은 작업자의 불안전항 행동 및 부주의가 가장 높은 비율을 차지한다.

102 납산 배터리의 전해액이 흘렀을 때 중화용액으로 가장 알맞은 것은?

① 중탄산소다
② 황산
③ 증류수
④ 수돗물

해설 배터리의 전해액은 산성이므로 알칼리성인 중탄산소다를 사용하여 중화시킨다.

103 정 작업 시 주의 사항으로 틀린 것은?

① 금속 깎기를 할 때는 보안경을 착용한다.
② 정의 날을 몸 안쪽으로 하고 해머로 타격한다.
③ 정의 생크나 해머에 오일이 묻지 않도록 한다.
④ 보관 시 날이 부딪쳐서 무디어지지 않도록 한다.

ANSWER / 96 ① 97 ② 98 ④ 99 ② 100 ③ 101 ① 102 ① 103 ②

해설 정 작업 시 주의 사항
㉠ 보호 안경을 착용할 것
㉡ 처음에는 약하게 타격하고 점점 강하게 타격할 것
㉢ 열처리한 재료는 정으로 작업하지 말 것
㉣ 정의 머리가 찌그러진 것은 수정하여 사용할 것
㉤ 정 작업 시 버섯머리는 그라인더로 갈아서 사용 할 것
㉥ 철재 절단 시 철편 튀는 방향에 주의할 것

104 자동차 엔진오일 점검 및 교환 방법으로 적합한 것은?

① 환경 오염 방지를 위해 오일은 최대한 교환 시기를 늦춘다.
② 가급적 고점도 오일로 교환한다.
③ 오일을 완전히 배출하기 위해 시동걸기 전에 교환한다.
④ 오일 교환 후 기관을 시동하여 충분히 엔진 윤활부에 윤활한 후 시동을 끄고 오일량을 점검한다.

해설 엔진오일 교환 시 오일 교환 후 기관을 시동하여 충분히 엔진 윤활부에 윤활한 후 시동을 끄고 오일량을 점검하여야 하며, 누유 여부를 꼭 확인한다.

105 자동차 VIN(Vehicle Identification Number)의 정보에 포함되지 않는 것은?

① 안전벨트 구분
② 제동 장치 구분
③ 엔진의 종류
④ 자동차 종별

해설 자동차의 VIN(Vehicle Identification Number)의 정보에 엔진의 종류는 표기되지 않으며, 안전벨트는 고정 개소가 몇 개인지가 표기되고, 제동 장치는 제동 장치의 형식(공기식, 유압식 등)을 표기하며, 자동차 제작사 및 자동차 종별이 표기되어 있다.

106 전자 제어 시스템 정비 시 자기 진단기 사용에 대하여 (   )에 적합한 것은?

> 고장 코드의 (a)는 배터리 전원에 의해 백업되어 점화 스위치를 OFF시키더라도 (b)에 기억된다. 그러나 (c)를 분리시키면 고장 진단 결과는 지워진다.

① a : 정보, b : 정션박스, c : 고장 진단 결과
② a : 고장 진단 결과, b : 배터리 (−)단자, c : 고장 부위
③ a : 정보, b : ECU, c : 배터리 (−) 단자
④ a : 고장 진단 결과, b : 고장 부위, c : 배터리 (−)단자

해설 고장 코드의 정보는 백업되어 점화 스위치를 OFF하더라도 ECU에 기억되며, 배터리 (−)단자를 일정 시간 분리시키면 고장 진단 결과는 지워진다.

107 자동차를 들어 올릴 때 주의사항으로 틀린 것은?

① 잭과 접촉하는 부위에 이물질이 있는지 확인한다.
② 센터 맴버의 손상을 방지하기 위하여 잭이 접촉하는 곳에 헝겊을 넣는다.
③ 차량의 하부에는 개러지 잭으로 지지하지 않도록 한다.
④ 래터럴 로드나 현가 장치는 잭으로 지지한다.

해설 차량 상승 시 현가 장치는 잭으로 지지해서는 안 된다.

108 산업체에서 안전을 지킴으로써 얻을 수 있는 이점으로 틀린 것은?

① 직장의 신뢰도를 높여준다.
② 상하 동료 간에 인간 관계가 개선된다.
③ 기업의 투자 경비가 늘어난다.
④ 회사 내 규율과 안전 수칙이 준수되어 질서 유지가 실현된다.

해설 산업체에서 안전을 지킴으로써 재해 발생률이 작아지고, 기업의 투자 경비가 줄어들게 된다.

109 색에 맞는 안전 표시가 잘못 짝지어진 것은?

① 녹색 − 안전, 피난, 보호 표시
② 노란색 − 주의, 경고 표시
③ 청색 − 지시, 수리 중, 유도 표시
④ 자주색 − 안전 지도 표시

ANSWER / 104 ④ 105 ② 106 ③ 107 ④ 108 ③ 109 ④

해설 작업 현장 안전 표시 색채
㉠ 녹색 : 안전, 피난, 보호
㉡ 노란색 : 주의, 경고 표시
㉢ 파랑 : 지시, 수리 중, 유도
㉣ 자주(보라) : 방사능 위험
㉤ 주황 : 위험

110 작업 안전상 드라이버 사용 시 유의 사항이 아닌 것은?

① 날 끝이 홈의 폭과 길이가 같은 것을 사용한다.
② 날 끝이 수평이어야 한다.
③ 작은 부품은 한손으로 잡고 사용한다.
④ 전기 작업 시 금속 부분이 자루 밖으로 나와 있지 않아야 한다.

해설 작은 부품을 고정할 때도 바이스 또는 고정구를 사용하여 고정한다.

111 지렛대를 사용할 때 유의 사항으로 틀린 것은?

① 깨진 부분이나 마디 부분에 결함이 없어야 한다.
② 손잡이가 미끄러지지 않도록 조치를 취한다.
③ 화물의 치수나 중량에 적합한 것을 사용한다.
④ 파이프를 철제 대신 사용한다.

해설 휨, 파손 등의 위험있는 파이프(속이 비어 있는)를 사용하여서는 안 된다.

112 수동 변속기 작업과 관련된 사항 중 틀린 것은?

① 분해와 조립 순서에 준하여 작업한다.
② 세척이 필요한 부품은 반드시 세척한다.
③ 록너트는 재사용 가능하다.
④ 싱크로나이저 허브와 슬리브는 일체로 교환한다.

해설 록너트(lock-Nut)는 체결과 동시에 풀리지 않도록 하는 너트로 재사용하지 않고 반드시 신품을 사용한다.

113 물건을 운반 작업할 때 안전하지 못한 경우는?

① LPG 봄베, 드럼통을 굴려서 운반한다.
② 공동 운반에서는 서로 협조하여 운반한다.
③ 긴 물건을 운반할 때는 앞쪽을 위로 올린다.
④ 무리한 자세나 몸가짐으로 물건을 운반하지 않는다.

해설 LPG 봄베, 드럼통을 굴려서 운반하면 외형의 파손·폭발 등의 위험이 있다.

114 전동기나 조정기를 청소한 후 점검하여야 할 사항으로 옳지 않은 것은?

① 연결의 견고성 여부
② 과열 여부
③ 아크 발생 여부
④ 단자부 주유 상태 여부

해설 단자부에는 주유를 하지는 않는다.

115 연료 압력 측정과 진공 점검 작업 시 안전에 관한 유의 사항이 잘못 설명된 것은?

① 기관 운전이나 크랭킹 시 회전 부위에 옷이나 손 등이 접촉하지 않도록 주의한다.
② 배터리 전해액이 옷이나 피부에 닿지 않도록 한다.
③ 작업 중 연료가 누설되지 않도록 하고 화기가 주위에 있는지 확인한다.
④ 소화기를 준비한다.

해설 연료 압력 측정과 진공 점검 작업 시 안전에 관한 유의사항은 ①, ③, ④항이고, 배터리 전해액이 옷이나 피부에 닿지 않도록 하는 것은 배터리 점검 시 유의사항이다.

116 자동차 기관이 과열된 상태에서 냉각수를 보충할 때 적합한 것은?

① 시동을 끄고 즉시 보충한다.
② 시동을 끄고 냉각시킨 후 보충한다.
③ 기관을 가·감속하면서 보충한다.
④ 주행하면서 조금씩 보충한다.

해설 기관 과열 상태에서 냉각수 보충 시 시동을 끄고 기관을 완전히 냉각시킨 후 보충한다.

ANSWER / 110 ③ 111 ④ 112 ③ 113 ① 114 ④ 115 ② 116 ③

117 **재해 조사 목적을 가장 바르게 설명한 것은?**

① 적절한 예방 대책을 수립하기 위하여
② 재해를 당한 당사자의 책임을 추궁하기 위하여
③ 재해 발생 상태와 그 동기에 대한 통계를 작성하기 위하여
④ 작업 능률 향상과 근로 기강 확립을 위하여

해설 재해 조사는 재해 원인을 분석하여 적절한 예방 대책을 수립하기 위함이다.

118 **헤드 볼트를 체결할 때 토크 렌치를 사용하는 이유로 가장 옳은 것은?**

① 신속하게 체결하기 위해
② 작업상 편리하기 위해
③ 강하게 체결하기 위해
④ 규정 토크로 체결하기 위해

해설 헤드 볼트 체결 시 토크 렌치를 사용하는 이유는 실린더 헤드의 기밀·수밀 유지를 위해 규정 토크로 체결하기 위함이다.

119 **작업장 내에서 안전을 위한 통행 방법으로 옳지 않은 것은?**

① 자재 위에 앉지 않도록 한다.
② 좌·우측의 통행 규칙을 지킨다.
③ 짐을 든 사람과 마주치면 길을 비켜준다.
④ 바쁜 경우 기계 사이의 지름길을 이용한다.

해설 작업장 내에서는 바쁜 경우라도 반드시 보행자 통로를 이용한다.

120 **기계 작업 시 작업자의 일반적인 안전 사항으로 틀린 것은?**

① 급유 시 기계는 운전을 정지시키고 지정된 오일을 사용한다.
② 운전 중 기계로부터 이탈할 때는 운전을 정지시킨다.
③ 고장 수리, 청소 및 조정 시 동력을 끊고 다른 사람이 작동시키지 않도록 표시해 둔다.
④ 정전 발생 시 기계 스위치를 켜둬서 정전이 끝남과 동시에 작업이 가능하도록 한다.

해설 정전 발생 시 각종 기계의 스위치를 꺼두어야 전기가 들어 왔을 때 갑작스런 동작에 의한 사고를 예방할 수 있다.

121 **정밀한 부속품을 세척하기 위한 방법으로 가장 안전한 것은?**

① 와이어 브러시를 사용한다. ② 걸레를 사용한다.
③ 솔을 사용한다. ④ 에어건을 사용한다.

해설 정밀 부속품을 세척하기 위해서는 압축 공기와 에어건을 이용하여 세척한다.

122 **전자 제어 시스템을 정비할 때 점검 방법 중 올바른 것을 모두 고른 것은?**

a. 배터리 전압이 낮으면 자기 진단이 불가할 수 있으므로 배터리 전압을 확인한다.
b. 배터리 또는 ECU 커넥터를 분리하면 고장 항목이 지워질 수 있으므로 고장 진단 결과를 완전히 읽기 전에는 배터리를 분리시키지 않는다.
c. 전장품을 교환할 때는 배터리 (-)케이블을 분리 후 작업한다.

① a, b ② a, c
③ b, c ④ a, b, c

해설 a, b, c 모두 다 전자 제어 시스템을 점검하는 올바른 방법이다.

123 **에어백 장치를 점검·정비할 때 안전하지 못한 행동은?**

① 에어백 모듈은 사고 후에도 재사용 할 수 있다.
② 조향휠을 장착할 때 클럭 스프링의 중립 위치를 확인한다.
③ 에어백 장치는 축전지 전원을 차단하고 일정 시간 지난 후 정비한다.
④ 인플레이터의 저항은 아날로그 테스터기로 측정하지 않는다.

해설 에어백 모듈은 재사용하면 안 된다.

124 **점화 플러그 청소기를 사용할 때 보안경을 쓰는 이유로 가장 적당한 것은?**

① 발생하는 스파크의 색상을 확인하기 위해
② 이물질이 눈에 들어갈 수 있기 때문에
③ 빛이 너무 자주 깜박거리기 때문에
④ 고전압에 의한 감점을 방지하기 위해

ANSWER / 117 ① 118 ④ 119 ④ 120 ④ 121 ④ 122 ④ 123 ① 124 ②

해설 점화 플러그 청소기를 사용할 때 이물질이 눈에 들어갈 수 있으므로 보안경을 착용한다.

125 멀티회로시험기를 사용할 때의 주의사항 중 틀린 것은?

① 지침은 정면에서 읽는다.
② 직류전압의 측정 시 선택 스위치는 AC.(V)에 놓는다.
③ 고온, 다습, 직사광선을 피한다.
④ 영점 조정 후에 측정한다.

해설
- 직류전압 측정 : DC.(V)
- 교류전압 측정 : AC.(V)

126 작업장에서 중량물 운반수레의 취급 시 안전사항으로 맞지 않는 것은?

① 화물이 앞뒤 또는 측면으로 편중되지 않도록 한다.
② 사용 전 운반수레의 각부를 점검한다.
③ 적재중심은 가능한 한 위로 오도록 한다.
④ 앞이 안 보일 정도로 화물을 적재하지 않는다.

해설 중량물 운반시 적재중심은 가능한 아래쪽에 위치하도록 한다.

127 산업안전보건법상의 "안전 · 보건표지의 종류와 형태"에서 아래 그림이 의미하는 것은?

① 보행금지 ② 직진금지
③ 출입금지 ④ 차량통행금지

128 산업 안전표지 종류에서 비상구 등을 나타내는 표지는?

① 경고표지 ② 안내표지
② 지시표지 ④ 금지표지

129 **줄 작업 시 주의사항이 아닌 것은?**

① 날이 메꾸어지면 와이어 브러시로 털어낸다.
② 몸 쪽으로 당길 때에만 힘을 가한다.
③ 절삭가루는 솔로 쓸어 낸다.
④ 공작물은 바이스에 확실히 고정한다.

해설 줄 작업시 주의사항
㉠ 줄은 끝을 가볍게 쥐고 앞으로 가볍게 밀어 사용한다.
㉡ 공작물은 바이스에 확실히 고정한다.
㉢ 칩은 반드시 브러시를 사용한다.
㉣ 줄에 균열이 있는지 잘 점검한다.
㉤ 줄 자루는 적당한 크기의 것으로 자루를 확실히 고정하여 사용한다.

130 **축전지에 대한 설명으로 바르지 않은 것은?**

① 전해액의 온도가 낮으면 황산의 확산이 활발해진다.
② 온도가 높으면 자기방전량이 많아진다.
③ 극판수가 많으면 용량이 증가한다.
④ 전해액 온도가 올라가면 비중은 낮아진다.

해설 전해액 온도가 낮으면 황산의 확산이 느려지게 된다.

ANSWER / 125 ② 126 ③ 127 ③ 128 ② 129 ② 130 ①

적중 TOP 자동차정비기능사 단원별 핵심정리문제집

초판인쇄 2021년 12월 03일
초판발행 2021년 12월 10일

지은이 | 전환영
펴낸이 | 노소영
펴낸곳 | 도서출판 마지원

등록번호 | 제559-2016-000004
전화 | 031)855-7995
팩스 | 02)2602-7995
주소 | 서울 강서구 마곡중앙로 171

http://blog.naver.com/wolsongbook

ISBN | 979-11-88127-93-1 (13550)

정가 18,000원